职业教育电工电子技术仿真学习法系列教材
电工电子中高职衔接示范教材

电工技术基础与仿真
（Multisim10）

牛百齐　常淑英　主　编

张　力　许　斌　副主编

电子工业出版社

Publishing House of Electronics Industry
北京·BEIJING

内 容 简 介

本书将仿真技术融入电工技术课程的教学过程中，以项目为单元，以工作任务为引领，以操作为主线，以技能为核心，将仿真技术知识点分解到项目教学中；将虚拟仿真技术与真实实验结合，采用"教学做一体化"模式，培养学生的实践能力、职业技能、分析问题和解决问题的能力。

全书共分 8 个项目，分别是认知直流电路及 Multisim 10 仿真、认知直流电路的基本规律、直流电路的分析、单相正弦交流电路分析、三相交流电路分析、动态电路的分析、磁路与变压器的分析及综合训练——室内照明电路安装。

本书可作为职业院校电子、通信、自动化、电气、信息等专业的教材，也可供从事电工工作的技术人员参考。

未经许可，不得以任何方式复制或抄袭本书之部分或全部内容。
版权所有，侵权必究。

图书在版编目（CIP）数据

电工技术基础与仿真：Multisim 10/牛百齐，常淑英主编. —北京：电子工业出版社，2015.7
职业教育电工电子技术仿真学习法系列教材　电工电子中高职衔接示范教材
ISBN 978-7-121-26333-0

Ⅰ．①电…　Ⅱ．①牛…　②常…　Ⅲ．①电工技术－计算机辅助设计－应用软件－中等专业学校－教材
Ⅳ．①TM02-39

中国版本图书馆 CIP 数据核字（2015）第 130320 号

策划编辑：张　帆
责任编辑：张　帆　　特约编辑：王　纲
印　　刷：北京七彩京通数码快印有限公司
装　　订：北京七彩京通数码快印有限公司
出版发行：电子工业出版社
　　　　　北京市海淀区万寿路 173 信箱　邮编 100036
开　　本：787×1 092　1/16　印张：15.75　字数：403.2 千字
版　　次：2015 年 7 月第 1 版
印　　次：2022 年 9 月第 5 次印刷
定　　价：32.50 元

凡所购买电子工业出版社图书有缺损问题，请向购买书店调换。若书店售缺，请与本社发行部联系，联系及邮购电话：（010）88254888，88258888。
质量投诉请发邮件至 zlts@phei.com.cn，盗版侵权举报请发邮件至 dbqq@phei.com.cn。
本书咨询联系方式：（010）88254592，bain@phei.com.cn。

前言

为了更好地满足职业教育改革的需要,结合办学定位、岗位需求、学生学业水平等情况,贯彻项目驱动教学理念,以培养学生的综合工作能力为出发点,实现技能型人才的培养目标,在总结多年的教学改革实践成功经验的基础上,编写了本书。

本书以项目为单位组织教学活动,打破传统知识传授方式,变书本知识传授为动手能力培养,体现职业能力为本位的职业教育思想,主要特点如下。

① 将仿真技术融入电工技术课程的教学过程中,仿真软件采用 NI Multisim 10 版本,该软件为用户提供了丰富的元件库和功能齐全的各类虚拟仪器,可对各种电路进行全面的仿真分析和设计,可方便地对电路参数进行测试和分析;操作中不消耗实际的元器件,所需元器件的种类和数量不受限制,且具有界面直观、操作方便、易学易用的特点。引入仿真技术,丰富了教学手段,大大改进了电工学习方法,提高了学习效率。

② 以项目任务来构建完整的教学组织形式。本书以项目为单元,以工作任务为引领,以操作为主线,以技能为核心,将仿真技术知识点分解到项目教学中,项目由易到难,循序渐进,符合认知规律。

③ 采用"学中做,做中学,教学做一体化"模式,将虚拟仿真技术与真实实验结合,在动手操作实践过程中,全面掌握知识,形成技能。同时,仿真软件借助计算机,可以随时随地、不受限制地学习,特别适合学生自学,使学习过程变得轻松愉快。

④ 本书适用面广,书中标"*"的内容,可供不同层次、不同专业的教学需要选择。

全书共分 8 个项目,分别是认知直流电路及 Multisim 10 仿真、认知直流电路的基本规律、直流电路的分析、单相正弦交流电路分析、三相交流电路分析、动态电路的分析、磁路与变压器的分析及综合训练——室内照明电路安装。

由于 Multisim 10 软件的限制,本书仿真电路图中,某些电子元件如电位器、电解电容等的图形符号与国家标准有差异,元件标注如 R1、C1 等不能采用下标方式,标称单位 Ohm 对应Ω等,请读者阅读时注意。

建议教学学时为 60~90 学时,教学时可结合具体专业实际,对教学内容和教学学时进行适当调整。

本书由牛百齐和天津电子信息职业技术学院常淑英担任主编,山东理工职业技术学院张力、许斌担任副主编。本书第 2、3、4 章由常淑英编写,第 5、6 章许斌编写,第 1、7 章由张力编写,牛百齐编写了第 8 章并负责全书的通稿。梁海霞、李汉挺、曹秀海、孙萌等也参加本书编写和整理工作。

本书在编写过程中参考了大量的著作和资料,得到了许多专家和学者的支持,在此对他们表示衷心的感谢。

由于编者水平有限,书中不妥、疏漏或错误之处在所难免,恳请专家、同行批评指正,也希望得到读者的意见和建议。

目　　录

项目 1　认知直流电路及 Multisim 10 仿真 ·· (1)
　1.1　任务 1　认识电路及其物理量 ·· (1)
　　　1.1.1　电路的组成、模型及作用 ·· (1)
　　　1.1.2　电流及参考方向 ·· (2)
　　　1.1.3　电压及参考方向 ·· (3)
　　　1.1.4　电位、电动势 ·· (4)
　　　1.1.5　电功与电功率 ·· (6)
　1.2　任务 2　认识电路的基本元件 ·· (9)
　　　1.2.1　电阻元件 ··· (9)
　　　1.2.2　电容元件 ·· (11)
　　　1.2.3　电感元件 ·· (12)
　　　1.2.4　电压源与电流源 ·· (14)
　1.3　任务 3　认知 Multisim 10 仿真软件 ·· (16)
　　　操作训练 1　Multisim 10 仿真软件基本操作 ··································· (21)
　　　操作训练 2　虚拟仪器仪表的使用 ··· (28)
　习题 1 ··· (36)

项目 2　认知直流电路的基本规律 ·· (38)
　2.1　任务 1　认知电路的欧姆定律 ·· (38)
　　　2.1.1　电路的欧姆定律 ·· (38)
　　　2.1.2　电路的工作状态和电气设备的额定值 ······································ (40)
　　　操作训练 1　万用表的使用 ·· (43)
　　　操作训练 2　验证欧姆定律 ·· (47)
　2.2　任务 2　认知基尔霍夫定律 ·· (49)
　　　2.2.1　基尔霍夫电流定律 ·· (50)
　　　2.2.2　基尔霍夫电压定律 ·· (50)
　　　操作训练 3　基尔霍夫定律的验证 ··· (53)
　习题 2 ··· (55)

项目 3　直流电路的分析 ·· (58)
　3.1　任务 1　等效变换电路分析 ·· (58)
　　　3.1.1　电阻串并联的等效变换电路 ·· (58)
　　　3.1.2　电压源与电流源的等效变换电路 ·· (63)
　　　操作训练 1　电阻串并联的测试 ··· (69)
　　　操作训练 2　电源伏安特性分析 ··· (72)
　3.2　任务 2　支路电流法与节点电压法分析 ··· (74)

    3.2.1 支路电流法 …………………………………………………………………(74)
    *3.2.2 节点电压法 ………………………………………………………………(76)
   操作训练3 用节点电压法分析电路 ……………………………………………(80)
  3.3 任务3 叠加原理与齐性定理分析 …………………………………………………(81)
    3.3.1 叠加原理 ………………………………………………………………(81)
    *3.3.2 齐性定理 ………………………………………………………………(82)
    3.3.3 叠加原理和齐性定理的验证 …………………………………………(83)
  3.4 任务4 戴维南定理与诺顿定理分析 …………………………………………(85)
    3.4.1 戴维南定理 ……………………………………………………………(85)
    *3.4.2 诺顿定理 ………………………………………………………………(88)
   操作训练4 戴维南定理的验证 …………………………………………………(89)
 习题3 ………………………………………………………………………………………(91)

项目4 单相正弦交流电路分析 …………………………………………………………(95)

  4.1 任务1 认识正弦交流电 ……………………………………………………………(95)
    4.1.1 正弦交流电的概念 ……………………………………………………(95)
    4.1.2 正弦交流电的相量表示法 …………………………………………(100)
  4.2 任务2 单一参数电路元件的交流电路分析 ……………………………………(105)
    4.2.1 纯电阻电路 ……………………………………………………………(105)
    4.2.2 纯电感电路 ……………………………………………………………(107)
    4.2.3 纯电容电路 ……………………………………………………………(109)
   操作训练1 电阻、电感、电容元件阻抗特性的测定 ………………………(112)
  4.3 任务3 用相量法分析正弦交流电路 ……………………………………………(114)
    4.3.1 RLC 串联电路 …………………………………………………………(114)
    4.3.2 复阻抗的串并联 ………………………………………………………(118)
    4.3.3 功率因数的提高 ………………………………………………………(120)
   操作训练2 示波器的使用 …………………………………………………………(123)
   操作训练3 RLC 串联电路研究 ……………………………………………………(129)
  4.4 任务4 电路中的谐振分析 …………………………………………………………(132)
    4.4.1 串联谐振 ………………………………………………………………(133)
    4.4.2 并联谐振 ………………………………………………………………(134)
   操作训练4 RLC 串联谐振电路分析 ……………………………………………(136)
 习题4 ……………………………………………………………………………………(138)

项目5 三相交流电路分析 ……………………………………………………………(141)

  5.1 任务1 三相电源分析 ………………………………………………………………(141)
    5.1.1 对称三相电源 …………………………………………………………(141)
    5.1.2 三相电源的连接 ………………………………………………………(142)
   操作训练1 三相电路的仿真分析 …………………………………………………(144)
  5.2 任务2 负载的星形、三角形连接分析 …………………………………………(146)
    5.2.1 负载的星形连接 ………………………………………………………(146)

  5.2.2 负载的三角形连接 ·· （148）
  5.2.3 对称三相电路的分析 ·· （150）
  *5.2.4 不对称三相电路的分析 ··· （151）
  操作训练2 负载星形、三角形连接性能测试 ·· （153）
 5.3 任务3 三相电路的功率分析 ·· （156）
  操作训练3 三相电路功率的测量 ·· （158）
 5.4 任务4 安全用电 ·· （160）
  5.4.1 触电与安全用电 ·· （160）
  5.4.2 触电急救知识 ·· （164）
习题5 ·· （165）

项目6 动态电路的分析 ·· （167）

 6.1 任务1 一阶电路的暂态分析 ·· （167）
  6.1.1 换路定理和初始值的计算 ·· （167）
  6.1.2 分析一阶电路过渡过程的三要素法 ···································· （169）
  6.1.3 一阶RC电路过渡过程的分析 ·· （171）
  6.1.4 一阶RL电路过渡过程的分析 ·· （173）
  操作训练1 RC一阶动态电路的响应测试 ·· （175）
 6.2 任务2 微分电路与积分电路分析 ·· （179）
  6.2.1 微分电路 ·· （179）
  6.2.2 积分电路 ·· （180）
  操作训练2 微分电路与积分电路分析 ·· （181）
习题6 ·· （183）

项目7 磁路与变压器的分析 ·· （185）

 7.1 任务1 认识磁路 ·· （185）
  7.1.1 磁路的基本概念 ·· （185）
  7.1.2 磁路的主要物理量 ·· （187）
  7.1.3 铁磁材料 ·· （188）
  7.1.4 磁路的欧姆定律 ·· （191）
 7.2 任务2 认识互感电路与铁芯线圈电路 ·· （192）
  7.2.1 互感电路 ·· （192）
  7.2.2 交流铁芯线圈电路 ·· （196）
  操作训练1 互感电路同名端测试 ·· （198）
 7.3 任务3 认知变压器 ·· （199）
  7.3.1 变压器的结构与原理 ·· （199）
  7.3.2 变压器的外特性和额定值 ·· （203）
  7.3.3 几种常用的变压器 ·· （204）
  操作训练2 变压器的特性测试 ·· （206）
习题7 ·· （207）

项目 8　综合训练——室内照明电路安装 ……………………………………………（209）
    8.1　训练 1　导线的剥削和连接 ……………………………………………………（209）
    8.2　训练 2　室内配线技术 …………………………………………………………（220）
    8.3　训练 3　照明装置的安装 ………………………………………………………（227）
    8.4　训练 4　电度表的安装与使用 …………………………………………………（233）
    8.5　操作 5　室内照明电路的设计安装 ……………………………………………（236）
    8.6　训练 6　照明电路的维修 ………………………………………………………（237）

参考文献 ……………………………………………………………………………………（241）

认知直流电路及Multisim 10仿真

1. 知识目标

① 熟悉电路的组成及描述电路的基本物理量。
② 理解电路模型的概念，熟悉组成电路的基本元件。
③ 熟悉 Multisim 10 仿真软件的界面及基本功能。

2. 技能目标

① 掌握 Multisim 10 仿真软件的基本操作。
② 掌握虚拟仪器仪表的使用方法。
③ 能设计简单电路并进行仿真测试。

1.1 任务 1 认识电路及其物理量

本任务从电路的组成入手，引出电路的概念、模型及电流、电压、电位、电功率等电路物理量。认识和了解这些物理量是学习、分析和计算电路的基础。

1.1.1 电路的组成、模型及作用

1. 电路组成

简单地说，电路就是电流流通的路径，它根据某种需要由具有不同电气性能及作用的元器件按照一定方式连接而成。电路的结构将依据它所完成任务的不同而不同，可以简单到由几个元器件构成，也可以复杂到由上千甚至数万个元器件构成。无论简单与复杂，一个完整的电路都可以看成由电源、负载及中间环节（包括开关和导线等）三部分组成。

例如最简单的手电筒电路，其电路组成的三部分是：电源——干电池，负载——小灯泡，中间环节——开关和筒体的金属连片，如图 1-1 所示。

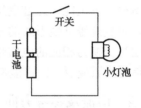

图 1-1 手电筒电路

电源是供应电能的设备，它把其他形式的能量转换为电能，例如，发电机将机械能转换为电能；负载取用电能，它把电能转换为其他形式的能量，例如，电动机将电能转换为机械

能，电炉将电能转换为热能，电灯将电能转换为光能等；中间环节把电源和负载连接起来，为电流提供通路，把电源的能量供给负载，并根据负载需要接通或断开电路。

2. 电路模型

认知电路主要分析和研究其能量转换的一般规律，即电路的最本质、最普遍的规律。而组成实际电路的元器件，如发电机、变压器、电动机和白炽灯等，其电磁特性是比较复杂的。以电阻器为例，当电流通过电阻器时，除了产生热效应表现电阻性之外，电流还产生磁场和电场，并有电感性和电容性。考虑到实际元器件的多种电磁特性在强弱程度上的不同，可以将组成电路的实际元器件加以近似化、理想化，保留它的一个主要性质，忽略其次要性质，并用一个足以反应其主要性质的模型来表示，这个模型人们习惯上称它为理想元件。如对于白炽灯、电炉和电暖气等，由于绝大多数电能转化成了热能，在一定频率范围内可以忽略其电容和电感，其主要电磁特性就是电阻性，因此把它们理想化处理，认为它们都是理想电阻元件，只有电阻性。同样，对于理想电感器，只考虑电感性，对于理想电容器，只考虑电容性等。

用一个理想电路元件或几个理想电路元件的组合来代替实际电路中的具体元件称为实际电路的模型化。

可见，电路模型是由理想电路元件和理想导线相互连接而成的整体，是对实际电路进行科学抽象的结果。

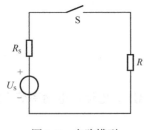

图 1-2 电路模型

将一个实际电路抽象为电路模型的过程，又称建模过程，其结果与实际电路的工作条件以及对计算精度的要求有关。例如手电筒电路，其实际电路器件有干电池、小灯泡、开关和筒体，它的电路模型如图 1-2 所示，其中，理想电阻元件是小灯泡的电路模型，理想电压源 U_S 和理想电阻元件 R_S 的串联组合是干电池的电路模型，筒体起着传导电流的作用，其电阻忽略不计，用理想导线表示。

图 1-2 所示的电路模型又称电路图。在电路图中，将理想电路元件用特定的电路符号表示，理想导线可以画成直线、折线或曲线等。

3. 电路的作用

电路的作用可分为两大类：一类是实现电能的传输和转换，典型应用如电力传输系统，发电机产生电能，经过变压器和输电线输送到各用电单位，再由负载把电能转换为光能、热能、机械能等其他形式的能量。另一类是实现信号的传递和处理，如扩音机电路，话筒将声能信号变换为相应的电信号，并将其送入电子线路加以放大，然后，通过扬声器把放大了的电信号还原成更大的声能信号。

1.1.2 电流及参考方向

1. 电流

电流是电荷的定向移动形成的。电流等于单位时间内通过导体某截面的电量。设在 dt 时

间内通过导体某一横截面的电量为 dq，则通过该截面的电流为

$$i = \frac{dq}{dt} \tag{1-1}$$

在一般情况下，电流是随时间而变的，如果电流不随时间而变，即 $\frac{dq}{dt}$ =常数，则这种电流就称为恒定电流，简称直流。所通过的电路称为直流电路。在直流电路中，式（1-1）可写成

$$I = \frac{Q}{t} \tag{1-2}$$

在国际单位制中，电流的单位是安培（A），简称安，实际使用中还有千安（kA）、毫安（mA）、微安（μA）。它们的换算关系是

$$1kA = 10^3 A，1A = 10^3 mA，1mA = 10^3 μA$$

在分析电路时不仅要计算电流的大小，还应了解电流的方向。习惯上，把正电荷定向运动的方向规定为电流的方向。那么，负电荷运动的方向与电流的实际方向相反。

2．电流的参考方向

对于比较复杂的直流电路往往不能确定电流的实际方向，对于交流电因其电流方向随时间而变化，更难以判断。因此，为分析方便引入了电流参考方向的概念。

电流的参考方向也称假定正方向，可以任意选定，在电路中用箭头表示，且规定当电流的实际方向与参考方向一致时，电流为正，即 $i>0$，如图 1-3（a）所示。当电流的实际方向与参考方向相反时电流为负值，即 $i<0$，如图 1-3（b）所示。

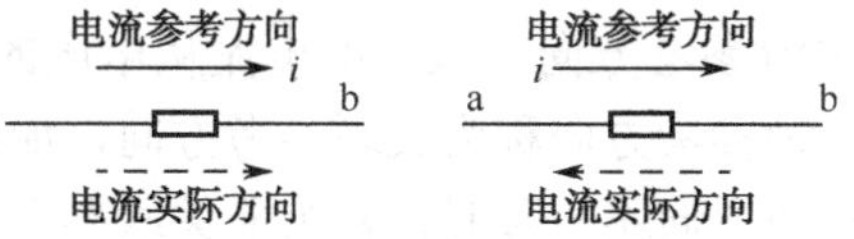

图 1-3　电流实际方向与参考方向

1.1.3　电压及参考方向

1．电压

电压是用来描述电场力对电荷做功能力的物理量。如果电场力将单位正电荷 dq 从电场的高电位点 a 经过电路移动到低电位点 b 所做的功是 dw，则 ab 两点之间的电压为

$$u_{ab} = \frac{dw}{dq} \tag{1-3}$$

在直流电路中，ab 两点之间的电压为

$$U_{ab} = \frac{W}{Q} \tag{1-4}$$

在交流电路中，电压用 u 表示，在直流电路中电压用 U 表示。

在国际单位制中电压的单位为伏特，简称伏（V），实用中还有千伏（kV）、毫伏（mV）、微伏（μV）等。它们之间的换算关系是

$$1kV=10^3V, \quad 1V=10^3mV, \quad 1mV=10^3\mu V$$

习惯上规定电压的实际方向是从高电位端指向低电位端。其方向可用箭头表示，也可用"+"、"-"极性表示。它还可以用双下标表示，如 U_{ab} 表示电压方向由 a 指向 b。显然可以看出，$U_{ab}=-U_{ba}$。

2. 电压的参考方向

与电流相类似，在实际分析和计算中，电压的实际方向也常常难以确定，这时也要采用参考方向。电路中两点间的电压可任意选定一个参考方向，且规定当电压的参考方向与实际方向一致时电压为正值，即 $U>0$，如图1-4（a）所示；相反时电压为负值，即 $U<0$，如图1-4（b）所示。

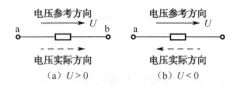

图1-4 电压实际方向与参考方向

3. 关联方向

电路的电流参考方向和电压参考方向都可以分别独立假设。但为了电路分析方便，常使同一元件的电压参考方向和电流参考方向一致，即电流从电压的正极端流入该元件而从它的负极端流出，电流和电压的这种参考方向称为关联参考方向，如图1-5（a）所示。

当电压参考方向和电流参考方向不一致时，称为非关联参考方向，如图1-5（b）所示。

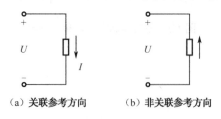

图1-5 关联参考方向与非关联参考方向

在分析和计算电路时，选取关联方向还是非关联方向，原则上是任意的。但为了分析方便，对于负载，一般把两者的参考方向选为关联参考方向，对于电源一般把两者的参考方向选为非关联参考方向。另外，u 和 i 的参考方向一经选定，中途就不能再变动了。

1.1.4 电位、电动势

1. 电位

在电气设备的调试和检修中，经常要测量某个点的电位，看其是否在正常范围内。

在电路中任选一点为参考点，则某一点 a 到参考点的电压就称为 a 点的电位，用 V_a 表示。电路中各点的电位都是相对参考点而言的。通常规定参考点的电位为零，因此参考点又称零电位点，可用接地符合"⊥"表示。

参考点的选择是任意的，一般在电子线路中常常选多元件的汇集处，工程技术中常选大地、机壳为参考点。若把电气设备的外壳"接地"，那么外壳的电位就为零。

选电路中一点 o 为电位参考点，根据电位的定义，有

$$V_a = U_{ao} \tag{1-5}$$

某点的电位，实质上就是该点与参考点之间的电压，其单位也是伏特（V）。

如图 1-6 所示，以电路 o 点为参考点，则有

$$V_a = U_{ao}，V_b = U_{bo}$$

$$U_{ab} = U_{ao} + U_{ob} = U_{ao} - U_{bo} = V_a - V_b \tag{1-6}$$

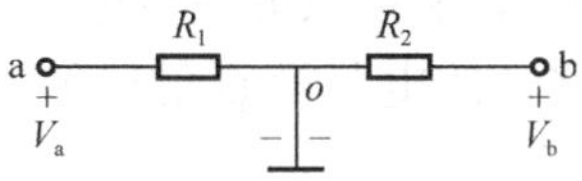

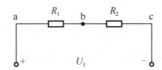

图 1-6 电位表示图

上式表明，电路中 a 点到 b 点的电压等于 a 点电位与 b 点电位之差。当 a 点电位高于 b 点电位时，$U_{ab} > 0$；反之，当 a 点电位低于 b 点电位时，$U_{ab} < 0$。一般规定，电压的实际方向由高电位点指向低电位点。

【例 1-1】 如图 1-7 所示的电路中，已知 U_1=-5V，U_{ab}=2V，试求：①U_{ac}；②分别以 a 点和 c 点作为参考点时，b 点电位和 bc 两点之间的电压 U_{bc}。

图 1-7 例 1-1 示意图

解：① 根据已知 U_1=-5V，可知 U_{ac} = -5V。

② 以 a 点作为参考方向，则 V_a=0，因为 $U_{ab} = V_a - V_b$，所以

$$V_b = V_a - U_{ab} = 0V - 2V = -2V$$
$$V_c = V_a - U_{ac} = 0V - (-5)V = 5V$$
$$U_{bc} = V_b - V_c = -2V - 5V = -7V$$

以 c 点作为参考方向，则 V_c = 0，因为 $U_{ac} = V_a - V_c$，所以

$$V_a = U_{ac} + V_c = 0V + (-5)V = -5V$$
$$V_b = V_a - U_{ab} = (-5)V - 2V = -7V$$
$$U_{bc} = V_b - V_c = -7V - 0V = -7V$$

由以上计算可以看出，当以 a 点为参考点时，V_b=-2V；当以 c 点为参考点时，V_b=-7V；但 bc 两点之间的电压 U_{bc} 始终是-7V，这说明电路中各点的电位值与参考点的选择有关，而任意两点间的电压与参考点的选择无关。

注意：

① 电路中各点的电位值与参考点的选择有关，当所选的参考点变动时，各点的电位值将随之变动。

② 在电路中不指定参考点而谈论各点的电位值是没有意义的。

③ 参考点一经选定，在电路分析和计算过程中，不能随意更改。

④ 习惯上认为参考点自身的电位为零，所以参考点也称零电位点。

⑤ 在电子线路中，一般选择元件的汇集处，而且常常将电源的某个极性端作为参考点；在工程技术中，常选择大地、机壳等作为参考点。

2. 电动势

为了表述不同电源转化能量的能力，人们引入了电动势这一物理量，用来描述电源力做功的本领。由于外电路中没有电源力，所以只能在内电路中定义电动势：电源力把正电荷 Q 从负极移到正极所做的功 W 与被移动的电荷量 Q 的比值，称为电源的电动势，用符号 E 表示，即

$$E = \frac{W}{Q} \tag{1-7}$$

电动势的国际单位是伏特，单位符号是 V。若电源力把 1C 电荷量从电源的负极移到正极所做的功是 1J，则电源的电动势等于 1V，即 E=1J/1C=1V。

电动势有方向，规定电源力推动正电荷运动的方向为电动势的实际方向。它从电源的负极经过内部指向正极，是电位升高的方向。可见电动势与实际电压的方向相反。

电动势是电源的属性。电动势的大小取决于电源本身的构造，确定的电源具有确定的电动势，与外电路无关。

应该指出，在电源内部，正电荷在电源力作用下从负极流向正极形成内电路电流，内电流也会受到阻碍，所以电源内部也有电阻，叫做电源的内阻，用符号 r 表示。电源的内阻也是电源的属性。在作电路图时常将电源的电动势 E 和内阻 r 表示为如图 1-8 所示的符号。

图 1-8（a）为一个理想电源与一个内阻串接而组合成一个实际电源。图 1-8（b）省略不画内阻，但用字母 r 表示了内阻存在。这两个图的意义是一样的。

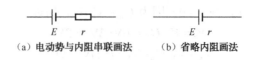

(a) 电动势与内阻串联画法　　(b) 省略内阻画法

图 1-8　电源的符号

1.1.5 电功与电功率

1. 电功

电流通过电动机时，能带动物体向上运动，从而把消耗的电能转换为系统的机械能；同理，电流通过电炉时，把电能转换成了热能。这些现象表明，电流可以做功。电流做功时，把电能转换为其他形式的能量（如机械能、热能等）。电流所做的功简称电功，用符号 W

表示。

设在一段导体内的电场中有 a、b 两点，这两点间的电势差为 U，在电场力作用下，电荷量为 Q 的正电荷从 a 点移动到 b 点，那么，电场对电荷做了功 W。移动电荷 Q 所形成的电流为 I。

根据

$$U_{ab} = \frac{W}{Q} \text{ 和 } I = \frac{Q}{t}$$

得

$$W = UIt \tag{1-8}$$

式（1-8）说明：电流在一段电路上所做的功 W，与这段电路两端的电压 U、电路中的电流 I 及通电的时间 t 成正比。

如果电路的负载是纯电阻，根据欧姆定律，式（1-8）可写成

$$W = I^2 Rt = \frac{U^2}{R} t \tag{1-9}$$

电功另一个常用单位是千瓦·小时（kW·h），1kW·h 就是常说的 1 度电，它和焦耳的换算关系为

$$1\text{kW} \cdot \text{h} = 3.6 \times 10^6 \text{J}$$

电度表就是测量电功的仪器。

2. 电功率

在电路的分析和计算中，电能和功率的计算是十分重要的。这是因为电路在工作状况下总伴随着电能与其他形式能量的相互交换；另外，电气设备、电路部件本身都有功率的限制，在使用时要注意其电流值或电压值是否超过额定值。

在电气工程中，电功率简称功率，定义为单位时间内元件吸收或发出的电能，用 p 表示。设 dt 时间内元件转换的电能为 dw，则

$$p = \frac{dw}{dt} = ui \tag{1-10}$$

对直流电路，功率为

$$P = UI \tag{1-11}$$

可见，电路的功率等于该电路电压和电流的乘积。

如果电路中的负载是纯电阻，根据欧姆定律，式（1-11）可写成

$$P = I^2 R = \frac{U^2}{R} \tag{1-12}$$

国际单位制中功率的单位是瓦（W），有时还可用千瓦（kW）、毫瓦（mW）为单位，它们之间的换算关系为

$$1\text{kW} = 10^3 \text{W}, \quad 1\text{W} = 10^3 \text{mW}$$

【例 1-2】 有一支 220 V、100W 的电灯，接在 220 V 的电源上，试求通过电灯的电流和电灯的电阻；如果每晚用 3h，1 个月消耗多少电能（1 个月以 30 天计算）？

解： 由 $P = UI$ 得

$$I = \frac{P}{U} = \frac{100\text{W}}{220\text{V}} = 0.45\text{A}$$

$$R = \frac{U}{I} = \frac{220\text{V}}{0.455\text{A}} = 484\Omega$$

1 个月消耗的电能为

$$W = Pt = 100 \times 10^{-3}\text{kW} \times 3\text{h} \times 30 = 9\,\text{kW} \cdot \text{h} = 9 \text{度}$$

功率与电压、电流有密切关系。例如对于电阻元件，当正电荷从电压的"+"极性端经过元件移动到电压的"–"极性端时，电场力对电荷做功，此时元件消耗能量或吸收功率。对于电源元件，当正电荷从电压的"–"极性端经元件移动到电压的"+"极性端时，非电场力对电荷做功（电场力对电荷做负功），此时元件提供能量或发出功率。

电压和电流有关联参考方向和非关联参考方向，为分析方便，规定如下。

当电压和电流的参考方向为关联参考方向时，$p = ui$；当电压和电流的参考方向为非关联参考方向时，$p = -ui$。

当 $p > 0$ 时，表示元件吸收（消耗）功率，是负载性质；当 $p < 0$ 时，表示元件实际提供（发出）功率，是电源性质。

根据能量守恒定律，电源输出的功率和负载吸收的功率应该是平衡的。

【例 1-3】 电路中各元件电压和电流的参考方向如图 1-9 所示。已知 $I_1 = -I_2 = -2\text{A}$，$I_3 = 1\text{A}$，$I_4 = 3\text{A}$，$U_1 = 3\text{V}$，$U_2 = 5\text{V}$，$U_3 = U_4 = -2\text{V}$。试求各元件的功率，并说明是吸收功率还是发出功率，整个电路是否满足能量守恒定律。

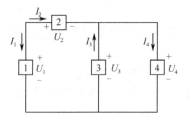

图 1-9 例 1-3 电路图

解：根据各元件上电压和电流的参考方向，可得到各元件的功率。

元件 1：$P_1 = U_1 I_1 = 3 \times (-2)\text{W} = -6\text{W}$，元件 1 发出功率。

元件 2：$P_2 = U_2 I_2 = 5 \times 2\text{W} = 10\text{W}$，元件 2 吸收功率。

元件 3：$P_3 = -U_3 I_3 = -(-2) \times 1\text{W} = 2\text{W}$，元件 3 吸收功率。

元件 4：$P_4 = U_4 I_4 = (-2) \times 3\text{W} = -6\text{W}$，元件 4 发出功率。

电路的总功率

$$P = P_1 + P_2 + P_3 + P_4 = 0$$

即整个电路的能量是守恒的。

思考与练习

1-1-1 电路由哪几部分组成？各部分在电路中起什么作用？

1-1-2 实际电路和电路模型有什么关系？

1-1-3 电流的实际方向、参考方向与电流值的正负有何关系？

1-1-4 电压与电位有什么区别？

1-1-5 如图1-10所示电路，指出电流、电压的实际方向。

1-1-6 已知某电路中 U_{ab} = 5V， a、b 两点中哪点电位高？

1-1-7 已知电路如图1-11所示，以 c 点为参考点时，V_a = 10V，V_b = 5V，V_d = 3V，试求 U_{ab}、U_{ba}、U_{cd}、U_{dc}。

图1-10 题1-1-5图　　　图1-11 题1-1-7图

1-1-8 电路如图1-12所示，给定电压、电流方向，求元件功率，并指出元件是发出功率，还是吸收功率。

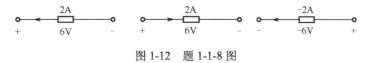

图1-12 题1-1-8图

1.2 任务2 认识电路的基本元件

电路元件是构成电路模型的最小单元，每一个元件通过其端子与外部电路相连。组成电路的基本元件有电阻、电容、电感、电源等，熟悉和掌握这些元件的特性是分析电路的基础。

1.2.1 电阻元件

电流在导体中流动通常要受到阻碍，反映这种阻碍作用的物理量称为电阻。在电路图中常用"理想电阻元件"来反映物质对电流的这种阻碍作用。电阻元件是电路中最常用的电子元器件之一。

1. 电阻分类

电阻按阻值特性分为固定电阻、可变电阻（电位器）和敏感电阻。固定电阻器是指阻值固定不变的电阻器，主要用于阻值固定而不需要调节变动的电路中；阻值可以调节的电阻器称为可变电阻器（又称变阻器或电位器），其又分为可变和半可变电阻器。半可变（或微调）电阻器主要用在阻值不经常变动的电路中。敏感电阻器是指其阻值对某些物理量表现敏感的电阻元件。常用的敏感电阻有热敏、光敏、压敏、湿敏、磁敏、气敏和力敏电阻器等。它们是利用某种半导体材料对某个物理量敏感的性质而制成的，也称半导体电阻器。

电阻器用符号 R 表示，电阻的单位为欧姆（Ω）。常用单位还有千欧（kΩ）和兆欧（MΩ），其换算关系为：1kΩ = 10^3 Ω，1MΩ = 10^3 kΩ = 10^6 Ω。

常见电阻器外形如图1-13所示，电路符号如图1-14所示。

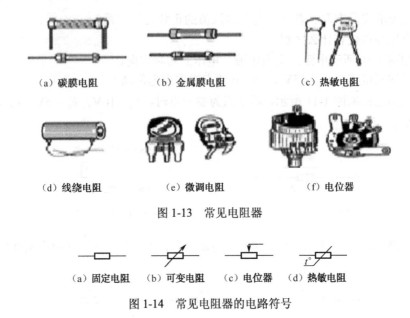

（a）碳膜电阻　（b）金属膜电阻　（c）热敏电阻

（d）线绕电阻　（e）微调电阻　（f）电位器

图 1-13　常见电阻器

（a）固定电阻　（b）可变电阻　（c）电位器　（d）热敏电阻

图 1-14　常见电阻器的电路符号

2. 电阻的计算

就长直导体而言，在一定温度下，电阻值可用下式计算

$$R=\rho\frac{l}{S} \tag{1-13}$$

式中，R 为电阻（Ω），l 为导体的长度（m），S 为导体截面积（m^2），ρ 为材料的电阻率（Ω · m）。

电阻率的大小，表示材料导电性能的优劣。电阻率越小，表示材料的导电性能越好。根据电阻率的大小，通常将电工材料分为三类，电阻率小于 10^{-6} Ω · m 的材料称为导体、如铜、铝等；电阻率大于 10^{7} Ω · m 的材料称为绝缘体，如橡胶、陶瓷等；电阻率介于 10^{-6}～10^{7} Ω · m 的材料称为半导体，如硅、锗等。

电阻的倒数为电导，用大写字母 G 表示，即

$$G=\frac{1}{R} \tag{1-14}$$

电导的单位为西门子（S）。

3. 线性电阻元件

如图 1-15 所示，电阻元件两端加电压 u，通过电阻元件的电流 i，它们的参考方向一致，即“关联参考方向”。如果把电阻两端电压 u 取为横坐标，电流 i 取为纵坐标，通过实验取得数据将其绘成曲线，就能反映出通过电阻的电压、电流的关系。反映电阻元件上电压、电流关系的曲线称为电阻的伏安特性曲线。

电阻元件的电压、电流关系曲线是通过坐标系原点的直线，如图 1-15（b）所示，这类电阻称为线性电阻。可以看出线性电阻元件上的电压与电流是成正比的，即 $u=Ri$。直线的斜率即为该元件的电阻值。

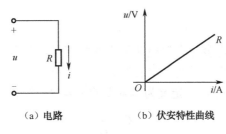

(a) 电路　　　　　　　(b) 伏安特性曲线

图 1-15　电阻的伏安特性曲线

如果伏安特性曲线不是直线，则称为非线性电阻。非线性电阻的阻值 R 不是常数，而是随电压和电流而变化的。这是由于材料的电阻率与温度有关，实际元件通过电流后会使温度上升而影响电阻的阻值。例如 40W 的白炽灯的灯丝电阻在不发光时阻值约为 100Ω，正常发光时，灯丝温度可达 2000℃ 以上，这时阻值超过 1000Ω。

严格地说，实际电阻都是非线性的，因为 R 随温度而变化，但某些电阻的阻值随温度变化较小，可以近似地看成线性电阻。

1.2.2　电容元件

电容器是由两个彼此绝缘的金属极板，中间夹有绝缘材料（绝缘介质）构成的。绝缘材料不同，构成电容器的种类也不同。电容器是一种储能元件，在电路中具有隔直流、通交流的作用，常用于滤波、去耦、旁路、级间耦合和信号调谐等方面。

1. 电容器的种类

电容器按电容量是否可调节，分为固定电容器、可变电容器和半可变电容器。按是否有极性，分为有极性电容器和无极性电容器。按其介质材料不同，分为空气介质电容器、固体介质（云母、纸介、陶瓷、涤纶、聚苯乙烯等）电容器、电解电容器。按电容的用途分为耦合电容、旁路电容、隔直电容、滤波电容等。

常见电容器外形如图 1-16 所示，电路图形符号如图 1-17 所示。

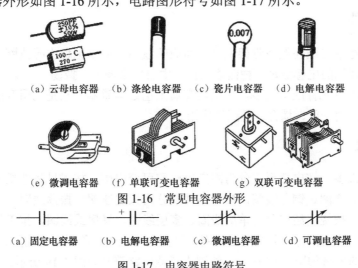

(a) 云母电容器　(b) 涤纶电容器　(c) 瓷片电容器　(d) 电解电容器

(e) 微调电容器　(f) 单联可变电容器　(g) 双联可变电容器

图 1-16　常见电容器外形

(a) 固定电容器　(b) 电解电容器　(c) 微调电容器　(d) 可调电容器

图 1-17　电容器电路符号

2. 电容器的电容量

电容器的电容量是表示电容器存储电荷能力的物理量,但是一个电容器存储电荷多少还与加到它两端的电压有关,电压越高,电容器存储的电荷也越多。因此,把电容器所存储的电荷量 Q 与其两端的电压 U 之比,定义为电容器的电容量。简称电容,用 C 表示。即

$$C = \frac{Q}{U} \tag{1-15}$$

在国际单位制中电荷量的单位是库仑(C),电压的单位是伏特(V),电容的单位是法拉(F)。

实际应用中,电容常用的单位还有微法(μF)、纳法(nF)、皮法(pF)。它们的换算关系为:$1F=10^6 \mu F=10^9 nF=10^{12} pF$。

在电容元件 C 上接入随时间变化的电压 u(即 $u_C=u$)。那么电容上的电荷量 q 也将发生变化,在连接电容的电路中将会有变化的电流 i。根据电容量的定义得

$$q = Cu_C$$

在电路分析中,电容作为电路元件,常需要知道电流与电压的关系。

由电流定义式

$$i = \frac{dq}{dt}$$

代入上式可得

$$i = C \frac{du_C}{dt} \tag{1-16}$$

式(1-16)说明电容电路中的电流与电压是"微分关系",即电流的有无不取决于电压的数值,而要看电容上的电量是否随时间变化,即电容电流与电压的变化率成正比。从这个意义上说,电容也称"动态元件"。显然,若电容元件接到直流电源上,其电压 U 为常数,由于常数的微分等于零,所以稳定状态下直流电路中的电流为零,这就是电容的"隔直作用",或者说电容在直流电路中相当于"开路"。

1.2.3 电感元件

电感器是用绝缘导线在绝缘骨架上绕制而成的线圈,所以也称电感线圈,是利用自感作用制作的元件。理想的电感器是一种储能元件,主要用来调谐、振荡、匹配、耦合和滤波等。在高频电路中,电感元件应用较多。变压器实质上也是电感器,它是利用互感作用制作的元件,在电路中常起到变压、耦合、匹配等作用。

1. 电感分类

电感器种类很多,按电感形式分为固定电感和可变电感,按磁导体性质分为空心线圈、铁氧体线圈、铁芯线圈、铜芯线圈,按工作性质分为天线线圈、振荡线圈、扼流线圈、陷波线圈、偏转线圈,按绕线结构分为单层线圈、多层线圈、蜂房式线圈,按工作频率分为高频线圈、低频线圈,按结构特点分为磁芯线圈、可变电感线圈、色码电感线圈、无磁芯线圈等。

常见电感器的外形如图 1-18 所示。线圈电感器电路符号如图 1-19 所示。

（a）空心线圈　　　　　　　（b）磁芯线圈

（c）色码（色环）线圈　　（d）可调磁芯线圈　　（e）铁芯线圈

图1-18　常见电感器的外形

（a）一般符号　　（b）带铁芯电感器　　（c）可调电感器

图1-19　线圈电感器电路符号

2. 电感的计算

由物理学知识可知，线圈通以电流就会产生磁场。磁场的强弱可用磁感应强度 B 或用 B 与其垂直穿过面积 S 的乘积（称为磁通，$\Phi=BS$）来表示。其磁场方向可用右手螺旋定则判别。

磁通 Φ 与线圈匝数 N 的乘积称为磁链（$\Psi=\Phi N$）。

由于磁场是电流产生的，则磁链与电流之间就有一定的函数关系，即

$$\Psi = Li \quad \text{或} \quad L = \frac{\Psi}{i} \tag{1-17}$$

式中，Ψ 为磁链，单位为韦伯（Wb），i 为电流，单位为安（A）；L 为自感系数，单位是亨（H）。

常用单位还有毫亨（mH）、微亨（μH）。它们之间的换算关系是

$$1H=10^3 mH=10^6 \mu H$$

电感反映一个线圈在通过一定的电流 i 后产生磁链 Ψ 的能力，电感元件的磁链、电流关系曲线如图1-20所示。其中通过坐标原点直线的电感元件称为"线性电感"，如空心线圈；不是直线的则为"非线性电感"，如铁芯线圈。

3. 电感元件上电压与电流的关系

由物理学中的电磁感应定律可知

$$u = \frac{d\Psi}{dt}$$

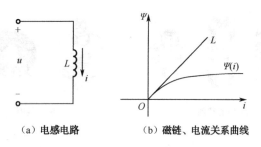

(a) 电感电路　　　　(b) 磁链、电流关系曲线

图 1-20　电感元件的磁链、电流关系曲线

即电感线圈两端的感应电压 u 与磁通（或磁链）的变化率成正比。其方向可根据线圈的绕向用楞次定律判别。如果 Ψ 由通过线圈自身的电流产生，即 $\Psi=Li$ 可得

$$u = L\frac{\mathrm{d}i}{\mathrm{d}t}$$

由上式可知，线圈的两端是否有自感电压，不取决于电流的值，而取决于电流是否变化，所以电感也是动态元件。如线圈通过的是直流电流，电流 I 为常数，而常数的微分是 0，就是说在直流电路中，"电感元件"两端是没有电压的，即直流电路中电感元件相当于"短路"。

1.2.4　电压源与电流源

电源是向电路提供电能或电信号的装置，常见的电源有发电机、蓄电池、稳压电源和各种信号源等。电源的电路模型有两种表示形式：一种以电压的形式来表示，称为电压源；另一种以电流的形式来表示，称为电流源。

1. 电压源

（1）理想电压源

理想电压源简称电压源。是从实际电源中抽象出来的一种理想电路元件。以电池为例，在理想状态下电池本身没有能量损耗，这时电池的端电压（用 U_S 表示）是一个确定不变的数值。凡能够维持端电压为定值的二端元件都称为"电压源"，其电路符号如图 1-21（a）所示。

电压源提供确定不变的电压，至于通过电压源的电流是多少，要取决于外接电路。可以是零（外电路断开）和无穷大（外电路短接）之间的任意值。图 1-21（b）所示为电压源连接外电路时的电路，图 1-21（c）绘出了直流电压源的电压与电流特性曲线，它是一条平行于电流轴的直线，表明其端电压与电流大小无关。

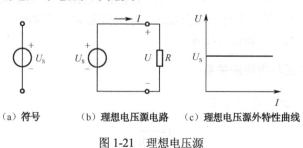

(a) 符号　　　(b) 理想电压源电路　　(c) 理想电压源外特性曲线

图 1-21　理想电压源

（2）实际电压源

实际电压源都是有内电阻（内电阻又称电源的输出电阻）的。一个实际电压源，内部都有电压降，电路模型可以用电压源（U_S）与内电阻（R_S）的串联组合来表示，如图1-22（a）所示。

实际电压源的内电阻不为零，所接负载（R）两端获取的电压不是恒定不变的，而是随负载的变化而变化的。图1-22（b）所示为实际电压源连接外电路时的电路，图1-21（c）绘出了实际电压源的电压与电流关系曲线，也称电压源外特性曲线。

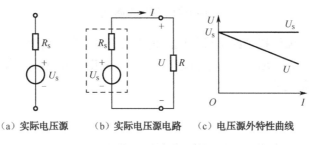

(a) 实际电压源　　(b) 实际电压源电路　　(c) 电压源外特性曲线

图1-22　实际电压源

由图1-22可见，随着负载 R 的减小（负载电流的增加）导致电源供出电压（U）下降。这种实际电压源端电压随外接负载变化而变化的曲线称为实际电压源的外特性。作为实际电压源总希望内电阻越小越好。

2. 电流源

（1）理想电流源

理想电流源向外输出定值电流（I_S），可以是直流，也可以是交流。常用的电源特性多与电压源较接近，而与电流源接近的较少。光电池、晶体管等器件构成的电源，其工作特性在某一段与电流源十分接近。理想电流源的符号如图1-23（a）所示，箭头方向为其提供电流的方向。图1-23（b）所示为电流源连接外电路时的电路，图1-23（c）绘出了直流电流源的电压与电流关系曲线，它是一条平行于电压轴的直线，表明其输出电流为定值，与电压大小无关。

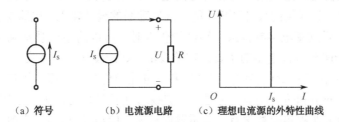

(a) 符号　　(b) 电流源电路　　(c) 理想电流源的外特性曲线

图1-23　理想电流源

电流源向外输出定值电流（I_S），至于电流源两端的电压是多少，则取决于外接电路，可以是零（外电路短接）与无穷大（外电路断开）之间的任意值。

（2）实际电流源

与实际电压源对比，实际电流源内部也是有电阻的，因此，它的电路模型可以用电流源（I_S）与内电阻（分流电阻 R_S）的并联组合来表示，如图1-24（a）所示。图1-24（b）所示为实际电流源连接外电路时的电路，图 1-24（c）绘出了实际电流源的外特性曲线。

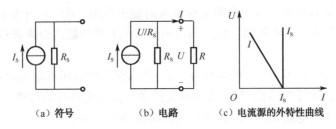

(a) 符号　　　　(b) 电路　　　　(c) 电流源的外特性曲线

图 1-24　实际电流源

可见，一个实际电流源提供给负载的电流也将随负载的变化而变化。随负载 R 的增大（负载两端电压 U 增大）导致电源供出电流减小，作为实际电流源总希望内电阻越大越好，R_s 越大，越接近理想电流源特性。

思考与练习

1-2-1　什么是线性电阻？它的伏安特性有什么特点？

1-2-2　为什么电容在直流电路中相当于"开路"？

1-2-3　为什么电感在直流电路中相当于"短路"？

1-2-4　理想电压源有什么特点？与实际电压源有什么区别？

1-2-5　理想电流源有什么特点？与实际电流源有什么区别？

1-2-6　定性画出实际电压源与实际电流源的特性曲线，并说明内电阻对伏安特性的影响。

1.3　任务 3　认知 Multisim 10 仿真软件

Multisim 10 是 National Instruments 公司（美国国家仪器有限公司）于 2007 年 3 月推出的 NI Circuit Design Suit 10 中的一个重要组成部分，其前身为 EWB（Electronics Work-bench）。Multisim 是一种交互式电路模拟软件，是一种 EDA 工具，它为用户提供了丰富的元件库和功能齐全的各类虚拟仪器，主要用于对各种电路进行全面的仿真分析和设计。

Multisim 提供了集成化的设计环境，能完成原理图的设计输入、电路仿真分析、电路功能测试等工作。当需要改变电路参数或电路结构仿真时，可以清楚地观察到各种变化电路对性能的影响。用 Multisim 进行电路的仿真，实验成本低、速度快、效率高。

Multisim 10 包含了数量众多的元器件库和标准化的仿真仪器库，用户还可以自己添加新元件，操作简单，分析和仿真功能十分强大。熟练使用该软件可以大大缩短产品研发的时间，对电路的强化、相关课程实验教学有十分重要的意义。EDA 的出现大大改进了电工、电子学习方法，提高了学习效率。下面简单介绍 Multisim 10 的基本功能及操作。

单击"开始"→"程序"→"National Instruments"→"Circuit Design Suite 10.0"→"Multisim"，启动 Multisim10，这时会自动打开一个新文件，进入 Multisim 10 的主界面，如图 1-25 所示。

项目1 认知直流电路及Multisim 10仿真

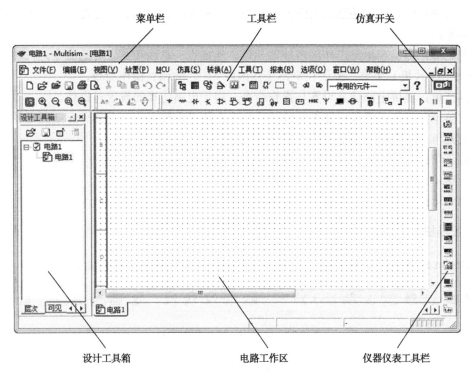

图 1-25 Multisim 10 的主界面

从图 1-25 可以看出，Multisim 的主窗口如同一个实际的电子实验台。屏幕中央区域最大的窗口就是电路工作区，在电路工作区上可将各种电子元器件和测试仪器仪表连接成实验电路。电路工作区上方是菜单栏、工具栏、元器件栏。从菜单栏中可以选择电路连接、实验所需的各种命令。工具栏包含了常用的操作命令按钮。通过鼠标操作即可方便地使用各种命令和实验设备。元器件栏存放着各种电子元器件，电路工作区右边是仪器仪表工具栏。仪器仪表工具栏存放着各种测试仪器仪表，用鼠标操作可以很方便地从元器件和仪器库中，提取实验所需的各种元器件及仪器、仪表到电路工作区并连接成实验电路。单击电路工作区的仿真开关，可以进行电路仿真，"启动/停止"开关或"暂停/恢复"按钮可以方便地控制实验的进程。

1. 菜单栏

菜单栏中提供了本软件几乎所有的功能命令，如图 1-26 所示，主要有文件的创建、管理、编辑及电路仿真软件的各种操作命令。

图 1-26 Multisim 10 的菜单栏

文件菜单：提供文件操作命令，如打开、保存和打印等，对电路文件进行管理。
编辑菜单：在电路绘制过程中，提供对电路和元件进行剪切、粘贴、旋转等操作，进行编辑工作。

视图菜单：用来显示或隐藏电路窗口中的某些内容，如电路图的放大/缩小、工具栏栅格、纸张边界等。

放置菜单：提供在电路工作区内放置元件、连接点、总线和文字等的命令。

MCU（单片机）菜单：提供在电路工作区内 MCU 的调试操作命令。

仿真菜单：提供电路仿真设置与操作命令，用于电路仿真的设置与操作。

工具菜单：提供元件和电路编辑或管理命令，用来编辑或管理元器件库或元器件。

报表菜单：用来产生当前电路的各种报表。

选项菜单：用于定制软件界面和某些功能的设置。

窗口菜单：用于控制 Multisim 10 窗口的显示。

帮助菜单：为用户提供在线帮助和指导。

2. 工具栏

Multisim 10 常用工具栏如图 1-27 所示，工具栏各图标名称及功能说明如下。

图 1-27 Multisim 10 常用工具栏

新建：清除电路工作区，准备生成新电路。

打开：打开电路文件。

存盘：保存电路文件。

打印：打印电路文件。

剪切：剪切至剪贴板。

复制：复制至剪贴板。

粘贴：从剪贴板粘贴。

旋转：旋转元器件。

全屏：电路工作区全屏。

放大：将电路图放大一定比例。

缩小：将电路图缩小一定比例。

放大面积：放大电路工作区面积。

适当放大：放大到适合的页面。

文件列表：显示或隐藏设计电路文件列表。

电子表：显示或隐藏电子数据表。

数据库管理：元器件数据库管理。

元件编辑器：启动元件编辑器。

图形编辑/分析：图形编辑器和电路分析方法选择。

后处理器：对仿真结果进一步操作。

电气规则校验：校验电气规则。

区域选择：选择电路工作区区域。

3. 元器件库

Multisim 10 提供了丰富的元器件库，用鼠标左键单击元器件库栏的某一个图标即可打开该元件库。元器件库栏图标如图 1-28 所示。

图 1-28　元器件库栏图标

（1）电源/信号源库

电源/信号源库包含接地端、直流电压源（电池）、正弦交流电压源、方波（时钟）电压源、压控方波电压源等多种电源与信号源。

（2）基本器件库

基本器件库包含有电阻、电容等多种元件。基本器件库中的虚拟元器件的参数是可以任意设置的，非虚拟元器件的参数是固定的，但是可以选择。

（3）二极管库

二极管库包含二极管、可控硅等多种器件。二极管库中的虚拟器件的参数是可以任意设置的，非虚拟元器件的参数是固定的，但是可以选择。

（4）晶体管库

晶体管库包含有晶体管、FET 等多种器件。晶体管库中的虚拟器件的参数是可以任意设置的，非虚拟元器件的参数是固定的，但是可以选择。

（5）模拟集成电路库

模拟集成电路库包含多种运算放大器。模拟集成电路库中的虚拟器件的参数是可以任意设置的，非虚拟元器件的参数是固定的，但是可以选择。

（6）TTL 数字集成电路库

TTL 数字集成电路库包含有 74×× 系列和 74LS×× 系列等多种数字电路器件。

（7）CMOS 数字集成电路库

CMOS 数字集成电路库包含有 40×× 系列和 74HC×× 系列多种 CMOS 数字集成电路器件。

（8）数字器件库

数字器件库包含有 DSP、FPGA、CPLD、VHDL 等多种器件。

（9）数模混合集成电路库

数模混合集成电路库包含有 ADC/DAC、555 定时器等多种数模混合集成电路器件。

（10）指示器件库

指示器件库包含电压表、电流表、七段数码管等多种器件。

（11）电源器件库

电源器件库包含三端稳压器、PWM 控制器等多种电源器件。

（12）其他器件库

其他器件库包含晶体、滤波器等多种器件。

（13）键盘显示器件库

键盘显示器库包含键盘、LCD 等多种器件。

（14）射频元器件库

射频元器件库包含射频晶体管、射频 FET、微带线等多种射频元器件。

（15）机电类器件库

机电类器件库包含开关、继电器等多种机电类器件。

（16）微控制器库

微控制器件库包含有 8051、PIC 等多种微控制器。

4. Multisim 仪器仪表库

仪器仪表库的图标及功能如图 1-29 所示。

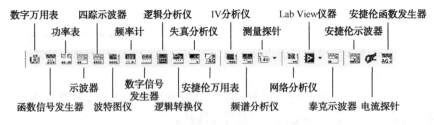

图 1-29　Multisim 仪器仪表库

5. 设计工具箱

设计工具箱窗格一般位于窗口的底部，如图 1-30 所示，利用该工具箱，可以把有关电路设计的原理图、PCB 图、相关文件、电路的各种统计报告分类进行管理，还可以观察分层电路的层次结构。

图 1-30　设计工具箱窗格

思考与练习

1-3-1　Multisim 10 仿真软件有什么优点？

1-3-2　Multisim 10 元器件库包含的主要元器件有哪些？

1-3-3　Multisim 10 仪器仪表库包含的主要仪器仪表有哪些？

操作训练 1 Multisim 10 仿真软件基本操作

1. 训练目的

① 熟悉 Multisim 10 仿真软件的基本操作。
② 学会编辑电路原理图。

2. 训练内容

1) 创建电路文件

运行 Multisim 10 系统,这时会自动打开一个名为"电路 1"的空白文件,也可以通过菜单栏中"文件"→"新建"命令新建一个电路文件,该文件可以在保存时重新命名。

2) 定制工作界面

在创建一个电路之前,可以根据自己不同的喜好,通过"选项"菜单命令进行工作界面设置,如元件颜色、字体、线宽、标题栏、电路图尺寸、符号标准、缩放比例等。打开"选项"菜单,其菜单项如图 1-31 所示。

图 1-31 "选项"菜单

(1) Global Preferences(首选项)

首选项对话框的设置是对 Multisim 界面的整体改变,下次再启动时按照改变后的界面运行。

执行"选项"→"Global Preferences"命令,弹出如图 1-32 所示的对话框,包括"路径"、"保存"、"零件"和"常规"4 个选项卡。在该对话框中可对电路的总体参数进行设置。

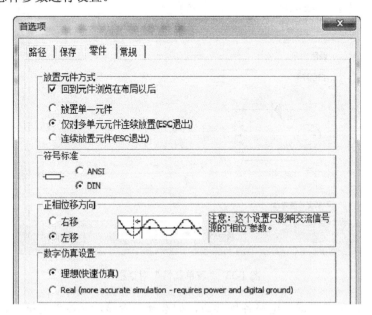

图 1-32 "首选项"对话框

① 在"零件"选项卡中,可以选择元器件放置方式,如选择一次放置一个元器件,连续放置元器件等。

② 在"符号标准"区域选择元器件符号标准。

ANSL:设定采用美国标准元器件符号。

DIN:设定采用欧洲标准元器件符号。

我国采用的元器件符号标准与欧洲接近。

③ 选择正相位移方向,左移或者右移。

④ 数字仿真设置。

选择数字仿真设置,"理想"即为理想状态仿真,可以获得较高速度的仿真;"Real(more accurate simulation-requires power and digital ground)"为真实状态仿真。

(2) Sheet Properties(表单属性)

表单属性用于设置与电路图显示方式有关的一些选项。执行"选项"→"Sheet Properties",弹出如图1-33所示"表单属性"对话框,它有6个选项卡,基本包括了所有Multisim 10电路图工作区设置的选项。

图1-33 "表单属性"对话框

① "电路"选项卡可选择电路各种参数,如选择是否显示元器件的标志,是否显示元器件编号,是否显示元器件数值等。"颜色"区域中的5个按钮用来选择电路工作区的背景、元器件、导线等的颜色。

② "工作区"选项卡：可以设置电路工作区显示方式、图纸的大小和方向等。
③ "配线"选项卡：用来设置连接线的宽度和总线连接方式。
④ "字体"选项卡：可以设置字体、选择字体的应用项目及应用范围等。
⑤ "PCB"选项卡：选择与制作电路板相关的选项，如地、单位、信号层等。
⑥ "可见"选项卡：设置电路层是否显示，还可以添加注释层。

3) 选择元器件

① 选用元器件时，首先在元器件库栏中用鼠标单击包含该元器件的图标，打开该元器件库。如选择基本元件库，单击图标 ⌢⌢⌢ ，出现基本元件库对话框，如图1-34所示。

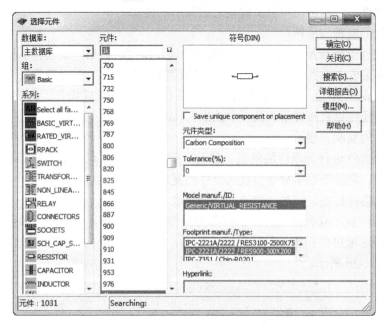

图1-34 基本元件库对话框

② 在元器件库的对话框中用鼠标单击该元器件，如选择电阻元件，单击"确定"按钮，在设计窗口中，可以看到光标上黏附着一个电阻符号，如图1-35所示，用鼠标拖曳该元器件到电路工作区的适当位置，单击鼠标左键，放置元件。

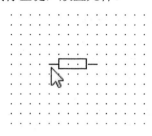

图1-35 放置元件

4) 编辑元器件

（1）选中元器件

在连接电路时，要对元器件进行移动、旋转、删除、设置参数等操作。这就需要先选中该元器件。要选中某个元器件可使用鼠标的左键单击该元器件。被选中的元器件的四周出现 4 个黑色小方块（电路工作区为白底），便于识别。对选中的元器件可以进行移动、旋转、删除、设置参数等操作。用鼠标拖曳形成一个矩形区域，可以同时选中在该矩形区域内包围的一组元器件。

要取消某一个元器件的选中状态，只要单击电路工作区的空白部分即可。

（2）元器件的移动

用鼠标指向该元器件，按住左键不松手，拖曳该元器件即可使其移动。要移动一组元器件，必须先用前述的矩形区域方法选中这些元器件，然后用鼠标左键拖曳其中的任意一个元器件，则所有选中的部分就会一起移动。元器件被移动后，与其相连接的导线就会自动重新排列。选中元器件后，也可使用箭头键使之做微小的移动。

（3）元器件的旋转与反转

对元器件进行旋转或反转操作，需要先选中该元器件，然后单击鼠标右键或者选择"编辑"菜单，选择菜单中的"方向"，其子菜单包括"水平镜像"、"垂直镜像"、"顺时针旋转 90 度"和"逆时针旋转 90 度"四种命令，也可使用 Ctrl 键实现旋转操作。Ctrl 键的定义标在菜单命令的旁边。还可以直接使用工具栏中的图标 操作。

（4）元器件的复制、删除

对选中的元器件进行元器件的复制、移动、删除等操作，可以单击鼠标右键或者使用剪切、复制和粘贴、删除等菜单命令实现元器件的复制、移动、删除等操作。

（5）设置元器件标签、编号、数值、模型参数

在选中元器件后，双击该元器件会弹出元器件特性对话框，可供输入数据。元器件特性对话框具有多种选项可供设置，包括标签、显示、参数、故障、引脚端、变量等内容。电阻特性对话框如图 1-36 所示。

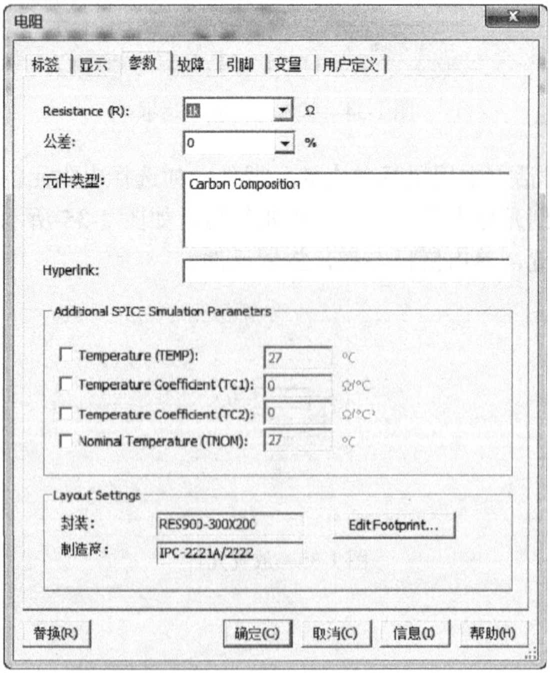

图 1-36 电阻特性对话框

5）导线的操作

（1）导线的连接

在两个元器件之间，首先将鼠标指向一个元器件的端点使其出现一个小圆点，按下鼠标左键并拖曳出一根导线，拉住导线并指向另一个元器件的端点使其出现小圆点，释放鼠标左键，则导线连接完成。

连接完成后，导线将自动选择合适的走向，不会与其他元器件或仪器发生交叉。

（2）连线的删除与改动

将鼠标指向元器件与导线的连接点使其出现一个圆点，按下左键拖曳该圆点使导线离开元器件端点，释放左键，导线自动消失，完成连线的删除。也可以将拖曳移开的导线连至另一个接点，实现连线的改动。

（3）改变导线的颜色

在复杂的电路中，可以将导线设置为不同的颜色。要改变导线的颜色，用鼠标指向该导线，单击右键可以出现菜单，选择 Change Color 选项，出现颜色选择框，然后选择合适的颜色即可。

（4）在导线中插入元器件

将元器件直接拖曳放置在导线上，然后释放即可插入元器件到电路中。

（5）从电路删除元器件

选中该元器件，选项"编辑"→"删除"命令即可，或者单击右键弹出菜单，选择"删除"命令即可。

（6）"连接点"的使用

"连接点"是一个小圆点，单击"放置"→"节点"，可以放置节点。一个"连接点"最多可以连接来自四个方向的导线。可以直接将"连接点"插入连线中。

（7）节点编号

在连接电路时，Multisim 自动为每个节点分配一个编号。是否显示节点编号可在"选项"→"Sheet Properties"对话框的"电路"选项卡中设置。选择"参考标识"选项，可以选择是否显示连接线的节点编号。

6）在电路工作区内输入文字

为加强对电路图的理解，在电路图中的某些部分添加适当的文字注释有时是必要的。在 Multisim 的电路工作区内可以输入中英文文字，其基本步骤如下。

（1）选择"文本"命令

选择"放置"→"文本"命令，然后用鼠标单击需要放置文字的位置，可以在该处放置一个文字块。注意：如果电路工作区背景为白色，则文字输入框的黑边框是不可见的。

（2）输入文字

在文字输入框中输入所需要的文字，文字输入框会随文字的多少自动缩放。文字输入完毕后，用鼠标单击文字输入框以外的地方，文字输入框会自动消失。

（3）改变文字的字体

如果需要改变文字的颜色，可以用鼠标指向该文字块，单击鼠标右键弹出快捷菜单，选择"Pen Color"命令，在"颜色"对话框中选择文字颜色。注意：选择"Font"命令可改变文字的字体和大小。

（4）移动文字

如果需要移动文字，用鼠标指针指向文字，按住鼠标左键，移动到目的地后放开左键即可完成文字移动。

（5）删除文字

如果需要删除文字，则先选取该文字块，单击右键打开快捷菜单，选取"删除"命令即可删除文字。

3. 电路仿真测试

要求用仿真软件创建如图 1-37 所示的开关控制指示灯电路，并对电路进行仿真测试。具体步骤如下。

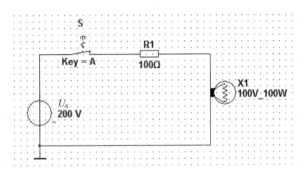

图 1-37 开关控制指示灯电路

① 创建电路文件。

运行 Multisim 10 系统，打开一个名为"电路 1"的空白文件。

② 定制工作界面

选择"选项"→"Global Preferences"命令，在"零件"选项卡的"符号标准"区域中选择元器件符号标准"DIN"，如图 1-38 所示。执行"选项"→"Sheet Properties"，在"工作区"选项卡中选择图纸大小为"A4"，方向为"横向"，如图 1-39 所示。完成设置后单击"确定"按钮关闭对话框。

图 1-38 选择符号标准

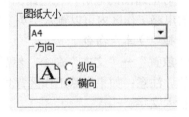

图 1-39 选择图纸大小、方向

③ 移动光标到基本元件库，单击图标 ，弹出选择元件对话框，选择"RESISTOR"元件系列，在元件列表中找到"100Ω"，单击"确定"按钮。如图 1-40 所示。返回到设计窗口，将电阻元件放置到合适位置。

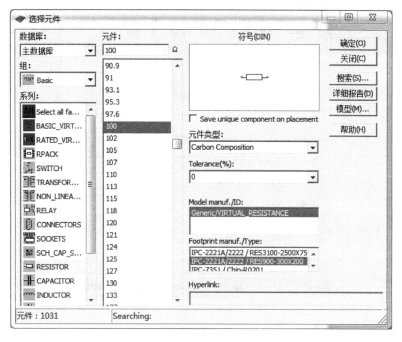

图 1-40 选择电阻

④ 移动光标到指示元件库,单击图标 ，弹出选择元件对话框,选择"LAMP"元件系列,在元件列表中找到"100V_100W",单击"确定"按钮,返回设计窗口,将指示灯元件放置到合适位置。单击工具栏中 图标,将指示灯顺时针旋转 90°，如图 1-41 所示。

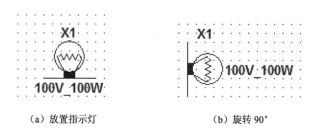

(a) 放置指示灯　　　　　　　　(b) 旋转 90°

图 1-41 选择指示灯

⑤ 移动光标到信号源库,单击图标 ，弹出选择元件对话框,选择"PORWER_SOURCES"元件系列,在元件列表中找到"DC_PORWER",单击"确定"按钮。返回设计窗口,将直流电源放置到合适位置。选择模拟接地元件"Ground"放置到电路原理图中。双击电源图标,在弹出的对话框中,设置参数选项"Voltage"为 200V,设置"参考标识"为 U_S 如图 1-42 所示,单击"确定"按钮。

⑥ 移动光标到基本元件库,单击图标 ，弹出选择元件对话框,选择"SWITCH"元件系列,在元件列表中找到"DIPSWI",单击"确定"按钮。返回设计窗口,将开关元件放置到合适位置。双击开关元件图标,在弹出的对话框中,设置"参考标识"为 S,参数"Key for Swith"为 A,单击"确定"按钮。

⑦ 按图 1-37 所示完成电路连接。

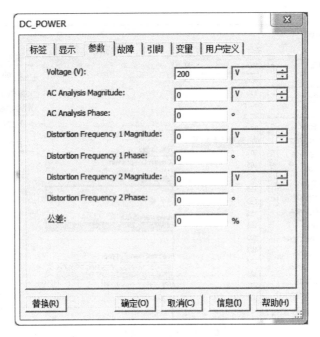

图 1-42　设置电源参数

⑧ 单击仿真开关 ，A 键可以控制开关的闭合与断开，当开关闭合时，可以看到指示灯亮，如图 1-43 所示，断开开关，指示灯熄灭。

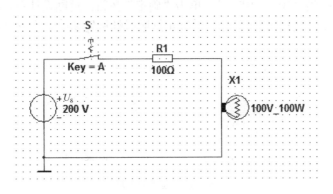

图 1-43　开关闭合指示灯亮

操作训练 2　虚拟仪器仪表的使用

1. 训练目的

① 熟悉虚拟仪器仪表的图标、面板及参数设置。
② 掌握虚拟仪器仪表的使用方法。

2. 虚拟仪器仪表的基本操作

Multisim 中提供了 20 种在电子线路分析中常用的仪器。这些虚拟仪器仪表的参数设置、使用方法和外观设计与实验室中的真实仪器基本一致。仪器仪表的基本操作如下。

（1）仪器的选用与连接

从仪器库中用鼠标将所选用的仪器图标拖放到电路工作区即可，类似元器件的拖放。将仪器图标上的连接端（接线柱）与相应电路的连接点相连，连线过程类似元器件的连线。

（2）仪器参数的设置

双击仪器图标即可打开仪器面板。可以用鼠标操作仪器面板上相应按钮及参数设置对话框中的数据。在测量或观察过程中，可以根据测量或观察结果来改变仪器仪表参数的设置，如示波器、逻辑分析仪等。

3. 数字万用表的使用

数字万用表又称数字多用表，同实验室使用的数字万用表一样，是一种比较常用的仪器。它可以用来测量交直流电压、交直流电流、电阻及电路中两点之间的分贝损耗。与现实万用表相比，其优势在于能自动调整量程。

数字万用表图标如图1-44（a）所示。用鼠标双击数字万用表图标，可以打开数字万用表面板，如图1-44（b）所示。用鼠标单击数字万用表面板上的"设置"按钮，则弹出参数设置对话框，可以设置数字万用表的电流表内阻、电压表内阻、欧姆表电流及测量范围等参数。参数设置对话框如图1-45所示。

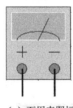
（a）万用表图标

（b）数字万用表面板

图1-44 数字万用表

图1-45 数字万用表参数设置对话框

（1）数字万用表的使用步骤

① 单击数字万用表工具栏按钮，将其图标放置在电路工作区，双击图标打开仪器面板。

② 按照要求将仪器与电路相连接，并从界面中选择所用的选项（如电阻、电压、电流等）。

③ 单击面板上的"设置"按钮，设置数字万用表的内部参数。

（2）使用中的注意事项

数字万用表图标中的"+"、"−"两个端子与待测设备连接，测量电阻和电压时，应与待测的端点并联，测量电流时应串联在电路中。

（3）数字万用表应用示例

① 按图1-46（a）所示设计电路。

② 设置两万用表为直流电压表，单击仿真开关进行仿真，观察万用表指示数值，如图1-46（b）所示。

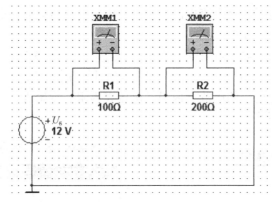

（a）电路

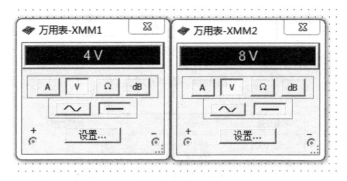

（b）万用表指示

图1-46　万用表测量电压电路

③ 根据所学知识计算电阻 R_1 和 R_2 上的电压，与测量电压值比较。

4．功率表（Wattmeter）

功率表用来测量电路的功率，交流或者直流均可测量。由于功率是瓦特，该仪器又称瓦特表。

如图1-47（a）所示为功率表的图标，它有四个端子与待测设备相连接。用鼠标双击功率表的图标可以打开功率表的面板。功率表的面板如图1-47（b）所示。面板上的功率因数是电压与电流之间相位角的余弦值，取值范围为0～1。

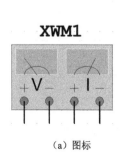

（a）图标

（b）功率表面板

图1-47　功率表

（1）使用方法

电压输入端与测量电路并联连接，电流输入端与测量电路串联连接。

（2）功率表应用示例

① 按图1-48所示设计电路。

② 双击功率表图标，打开功率表面板。

③ 单击仿真开关进行仿真，观察功率表指示数值，如图1-48所示。根据所学知识计算电阻 R_1 上的功率，与测量功率值比较。

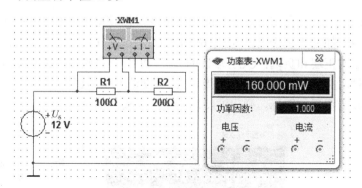

图1-48　功率表应用示例

5. 函数信号发生器

函数信号发生器是可提供正弦波、三角波、方波三种不同波形的信号的电压信号源。在电路实验中广泛使用。

函数信号发生器图标如图1-49（a）所示，用鼠标双击函数信号发生器图标，打开函数信号发生器的面板，如图1-49（b）所示。

函数信号发生器的输出波形、工作频率、占空比、幅度和直流偏置，可用鼠标选择波形按钮或在各栏设置相应的参数来实现。频率设置范围为 1Hz～999THz，占空比调整值范围为1%～99%，幅度设置范围为1μV～999kV，偏移设置范围为-999～999kV。

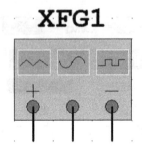
（a）图标

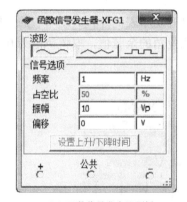
（b）函数信号发生器面板

图 1-49 函数信号发生器

该仪器与待测设备连接时应注意：
① 连接"+"和"Common"端子，输出信号为正极性信号，幅值等于信号发生器的有效值。
② 连接"-"和"Common"端子，输出信号为负极性信号，幅值等于信号发生器的有效值。
③ 连接"+"和"-"端子，输出信号的幅值等于信号发生器的有效值的两倍。
④ 同时连接"+"、"Common"和"-"端子，且把"Common"端子接地，则输出的两个信号幅度相等、极性相反。

6. 波特图示仪

波特图示仪可以用来测量和显示电路的幅频特性与相频特性，类似于扫频仪。

波特图示仪图标如图 1-50 所示，它有 IN 和 OUT 两对端口，其中 IN 端口的"+"和"-"分别接电路输入端的正端和负端；OUT 端口的"+"和"-"分别接电路输出端的正端和负端。使用波特图示仪时，必须在电路的输入端接入 AC（交流）信号源。

用鼠标双击波特图示仪图标，弹出波特图示仪的面板，如图 1-50（b）所示。

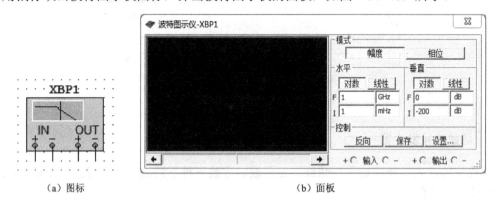
（a）图标　　　　　　　　　　　　　　　　（b）面板

图 1-50 波特图示仪

波特图示仪可设置以下内容。
（1）模式
设置屏幕中的显示内容的类型。选择幅度，显示幅频特性曲线。选择相位，显示相频特性曲线。

（2）坐标设置

水平：设置 X 轴显示类型和频率范围。

垂直：设置 Y 轴的标尺刻度类型。

水平坐标标度（1mHz～1000THz）：水平坐标轴总显示频率值。它的标度由水平轴的初始值 I（Initial）或终值 F（Final）决定。在信号频率范围很宽的电路中，分析电路频率响应时，通常选用对数坐标（以对数为坐标所绘出的频率特性曲线称为波特图）。

在垂直坐标或水平坐标控制面板中，单击"对数"按钮，则坐标以对数（底数为 10）的形式显示；单击"线性"按钮，则坐标以线性的结果显示。

当测量电压增益时，垂直轴显示输出电压与输入电压之比，若使用对数基准，则单位是分贝；如果使用线性基准，显示的是比值。当测量相位时，垂直轴总以度为单位显示相位角。

（3）坐标数值的读出

要得到特性曲线上任意点的频率、增益或相位差，可用鼠标拖曳读数指针（位于波特图示仪中的垂直光标），或者用读数指针移动按钮来移动读数指针（垂直光标）到需要测量的点，读数指针（垂直光标）与曲线的交点处的频率和增益或相位角的数值显示在读数框中。

（4）分辨率设置

用鼠标单击"设置"按钮，打开分辨率设置对话框，数值越大分辨率越高。

7．两通道示波器

示波器用来显示电信号波形的形状、大小、频率等参数。两通道示波器是一种双踪示波器，图标如图 1-51（a）所示，用鼠标双击示波器图标，弹出示波器的面板，如图 1-51（b）所示。

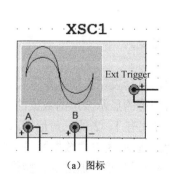
（a）图标

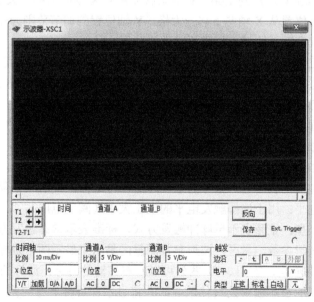
（b）面板

图 1-51　示波器

该仪器的图标上共有 6 个端子，分别为 A 通道的正负端、B 通道的正负端和外触发的正负端。连接时注意：

① A、B 两个通道的正端分别只需要一根导线与待测点相连接，测量该点与地之间的波形。

② 若需要测量器件两端的信号波形，只要将 A 或 B 通道的正负端与器件的两端相连即可。

（1）示波器面板设置

两通道示波器面板各按键的作用、调整及参数的设置与实际的示波器类似，介绍如下。

时间轴选项区域：用来设置 X 轴方向扫描线和扫描速率。

比例：选择 X 轴方向每一时刻代表的时间。单击该栏会出现一对上下翻转箭头，可根据信号频率的高低，选择合适的扫描时间。通常，时基的调整与输入信号的频率成反比，输入信号的频率越高，时基就越小。

X 位置：控制 X 轴的起始点。当 X 的位置调到 0 时，信号从显示器的左边缘开始，正值使起始点右移，负值使起始点左移。X 位置的调节范围为-5.00~+5.00。

工作方式：选择示波器的显示方式，可以从幅度/时间（Y/T）切换到 A 通道/B 通道（A/B）、B 通道/A 通道（B/A）或加载（Add）方式。

① Y/T 方式：X 轴显示时间，Y 轴显示电压值。

② A/B、B/A 方式：X 轴与 Y 轴都显示电压值。

③ "加载"（Add）方式：X 轴显示时间，Y 轴显示 A 通道、B 通道的输入电压之和。

通道 A 选项区域：用来设置 A 通道输入信号在 Y 轴的显示刻度。

比例：表示 A 通道输入信号的每格电压值，单击该栏会出现一对上下翻转箭头，可根据所测信号大小选择合适的显示比例。

Y 轴位置：控制 Y 轴的起始点。当 Y 的位置调到 0 时，Y 轴的起始点与 X 轴重合，如果将 Y 轴位置增加到 1.00，Y 轴原点位置从 X 轴向上移一大格，若将 Y 轴位置减小到-1.00，Y 轴原点位置从 X 轴向下移一大格。Y 轴位置的调节范围为-3.00~+3.00。改变 A、B 通道的 Y 轴位置有助于比较或分辨两通道的波形。

工作方式：Y 轴输入方式即信号输入的耦合方式。当用 AC 耦合时，示波器显示信号的交流分量。当用 DC 耦合时，显示的是信号的 AC 和 DC 分量之和。当用 0 耦合时，在 Y 轴设置的原点位置显示一条水平直线。

通道 B 选项区域：用来设置 B 通道输入信号在 Y 轴的显示刻度。其设置方式与通道 A 选项区域相同。

触发选项区域：用来设置示波器的触发方式。

边沿：表示输入信号的触发边沿，可选择上升沿或下降沿触发。

电平：用于选择触发电平的电压大小（阈值电压）。

类型：正弦表示单脉冲触发方式，标准表示常态触发方式，自动表示自动触发方式。

波形参数测量区：波形参数测量区是用来显示两个游标所测得的显示波形的数据的。

在屏幕上有 T1、T2 两条可以左右移动的游标，游标的上方注有 1、2 的三角形标志，用于读取所显示波形的具体数值，并将显示在屏幕下方的测量数据显示区中。数据区显示游标所在的刻度，两游标的时间差，通道 A、B 输入信号在游标处的信号幅度。通过这些操作可以测量信号的幅度、周期，以及脉冲信号的宽度、上升时间及下降时间等参数。

要显示波形读数的精确值时，可用鼠标将垂直光标拖到需要读取数据的位置。显示屏幕下方的方框内,显示光标与波形垂直相交点处的时间和电压值,以及两光标位置之间的时间、电压的差值。也可以单击仿真开关"暂停"按钮,使波形暂停,读取精确值。

用鼠标单击"反向"按钮可改变示波器屏幕的背景颜色。用鼠标单击"保存"按钮可将显示的波形保存起来。

(2)示波器的使用示例

① 按图 1-52 所示设计电路。通道 A 显示电源输出波形,通道 B 显示 R_2 两端电压波形。

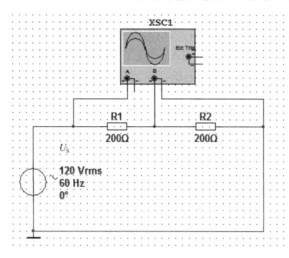

图 1-52 示波器测量电路

② 在示波器 B 通道的连线上单击鼠标右键,在弹出的快捷菜单中,选择"图块颜色",在弹出的"图块颜色"对话框中,选择蓝色,则 B 通道波形显示为蓝色。

③ 单击仿真开关进行仿真,双击示波器图标,打开示波器面板,观察示波器显示波形,如图 1-53 所示。

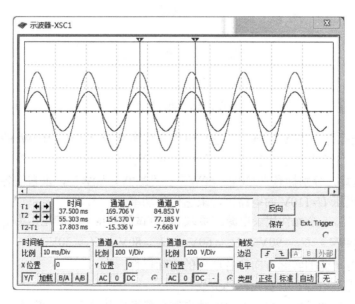

图 1-53 示波器显示波形

④ 在示波器窗口调整时间轴的比例，设置扫描时间，调整通道 A、B 的"比例"。拖动两个游标到合适位置，在波形参数测量区显示两游标所测得的显示波形数据。

测试显示的测量结果，T1 时刻测得的电压值为 169.706V 和 84.853V，T2 时刻测得的电压值为 154.370V 和 77.185V，T2 和 T1 的间隔时间为 17.803ms。

习题 1

1. 已知下列电流参考方向和电流值，试指出电流实际方向。
(1) I_{ab}=3A；(2) I_{ab}=-3A；(3) I_{ba}=3A；(4) I_{ba}=-3A。

2. 已知电路如图 1-54 所示，已知电压、电流参考方向，求元件两端的电压 U。

图 1-54　第 2 题图

3. 已知如图 1-55 所示的电路和元件功率，试求未知电压或电流。

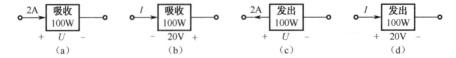

图 1-55　第 3 题图

4. 在图 1-56 所示电路中，当选择 O 点和 A 点为参考点时，求各点的电位。

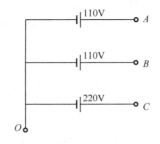

图 1-56　第 4 题图

5. 某电度表标有"220V、5A"，这只电度表最多能带 220V、100W 的电灯多少盏？这些灯每天使用 3h，1 个月用多少度电？1 个月以 30 天计。

6. 有两只电灯，分别标有"220V、40W"和"220V、60W"，求它们各自的电阻；如果将它们分别接入电压 U=110V 的电路上，求它们的功率。

7. 在图 1-57 中，5 个元件代表电源或负载。通过试验测得电流和电压为 I_1 = 4A，I_2 = 6A，I_3 = 10A，U_1 = 140V，U_2 = 90V，U_3 = 60V，U_4 = 80V，U_5 = 30V。
(1) 试求出各电流的实际方向和各电压的实际极性。
(2) 哪些元件是电源？哪些元件是负载？
(3) 计算各元件的功率，电源发出的功率和负载取用的功率是否平衡？

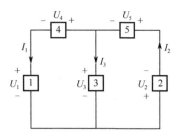

图 1-57 第 7 题图

8．用 Multisim 10 画出如图 1-58 所示电路，当开关 S 分别连接 1、2 时，用万用表分别测量 R_1 和 R_2 上的电压。

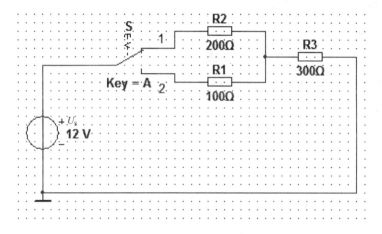

图 1-58 第 8 题图

认知直流电路的基本规律

1. **知识目标**

① 掌握电路的欧姆定律。
② 会分析电路的状态,理解电气设备额定值。
③ 理解支路、节点、回路和网孔的概念。掌握基尔霍夫定律内容及应用。

2. **技能目标**

① 掌握万用表的结构及使用方法。
② 熟悉分析电路的基本方法。
③ 掌握用万用表测量电流、电压、电位等物理量的技能。
④ 进一步熟悉 Multisim 10 仿真软件的使用方法。

2.1 任务 1 认知电路的欧姆定律

欧姆定律是电路的基本定律之一,用来确定电路各部分电压、电流之间的关系。根据研究对象和范围的不同,欧姆定律分为部分电路欧姆定律和全电路欧姆定律。通过本任务的学习,掌握欧姆定律的知识及应用。

2.1.1 电路的欧姆定律

1. 部分电路的欧姆定律

当电阻两端加上电压时,电阻中就会有电流通过,如图 2-1 所示。实验证明:在一段没有电动势而只有电阻的电路中,电流 I 的大小与电阻 R 两端的电压 U 高低成正比,与电阻值的大小成反比。这就是部分电路的欧姆定律。此定律可用下式表示:

$$I = \frac{U}{R} \tag{2-1}$$

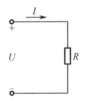

图 2-1 部分电路的欧姆定律示意图

欧姆定律表示电压、电流和电阻三者之间的变化关系,只要知道其中任意两个量,就可以求出第三个量。欧姆定律还可以表示为

$$U = IR$$

或

$$R = \frac{U}{I}$$

需要指出的是，电阻元件上电压和电流的参考方向相反时，上述欧姆定律数学公式应加负号，为 $U=-IR$。

2. 全电路的欧姆定律

全电路是指含有电源的闭合电路，如图 2-2 所示，图中虚线框表示一个电源，电源内部一般都存在电阻，这个电阻称为内电阻，用符号 R_S 表示。U_S 与 R_S 构成了电源的内电路，如图中虚线框部分，负载电阻是电源的外电路，外电路和内电路共同组成了闭合电路。

闭合电路中的电流与电源的电压成正比，与整个电路的电阻成反比，这就是闭合电路欧姆定律，即

$$I = \frac{U_S}{R + R_S} \tag{2-2}$$

$$U_S = IR + IR_S = U + IR_S$$

$$U = U_S - IR_S \tag{2-3}$$

式中，IR_S 称为电源的内部压降（或称内阻压降），U 称为电源的端电压。当电路闭合时，电源的端电压 U 等于电源的电压减去内部压降 IR_S。电流越大，则电源的端电压下降得越多。表示它们关系的曲线称为电源的外特性曲线，如图 2-3 所示。

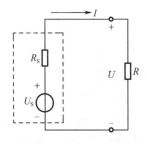

图 2-2 全电路示意图

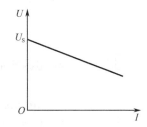

图 2-3 电源的外特性曲线

电源的外特性有如下特点。

① 负载电阻 R 上升，则电流 I 下降，内电压 IR_S 下降，端电压 U 上升。

② 负载电阻 R 为无穷大，即外电路开路时，电流 I 为 0，端电压 U 最高且等于 U_S。

③ 负载电阻 R 下降，则电流 I 上升，内电压 IR_S 上升，端电压 U 下降。

④ 负载电阻 R 为 0 时，即外电路短路，端电压 U 为 0，电流达到最大值。

【例 2-1】 在图 2-4 中，当单刀双掷开关 S 扳到位置 1 时，外电路的电阻 $R_1=14\Omega$，测得电流 $I_1=0.2$A，当 S 扳到位置 2 时，外电路电阻 $R_2=9\Omega$，测得电流 $I_2=0.3$A，求电源的 U_S 和 R_S。

解：根据全电路欧姆定律，可列出如下方程：

当 S 扳到位置 1 时

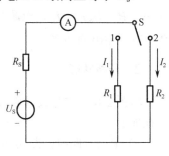

图 2-4 例 2-1 电路

$$U_S = I_1R_1 + I_1R_S$$

当 S 扳到位置 2 时

$$U_S = I_2R_2 + I_2R_S$$

所以可得

$$I_1R_1 + I_1R_S = I_2R_2 + I_2R_S$$

整理得

$$R_S = \frac{I_1R_1 - I_2R_2}{I_2 - I_1} = \frac{0.2 \times 14 - 0.3 \times 9}{0.3 - 0.2}\Omega = 1\Omega$$

所以

$$U_S = I_1R_1 + I_1R_S = (0.2 \times 14 + 0.2 \times 1)V = 3V$$

2.1.2 电路的工作状态和电气设备的额定值

根据电源和负载连接的不同情况，电路可分为通路、开路和短路三种基本状态。下面以简单的直流电路为例，讨论不同电路状态的电流、电压和功率。

1. 有载状态

将图 2-5 所示的电路开关 S 合上，接通电源和负载，该电路为有载状态，或称为通路。通路时，电路特征如下。

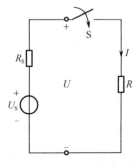

图 2-5 电路通路状态

① 当电源一定时，电路的电流取决于负载电阻。根据欧姆定律可求出电源向负载提供的电流为

$$I = \frac{U_S}{R_S + R}$$

② 电源的端电压 U 和负载端电压相等，即

$$U = U_S - R_SI = RI \quad (2-4)$$

由于电源内阻的存在，电压 U 将随负载电流的增加而降低。

③ 电源对外的输出功率（负载获得的功率）等于理想电压源发出的功率减去内阻消耗的功率。

由式 $U = U_S - IR_S$ 各项乘以电流 I，可得电路的功率平衡方程为

$$UI = U_SI - R_SI^2$$
$$P = P_S - \Delta P \quad (2-5)$$

式中，$P_S = U_SI$，P_S 是电源产生的功率；$\Delta P = R_SI^2$，ΔP 是电源内阻上损耗的功率；$P = UI$，P 是电源输出的功率。

2. 开路状态

将图 2-6 中的开关 S 断开时，电源和负载没有构成通路，称为电路的开路状态。此时电路特征如下。

① 电路开路时，断路两点的电阻等于无穷大，因此电路中电流 $I = 0$。

② 电源的端电压称为开路电压（用 U_{OC} 表示），即 $U_{OC}=U_S$。

③ 因为 $I=0$，电源的输出功率 P_S 和负载吸收的功率 P 都为零。

3. 短路状态

当电源两端由于工作不慎或负载的绝缘破损等原因而连在一起时，外电路的电阻可视为零，这种情况称为电路的短路状态，如图 2-7 所示，电路的特征如下。

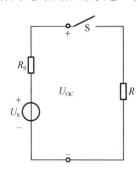

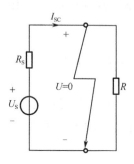

图 2-6 电路开路状态　　　　　　　　图 2-7 电路短路状态

① 电路短路时，由于外电路电阻接近于零，而电源的内阻 R_S 很小。此时，通过电源的电流最大，称为短路电流（用 I_{SC} 表示），即

$$I_{SC} = \frac{U_S}{R_S} \tag{2-6}$$

② 电源和负载的端电压均等于零，即 $U=0$。

③ 因为电源的端电压即负载的电压 $U=0$，电源对外的输出功率也为零，负载消耗的功率也为零，电源产生的功率全部被内阻消耗。其值为

$$P_S = U_S I_{SC} = \frac{U_S^2}{R_S} = I_{SC}^2 R_S \tag{2-7}$$

短路时，电源通过很大的电流，产生很大的功率全部被内阻消耗。这将使电源发热过甚，使电源设备烧毁，可能导致火灾发生。为了避免短路事故引起的严重后果，通常在电路中接入熔断器或自动保护装置。但是，有时由于某种需要，可以将电路中的某一段短路，这种情况常称"短接"。

4. 电气设备的额定值

电气设备的额定值是综合考虑产品的可靠件、经济性和使用寿命等诸多因素，由制造厂商给定的。额定值往往标注在设备的铭牌上或写在设备的使用说明书中。

额定值是指电气设备在电路的正常运行状态下，能承受的电压、允许通过的电流，以及它们吸收和产生功率的限额。常用的额定值有额定电压 U_N、额定电流 I_N 和额定功率 P_N 等。一个灯泡上标明 220V、60W，这说明额定电压为 220V，在此额定电压下消耗功率 60W。

一般来说，电气设备在额定状态工作是最经济合理和安全可靠的，并能保证电气设备有一定的使用寿命。

电气设备的额定值和实际值不一定相等。如上所述，220V、60W 的灯泡接在 220V 的电源上时，由于电源电压的波动，其实际电压值稍高于或稍低于 220V，这样灯泡的实际功率就

不会正好等于其额定值60W了，额定电流也相应发生了改变。当电流等于额定电流时，称为满载工作状态；电流小于额定电流时，称为轻载工作状态；电流超过额定电流时，称为过载工作状态。

【例2-2】 某一电阻$R=10\Omega$，额定功率$P_N=40W$，试问：①当加在电阻两端电压为30V时，电阻能正常工作吗？②若要使该电阻正常工作，外加电压不能超过多少伏？

解：① 根据欧姆定律，流过电阻的电流

$$I = \frac{U}{R} = \frac{30}{10}A = 3A$$

此时电阻消耗的功率为

$$P = UI = 30 \times 3W = 90W$$

由于$P > P_N$，该电阻将被烧坏。

② 若要电阻正常工作，根据

$$P_N = \frac{U}{R}$$

可得

$$U = \sqrt{P_N R} = \sqrt{40 \times 10}V = 20V$$

可见，若要使该电阻正常工作，外加电压不能超过20V。

【例2-3】 某直流电源的额定功率为200W，额定电压为50V，内阻为0.5Ω，负载电阻可调节，如图2-8所示，试求：①额定状态下的电流及负载电阻；②空载状态下的电压；③短路状态下的电流。

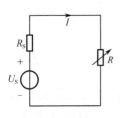

图2-8 例2-3图

解：①额定电流

$$I_N = \frac{P_N}{U_N} = \frac{200}{50}A = 4A$$

负载电阻

$$R_N = \frac{U_N}{I_N} = \frac{50}{4}\Omega = 12.5\Omega$$

② 空载状态下的电压

$$U_{OC} = U_S = (R_S + R_N)I_N = (0.5 + 12.5) \times 4V = 52V$$

③ 短路状态下的电流

$$I_{SC} = \frac{U_S}{R_S} = \frac{52}{0.5}A = 104A$$

短路电流是额定电流的104/4 = 26倍，如没有短路保护，则电源将会被烧坏。

思考与练习

2-1-1 已知某100W的白炽灯在电压220V时正常发光，此时通过的电流是0.455A，试求该灯泡工作时的电阻。

2-1-2 如图2-9所示的电路中，已知电源$U_S=24V$，$R_S=1\Omega$，负载电阻$R=5\Omega$，求电路中的电流、负载上的电压和电源内阻的分压。

2-1-3 什么是电路的开路状态、短路状态、空载状态、过载状

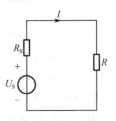

图2-9 2-1-2题电路图

态、满载状态？

2-1-4 电气设备的额定值的含义是什么？

2-1-5 一只内阻 0.01Ω 的电流表可否接到 36V 的电源两端？为什么？

操作训练 1 万用表的使用

1. 训练目的

① 熟悉万用表的结构。
② 掌握万用表测量电阻、电流、电压的方法。

2. 训练内容

万用表是一种多功能电工仪表，可测量交、直流电压、电流，直流电阻以及二极管、晶体管的参数等。万用表按其结构、原理不同，可分为模拟式万用表和数字式万用表两大类。

1）模拟式万用表

模拟式万用表主要是磁电式万用表，其结构主要由表头（测量机构）、测量线路和转换开关组成。

表头：万用表的表头多采用高灵敏度的磁电系测量机构，表头的满刻度偏转电流一般为几微安到几十微安。满偏电流越小，灵敏度就越高，测量电压时的内阻就越大。一般万用表直流电压挡内阻较大，交流电压挡内阻一般要低一些。

测量线路：万用表用一只表头能测量多种电量并具有多种量限，关键是通过测量线路的变换，把被测量变换成磁电系表头所能测量的直流电流。测量线路是万用表的中心环节。

转换开关：转换开关是万用表选择不同测量种类和不同量程的切换元件。万用表的转换开关都采用多刀多掷波段开关或专用转换开关。

万用表的形式有多种，面板结构也有所不同。现以 MF47 型万用表的面板为例进行识读。

面板结构：M47 型万用表的面板结构如图 2-10 所示，由指针、表盘、调零旋钮、表笔插孔等组成。

标度尺：MF47 型万用表表盘共有 8 个标度尺，如图 2-11 所示。从上到下，第一条是电阻标度尺（Ω），第二条是 10V 交流电压（ACV）专用标度尺，第 3 条是交直流电压和直流电流（mA）公用标度尺，第 4 条是电容（μF）标度尺，第 5 条是负载电压（稳压）、负载电流参数测量标度尺，第 6 条是晶体管直流放大倍数测量（h_{FE}）标度尺，第 7 条是电感测量（H）标度尺，第 8 条是音频电平测量（dB）标度尺。

注意：模拟式万用表表盘标度尺有的是均匀的，如交直流电压、直流电流刻度，有的标度尺是不均匀的，如电阻刻度，两个刻度线之间代表的数值有时是不同的，读取数值时一定要分辨清楚。

（1）模拟式万用表的机械调零

在使用万用表之前，应先进行"机械调零"，即在没有被测电量时，使万用表指针指在零电压或零电流的位置上。使用前，要检查指针是否在零位，如果不在零位，可用螺丝旋具调整表头上的机械调零旋钮，使指针对准零分度。

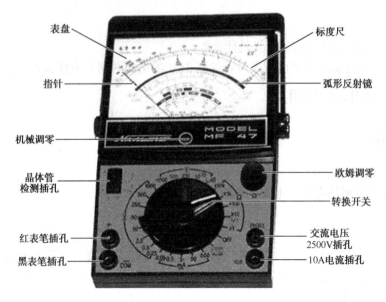

图 2-10 MF47 型万用表的面板结构

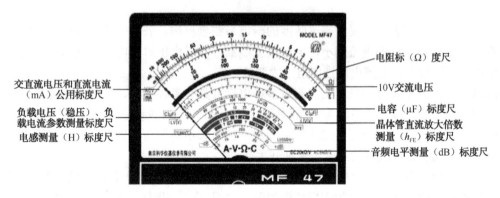

图 2-11 MF47 型万用表表盘标度尺

(2) 模拟式万用表测量电阻

模拟式万用表测量电阻的过程如下。

① 选择量程。测量电阻前,首先选择适当的量程。电阻量程分为×1Ω、×10Ω、×100Ω、×1kΩ、×10kΩ。将量程开关旋至合适的量程,为了提高测量准确度,应使指针尽可能靠近标度尺的中心位置。

② 欧姆调零。选择好量程后,对表针进行欧姆调零,方法是将两表笔棒搭接,调节欧姆调零旋钮,使指针在第一条欧姆刻度的零位上,如图 2-12(a)所示。如调不到零,说明万用表的电池电量不足,须更换电池。注意每次变换量程之后都要进行一次欧姆调零操作。

③ 测量电阻。两表笔接入待测电阻,如图 2-12(b)所示,按第一条刻度读数,并乘以量程所指的倍数,即为待测电阻值。如用 $R×100$ 量程进行测量,指针指示为 18,则被测电阻 $R_X=18×100=1800Ω$。

测量电阻注意事项:

① 测量时,将万用表两表笔分别与被测电阻两端相连,不要用双手捏住表笔的金属部分

和被测电阻,否则人体本身电阻会影响测量结果。

（a）欧姆调零　　　　　　　　　　　　　（b）测量电阻

图 2-12　测量电阻

② 严禁在被测电路带电情况下测量电阻,如果电路中有电容,应先将其放电后再进行测量。

③ 若改变量程须重新调零。

（3）测交流电压

万用表测量交流电压的过程如下。

① 选择量程,选择适当的交流电压量程,MF47 型万用表有 5 个交流电压量程,为提醒使用者安全,用红色标志。

② 测量电压。表笔并联待测电压两端,不用考虑相线或零线。

万用表测量交流电压注意事项:

万用表测量的电压值是交流电的有效值,如果需要测量高于 1000V 的交流电压,要把红表笔插入 2500V 插孔。

（4）测量直流电压

测量直流电压与测量交流电压相似,都将表笔并联待测电压两端。具体步骤如下。

① 选择合适直流电压量程。

② 测量电压。将红表笔接电路正极,将黑表笔插测电路负极。如果指针反转,则说明表笔所接极性反了,应更正过来重测。

（5）测量电流

① 选择量程。将选择量程开关转到"mA"部分的最高量程,或根据被测电流的大约数值,选择适当的量程。

② 测量电流。将万用表串在被测回路中,红表笔接电流的流入方向,黑表笔接电流的流出方向。若电源内阻和负载电阻都很小,应尽量选择较大的电流量程。

MF47 型万用表测量 500mA～10A（5A）的直流电流时,应将旋转开关置于 500mA 挡,红表笔插入 10A 插孔。

万用表测量电流注意事项:

① 在测量中,不能转动转换开关,特别是测量高电压和大电流时,严禁带电转换量程。

② 若不能确定被测量大约数值时，应先将挡位开关旋转到最大量程，然后再按测量值选择适当的挡位，使表针得到合适的偏转。所选挡位应尽量使指针指示在标尺位置的 1/2～2/3 的区域（测量电阻时除外）。

③ 测量电路中的电阻阻值时，应将被测电路的电源切断，如果电路中有电容器，应先将其放电后才能测量。切勿在电路带电的情况下测量电阻。

④ 测量完毕后，最好将转换开关旋至交直流电压最大量程上，有空挡的要放在空挡上，防止再次使用时因疏忽未调节测量范围而将仪表烧坏。

2）数字式万用表

数字式万用表是采用液晶显示器来指示测量数值的万用表，具有显示直观、准确度高等优点。

以 DT9205 型数字万用表为例，说明数字式万用表的面板结构，如图 2-13 所示。从面板上看，数字式万用表由液晶显示屏、量程转换开关、测试笔插孔等组成。

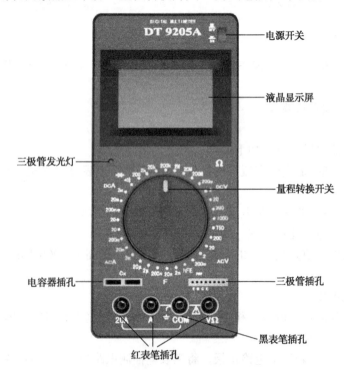

图 2-13　数字式万用表的面板结构

液晶显示屏：液晶显示屏直接以数字形式显示测量结果。普及型数字万用表多为 $3\frac{1}{2}$ 位（三位半）仪表，其最高位只能显示"1"或"0"，故称半位，其余 3 位是整位，可显示 0～9 全部数字。三位半数字万用表最大显示值为±1999。

数字万用表位数越多，它的灵敏度越高，例如，较高挡的 $4\frac{1}{2}$（四位半）仪表，最大显示值为±19999。

量程转换开关：量程转换开关位于表的中间，用来测量时选择项目和量程。由于最大显示数为±1999，不到满度 2000，所以量程的首位数是 2，如 200Ω、2kΩ、2V…。数字式万用表的量程较模拟式万用表要多，在DT9205A上，电阻量程从200Ω至200MΩ就有7挡。除了直流电压、电流和交流电压及 h_{FE} 挡外，还增加了模拟式万用表少见的交流电流和电容等测试挡。

表笔插孔：表笔插孔有4个。标有"COM"字样的为公共插孔，通常插入黑表笔。标有"V/Ω"字样的插孔插入红表笔，用于测量电阻值和交直流电压值。测量交、直流电流有两个插孔，分别为A和20A，供不同量程选用，也插入红表笔。

用数字万用表测量电阻、电流、电压的方法与指针万用表的使用方法基本一致，下面予以说明。

（1）交、直流电压的测量

数字万用表测量交、直流电压的方法如下。

① 将电源开关置ON位置，选择量程。根据需要将量程开关拨至DCV（直流）或ACV（交流）范围内的合适量程。

② 测量电压。红表笔插入V/Ω孔，黑表笔插入COM孔，然后将两支表笔并接到被测点上，液晶显示器便直接显示被测点的电压。在测量仪器仪表的交流电压时，应当用黑表笔接触被测电压的低电位端（如信号发生器的公共接地端或机壳），从而减小测量误差。

（2）交、直流电流的测量

数字万用表测量交直流电流时，将量程开关拨至DCA（直流）或ACA（交流）范围内的合适量程，红表笔插入A孔（≤200mA）或10A孔（>200mA），黑表笔插入COM孔，通过两支表笔将万用表串联在被测电路中，在测量直流电流时，数字万用表能自动转换或显示极性。

万用表使用完毕，应将红表笔从电流插孔中拔出，再插入电压插孔。

（3）电阻的测量

数字万用表测量电阻时，所测电阻不乘倍率，直接按所选量程及单位读数。测量时，将量程开关拨至Ω范围内的合适量程，红表笔（正极）插入Ω/V，黑表笔（负极）插入COM孔。

注意：如果被测电阻超出所选量程的最大值，万用表将显示过量程"1"，这时应选择更高的量程。对大于1MΩ的电阻，要等待几秒稳定后再读数。当检查内部线路阻抗时，要保证被测线路电源切断，所有电容放电。

操作训练2　验证欧姆定律

1. 训练目的

① 掌握电压、电流和电阻的测量方法。
② 掌握万用表的常规操作方法。
③ 了解稳压电源的使用方法。

2. 仿真实验

（1）部分电路欧姆定律验证

① 创建电路。启动Multisim 10，执行菜单命令"文件"→"新建"→"原理图"，系统就新建一个名为"电路1"的原理图文件。

② 选择元件。

单击元器件工具栏按钮，在对话框左侧的"系列"中选择RESISTOR（电阻），鼠标拖动右边的滑动块来显示不同阻值的电阻,此时,在电路窗口中会出现电阻元件,移动鼠标至合适位置,单击鼠标左键,即可放置电阻元件。用同样的方法选择直流电压源、接地符号。

在电路窗口的右侧"虚拟仪器工具"中单击万用表图标,将鼠标移至电路窗口合适位置,单击鼠标左键,即可放置万用表。

③ 连线。

在 Multisim 中元件连线一般采用自动连线。将鼠标移至电阻 R_1 的左端,此时,鼠标指针变成"十"字,单击鼠标确定本次连线起点,将鼠标移至电源负端,单击鼠标确定连线终点,系统自动完成连线,如图 2-14 所示。

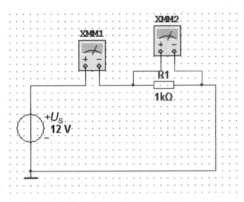

图 2-14 欧姆定律验证电路

④ 仿真。

在电路窗口中双击万用表符号,弹出万用表对话框,XMM1 选择按钮 A,测量电路中的电流,XMM2 选择按钮 V,测量电阻两端的电压,单击仿真开关,就可以读出电阻两端的电压和电流值,如图 2-15 所示。

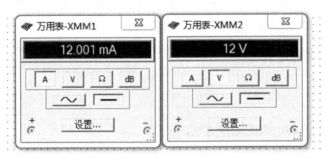

图 2-15 欧姆定律仿真数据

⑤ 数据验证。

将测得的数值代入欧姆定律公式,验证其正确性。改变电源电压,多次测量电阻两端的电流、电压值,得到一组电流、电压值,在直角坐标系中绘制其伏安特性曲线。

(2) 全电路的欧姆定律验证

① 创建电路。

按照上述方法,创建全电路的欧姆定律验证电路。如图 2-16 所示,R_1 相当于电源的内阻。

项目2 认知直流电路的基本规律

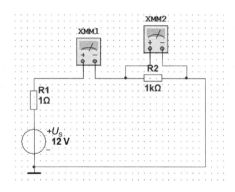

图 2-16 全电路欧姆定律验证电路

② 仿真。

在电路窗口中双击万用表符号，弹出万用表对话框，XMM1 选择按钮 A，测量电路中的电流，XMM2 选择按钮 V，测量电阻两端的电压。单击仿真开关，就可以读出电阻两端的电压和电流值。

③ 验证。

将测得的数值代入欧姆定律公式，验证其正确性。改变电阻 R_1、R_2 的阻值，多次测量电阻两端的电流、电压值，得到一组电流、电压值，以及端电压随负载变化的规律。

2.2 任务2 认知基尔霍夫定律

基尔霍夫定律包括基尔霍夫电流定律和基尔霍夫电压定律，它是由德国科学家基尔霍夫在 1845 年论证的。通过本任务的学习熟悉基尔霍夫定律内容。

为方便学习，介绍基尔霍夫定律之前，先了解几个有关电路的名词。

① 支路：由一个或几个元件串接而成的无分支电路称为支路，一条支路流过的同一电流，称为支路电流。如图 2-17 所示电路中有 dab、bcd 和 bd 三条支路，三条支路电流分别为 I_1、I_2 和 I_3。

② 节点：三条或三条以上支路的连接点称为节点。图 2-17 所示电路各有 b、d 两个节点。

③ 回路：电路中由支路构成的闭合路径称为回路。图 2-17 所示电路中有 abda、bcdb 和 abcda 三个回路。

④ 网孔：内部不含支路的回路称为网孔。网孔是最简单的回路。如图 2-17 所示有 abda 和 bcdb 两个网孔。

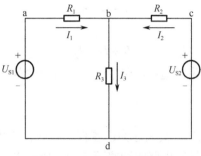

图 2-17 电路名词定义用图

2.2.1 基尔霍夫电流定律

基尔霍夫电流定律（KCL）用来确定连接在同一节点上的各支路电流之间的关系。因为电流的连续性，电路中的任何一点（包括节点在内）均不能堆积电荷。所以，基尔霍夫电流定律可表述为：电路中的任一节点，在任一瞬时流入节点的电流之和等于流出该节点的电流之和。表达式为

$$\Sigma I_\text{入} = \Sigma I_\text{出} \tag{2-8}$$

图 2-17 所示电路中，对节点 b 可以写出

$$I_1 + I_2 = I_3$$

或写成

$$I_1 + I_2 - I_3 = 0$$

即

$$\Sigma I = 0 \tag{2-9}$$

因此，基尔霍夫电流定律的另一种描述为：任一瞬时，电路任一节点上的所有支路电流的代数和等于零。

如果规定流入节点的电流为正，则流出节点电流为负。如图 2-18 所示，对于节点 a 有

$$I_1 + I_2 + I_3 - I_4 - I_5 = 0$$

有时候，为了电路分析方便，还可以将基尔霍夫电流定律应用于任一假想的闭合面，称为广义节点。如图 2-19 所示电路，有

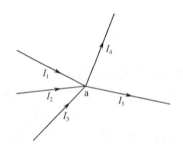

图 2-18　节点电流

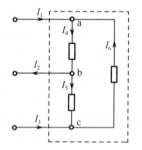

图 2-19　广义节点示例图

节点 a：　　　　　　　　　$I_1 + I_6 = I_4$

节点 b：　　　　　　　　　$I_2 + I_5 = I_4$

节点 c：　　　　　　　　　$I_3 + I_5 = I_6$

以上三式相加，可得

$$I_1 + I_3 = I_2$$

基尔霍夫电流定律可推广为：通过电路中任一闭合面的各支路电流的代数和等于零。

2.2.2 基尔霍夫电压定律

基尔霍夫电压定律（KVL），其表述为：在任一瞬时，沿电路中任一回路所有支路电压的代数和为零。因为该定律是针对电路的回路而言的，所以也称回路电压定律。其表达式为

$$\Sigma U = 0 \tag{2-10}$$

在建立方程时,首先要选定回路的绕行方向,当回路中电压的参考方向与回路的绕行方向相同时,电压前取正号;当电压的参考方向与回路的绕行方向相反时,电压前取负号。

图 2-20 是某电路的一个回路,电压参考方向和回路绕行方向如图所示。
则有
$$U_{ab} + U_{bc} + U_{cd} + U_{da} = 0$$
$$-U_{S1} + I_1 R_1 + U_{S2} + I_2 R_2 + I_3 R_3 + I_4 R_4 = 0$$

基尔霍夫电压定律不仅适合于闭合回路,而且还可以推广到任意未闭合回路,但列方程时,必须将开口处的电压也列入方程。如图 2-21 所示,ad 处开路,abcda 不构成闭合回路,如果添上开路电压 U_{ad},就可以形成一个"闭合"回路。此时,沿 abcda 绕行一周,列出回路电压方程为
$$U_1 - U_2 + U_3 - U_{ad} = 0$$
整理得
$$U_{ad} = U_1 - U_2 + U_3$$

利用 KVL 的推广,可以很方便地求出电路中任意两点间的电压(见图 2-21)。

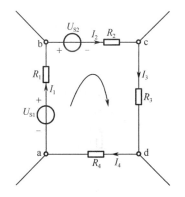
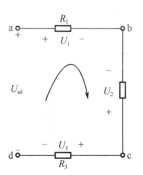

图 2-20 基尔霍夫电压定律示例　　图 2-21 基尔霍夫电压定律推广示例

【例 2-4】在图 2-22 所示的电路中,$U_{S1} = 16V$,$U_{S2} = 4V$,$U_{S3} = 12V$,$R_2 = 2\Omega$,$R_3 = 7\Omega$,$I_{S4} = 2A$,试求电流 I_1、I_2、I_3。

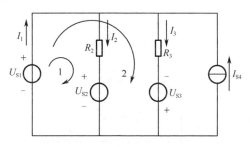

图 2-22 例 2-4 图

解: 选定回路 1、回路 2,并确定其绕行方向,如图 2-22 所示。
对回路 1,根据 KVL 列电压方程得
$$R_2 I_2 + U_{S2} - U_{S1} = 0$$

解得
$$I_2 = \frac{U_{S2} - U_{S1}}{R_2} = \frac{16-4}{2}\text{A} = 6\text{A}$$

对回路 2，根据 KVL 列电压方程得
$$R_3 I_3 - U_{S3} - U_{S1} = 0$$

解得
$$I_3 = \frac{U_{S1} + U_{S3}}{R_3} = \frac{16+12}{7}\text{A} = 4\text{A}$$

对于节点 a，根据 KCL 列电流方程，可得
$$I_1 - I_2 - I_3 + I_{S4} = 0$$

解得
$$I_1 = I_2 + I_3 - I_{S4} = (6 + 4 - 2)\text{A} = 8\text{A}$$

思考与练习

2-2-1　试求图 2-23 所示电路中的电流 I。

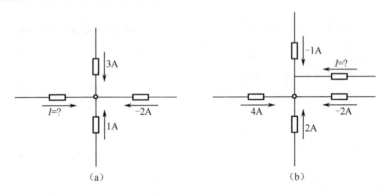

图 2-23　题 2-2-1 图

2-2-2　在图 2-24 中，如 I_A、I_B、I_C 的参考方向如图中所设，这三个电流有没有可能都为正值？

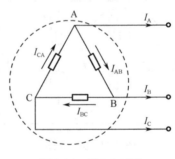

图 2-24　题 2-2-2 图

2-2-3　试写出图 2-25 中电压 U 的表达式。

项目2 认知直流电路的基本规律

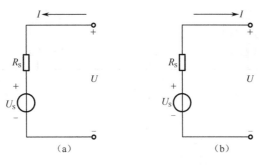

图 2-25 题 2-2-3 图

操作训练 3 基尔霍夫定律的验证

1. 训练目的

① 验证基尔霍夫电流定律和电压定律。
② 通过实验加强对电压、电流参考方向的理解和运用的能力。

2. 仿真电路

基尔霍夫定律仿真验证电路如图 2-26 所示。

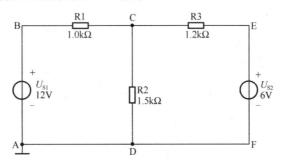

图 2-26 基尔霍夫定律仿真验证电路

3. 电路仿真

（1）KCL 定律仿真验证

① 在 Multisim 10 软件环境中，按图 2-26 所示电路绘制电路图并设置各元件参数。

② 先任意设定三条支路电流 I_1、I_2、I_3 的参考方向，将万用表接入电路中．注意电流表的接入方向，如图 2-27 所示。

③ 将万用表设置为电流表，打开仿真开关，即可得到各支路电流的数据，如图 2-28 所示。将各电流的数据记入表 2-1 中。

（2）KVL 定律仿真验证

① 将万用表并联接入电路中，如图 2-29 所示，注意万用表接入的"+"、"-"极性。

② 将万用表设置为电压表，打开仿真开关，即可得到各支路电压的数据，如图 2-30 所示。将各电压的数据记入表 2-2 中。

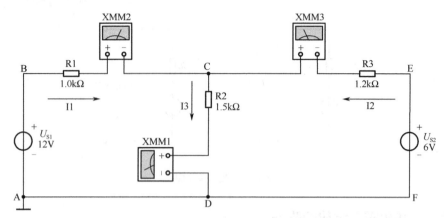

图 2-27 将万用表串联接入电路

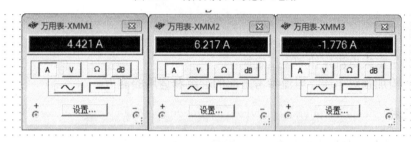

图 2-28 KCL 定律仿真结果

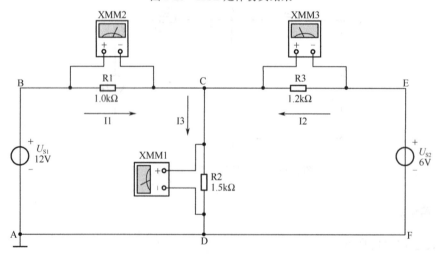

图 2-29 万用表并联接入电路

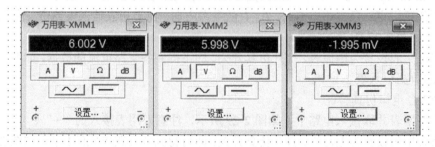

图 2-30 KVL 定律仿真结果

4. 实验室操作

① 先将两直流电压源的输出调节为 12V 和 6V，关闭电源后，按图 2-27 所示电路搭接实验线路。

② 选择合适量程的电流表，按参考方向接入电路，若电流表指针正偏，说明参考方向与实际方向相同，读取的数值记为正值；若指针反偏，则迅速断开电路，将表重新调换极性连接，表针正偏。结果记为负值。将测量结果记入表 2-1 中。

③ 选择合适量程的电压表，分别并接到 1kΩ、1.2kΩ 和 1.5kΩ 电阻两端，测出它们的电压值。将测量结果记入表 2-2 中。

5. 测量数据记录

表 2-1 支路电流的测量数据

电流/A	I_1	I_2	I_3	I_2+I_3
仿真测试数据				
真实测试数据				

表 2-2 支路电压的测量数据

电压/V	U_{BC}	U_{CD}	U_{EC}	网孔电压之和
仿真测试数据				
真实测试数据				

6. 问题思考

① 仿真实验中，电流表、电压表显示负值应如何理解？
② 仿真实验数据及实际操作实验数据产生误差的原因各是什么？

习题 2

1. 在图 2-31 所示电路中，已知 $R_2=R_4$，$U_{AD}=15V$，$U_{CE}=10V$，试计算 U_{AB}。

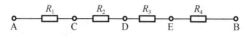

图 2-31 题 1 图

2. 试计算如图 2-32 所示电路中待求量。
3. 额定值为 1W、100Ω 的碳膜电阻，在使用时电流和电压不得超过多大值？
4. 有人打算将 110V、100W 和 110V、40W 的两只白炽灯串联后接在 220V 的电源上使用，是否可以，为什么？
5. 一只 110V、8W 的指示灯，现在要接在 380V 的电源上，要串多大阻值的电阻？该电阻应选用多大瓦数的？

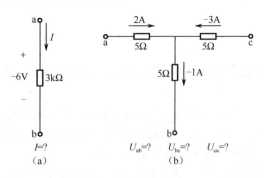

图 2-32 题 2 图

6. 求图 2-33 所示电路的各理想电流源的端电压、功率及各电阻上消耗的功率。

7. 如图 2-34 所示的电路中，已知 $U_1 = U_2 = U_4 = 5V$，求 U_3 和 U_{CA}。

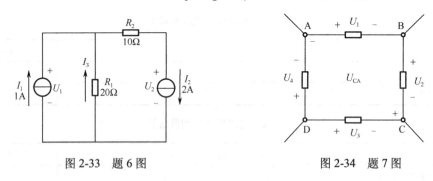

图 2-33 题 6 图 图 2-34 题 7 图

8. 如图 2-35 所示的电路中，$R_1 = 5\Omega$，$R_2 = 15\Omega$，$U_S = 100V$，$I_1 = 5A$，$I_2 = 2A$。如 R_2 两端的电压 $U = 30V$，求电阻 R_3。

9. 已知电路如图 2-36 所示，$R_1 \sim R_6$ 均为 1Ω，$U_{S1} = 3V, U_{S2} = 2V$，试求分别以 d 点和 e 点为零电位参考点时的 V_a、V_b、V_c。

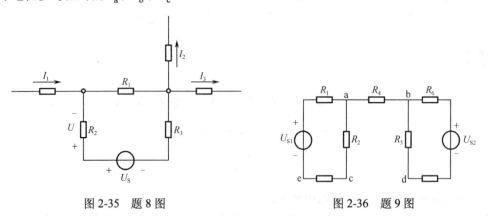

图 2-35 题 8 图 图 2-36 题 9 图

10. 已知电路如图 2-37 所示，$R_1 = 2k\Omega$、$R_2 = 15k\Omega$、$R_3 = 51k\Omega$、$U_{S1} = 15V$、$U_{S2} = 6V$，试求 S 开关断开和闭合后，A 点的电位和电流 I_1 和 I_2。

11. 如图 2-38 所示电路，已知 $U_S = 10V$，$R_S = 10\Omega$，$R = 10\Omega$，问开关 S 分别处于 1、2、3 位置时电压表和电流表的读数分别是多少？

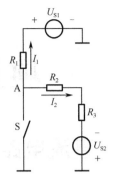

图 2-37 题 10 图

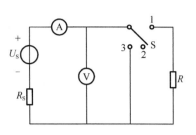

图 2-38 题 11 图

12. 电路如图 2-39 所示,已知 $R_1 = 1\Omega$, $R_2 = 2\Omega$, $R_3 = 3\Omega$, $R_4 = 4\Omega$, $U_{S1} = 20V$, $U_{S2} = 4V$, $U_{S3} = 5V$,试求电路的电流 I 和电压 U_{AB}、U_{BC}。

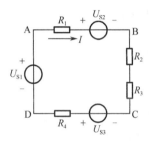

图 2-39 题 12 图

项目 3

直流电路的分析

1. 知识目标

① 掌握电阻及电源等效变换电路的方法。
② 理解支路电流法与节点电压法。
③ 掌握叠加原理与齐性定理。
④ 掌握戴维南定理与诺顿定理。

2. 技能目标

① 会应用等效变换电路法、支路电流法、节点电压法分析电路。
② 会应用叠加原理、戴维南定理分析电路。
③ 会应用仿真软件进行电路的基本分析。

电路的结构形式多种多样,最简单的电路只有一个回路,即单回路电路。有的电路虽然有多个回路,但能够通过电阻或阻抗串并联的方法化简为单回路电路。对于单回路电路,应用欧姆定律就可轻易解出电路电流和各元件上的电压。而多回路电路则不能通过电阻或阻抗串并联的方法化简为单回路电路,这种电路称为复杂电路。

本项目以直流电路为例,介绍几种分析复杂电路的基本方法和基本定理,包括等效变换电路分析法、支路电流法、节点电压法、叠加原理以及戴维南定理等。这些分析电路的方法不仅适用于直流电路,也适用于交流电路。

3.1 任务 1 等效变换电路分析

3.1.1 电阻串并联的等效变换电路

1. 电阻的串联

两个或两个以上电阻依次相连、中间无分支的连接方式叫电阻的串联。图 3-1(a)所示为 R_1、R_2、R_3 相串联的电路,图 3-1(b)为图 3-1(a)的等效电路。

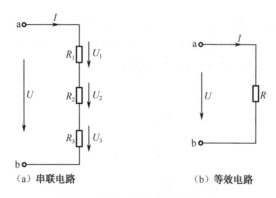

图 3-1 串联电阻的等效变换电路

（1）串联电路的性质

① 串联电路中流过每个电阻的电流都相等，即

$$I=I_1=I_2=I_3=\cdots=I_n \tag{3-1}$$

② 串联电路两端的总电压等于各电阻两端的电压之和

$$U=U_1+U_2+U_3+\cdots+U_n \tag{3-2}$$

③ 串联电路的等效电阻（总电阻）等于各串联电阻之和，即

$$R=R_1+R_2+R_3+\cdots+R_n \tag{3-3}$$

④ 串联电路的总功率等于各串联电阻功率之和，即

$$P=P_1+P_2+P_3+\cdots+P_n=(R_1+R_2+R_3+\cdots+R_n)I^2 \tag{3-4}$$

在电路分析中，"等效"是一个非常重要的概念。所谓等效，就是效果相等，也就是电路的工作状态不变。图 3-1（a）所示电路中虚线框内电阻的串联电路变换为图 3-1（b）后，电路得到了简化，而虚线框外部电路的工作状态没有改变，电流、电压、功率都和变换之前完全相同，只要 $R=R_1+R_2+R_3$，则有 $U=IR$，$P=I^2R$。

（2）串联电路的分压作用

在图 3-1（a）所示的电阻串联电路中，流过各电阻的电流相等，因此各电阻上的电压分别为

$$U_1 = IR_1 = \frac{U}{R}R_1 = \frac{R_1}{R}U$$

$$U_2 = IR_2 = \frac{U}{R}R_2 = \frac{R_2}{R}U$$

$$U_3 = IR_3 = \frac{U}{R}R_3 = \frac{R_3}{R}U$$

在串联电路中，电压的分配与电阻成正比，即电阻值越大的电阻所分配到的电压越大，反之，电压越小。各电阻上消耗的功率与其电阻阻值成正比。

（3）串联电路的应用

① 利用小电阻的串联来获得较大阻值的电阻。

② 利用串联电阻构成分压器，可使一个电源供给几种不同的电压，或从信号源中取出一定数值的信号电压。

③ 利用串联电阻的方法，限制和调节电路中电流的大小。

④ 利用串联电阻来扩大电压表的量程，以便测量较高的电压等。

【**例 3-1**】 假设有一个表头，如图 3-2 所示，电阻 $R_g=1000Ω$，满偏电流 $I_g=100μA$，要把它改装成量程为 3V 的电压表，应该串联多大的电阻？

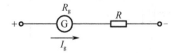

图 3-2　例 3-1 图

解：电表指针偏转到满刻度时它两端的电压为

$$U_g = I_g R_g = 0.1V$$

这是它能承担的最大电压，现在要让它测量最大为 3V 的电压，则分压电阻必须分 2.9V 的电压，由于串联电路中电压与电阻成正比，即

$$\frac{U_g}{U_R} = \frac{R_g}{R}$$

则

$$R = \frac{U_R}{U_g} R_g = \frac{2.9}{0.1} \times 1000Ω = 29kΩ$$

可见，串联 29kΩ 的分压电阻后，这个表头被改装成了量程为 3V 的电压表。

2. 电阻的并联电路

在电路中，将几个电阻的一端连在一起，另一端也连在一起，这种连接方法称为电阻的并联，图 3-3（a）所示为三个电阻的并联电路，图 3-3（b）为图 3-3（a）的等效电路。

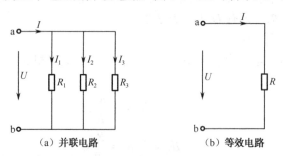

（a）并联电路　　　　　　　（b）等效电路

图 3-3　并联电阻的等效变换电路

（1）电阻并联电路的特点

电阻的并联电路有下列几个特点：

① 在并联电路中，加在各电阻两端的电压为同一电压，因此各电阻上的电压相等，即

$$U=U_1=U_2=U_3=\cdots=U_n \tag{3-5}$$

② 在并联电路中，外加的总电流等于各个电阻中的电流之和，即

$$I=I_1=I_2=I_3 \tag{3-6}$$

③ 并联电路的等效电阻（总电阻）的倒数等于各并联电阻的倒数之和，即

$$\frac{1}{R} = \frac{1}{R_1} + \frac{1}{R_2} + \frac{1}{R_3} + \cdots + \frac{1}{R_n} \quad (3\text{-}7)$$

④ 并联电路消耗的功率的总和等于相并联各电阻消耗功率之和，即

$$P = P_1 + P_2 + P_3 + \cdots + P_n = \frac{U^2}{R_1} + \frac{U^2}{R_2} + \frac{U^2}{R_3} + \cdots + \frac{U^2}{R_n} \quad (3\text{-}8)$$

（2）并联电路的分流作用

在图 3-3（a）所示的电阻并联电路中，加在各电阻上的电压相等，因此各电阻中的电流分别为

$$I_1 = \frac{U}{R_1} = I\frac{R}{R_1}$$

$$I_2 = \frac{U}{R_2} = I\frac{R}{R_2}$$

$$I_3 = \frac{U}{R_3} = I\frac{R}{R_3}$$

当两个电阻并联时，I_1 和 I_2 分别为

$$I_1 = \frac{R_2}{R_1 + R_2} I$$

$$I_2 = \frac{R_1}{R_1 + R_2} I$$

在并联电路中，电流的分配与电阻成反比，即阻值越大的电阻所分配到的电流越小，反之电流越大。

（3）电阻并联的应用

① 凡是工作电压相同的负载几乎全是并联，可使任何一个负载的工作情况不受其他负载的影响。

② 用并联电阻来获得某一较小电阻。

③ 在电工测量中，广泛应用并联电阻的方法来扩大电流表的量程。

【例 3-2】 有一只电流表，它的最大量程 I_g=100μA，其内阻 r_g=1kΩ，若将其改装成最大量程为 1100μA 的电流表，应如何处理？

解： 原电流表最大量程只有 100μA，用它直接测量 1100μA 的电流显然是不行的，必须并联一个电阻进行分流以扩大量程，如图3-4所示。

流过分流电阻 R_f 的电流为

$$I_f = I - I_g = (1100 - 100)\mu A = 1mA$$

电阻 R_f 两端的电压与原电流表的电压 U_g 相等，因此

$$U_f = U_g = I_g r_g = 100 \times 10^{-6} \times 1 \times 10^3 = 0.1V$$

$$R_f = \frac{U_f}{I_f} = \frac{0.1V}{1 \times 10^{-3}} = 100\Omega$$

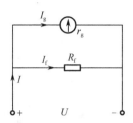

图 3-4 扩大电流表量程

3. 电阻的混联

实际应用的电路大多包含串联电路和并联电路，既有电阻的串联又有电阻的并联的电路

称为电阻的混联电路,如图 3-5(a)所示。

混联电路的串联部分具有串联的性质,并联部分具有并联的性质。计算混联电路的等效电阻时,一般采用电阻逐步合并的方法,关键在于认清总电流的输入端与输出端以及公共连接端点,由此来分清各电阻的连接关系;再根据串、并联电路的基本性质,对电路进行等效简化,画出等效电路图;最后计算出电路的总电阻。

计算混联电路的等效电阻的步骤大致如下:

① 将电路整理和化简成容易看清的串联或并联关系。
② 根据简化的电路进行计算。

图 3-5(a)中电阻 R_2 和 R_3 并联后与电阻 R_1 串联,图 3-5(b)所示为电阻 R_2 和 R_3 并联后的等效电路,图 3-5(c)所示为混联电路的等效电路,其等效电阻为:

$$R = R_1 + \frac{R_2 R_3}{R_2 + R_3}$$

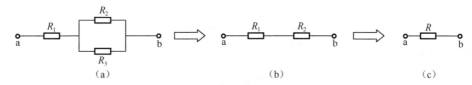

图 3-5 混联电路

【例 3-3】 在图 3-6 所示的电路中,试画出简化电路。

解:本题可以利用电流的流向及电流的分、合画出等效电路图。

先将图 3-6 所示的电路根据电流的流向进行整理。总电流通过电阻 R_1,后在 C 点分成两路,一路经 R_7 到 D 点,另一路经 R_3 到 E 点后又分成两路,一路经 R_8 到 F 点,另一路经 R_5、R_9、R_6 也到 F 点,电流汇合后经 R_4 到 D 点,与经 R_7 到 D 点的电流汇合成总电流通过 R_2,故画出等效电路如图 3-7 所示。

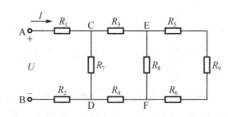

图 3-6 例 3-3 图

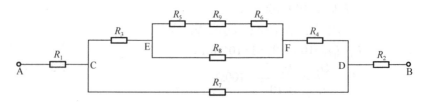

图 3-7 等效电路

【例 3-4】 电路如图 3-8(a)所示,求电源输出电流 I 的大小。

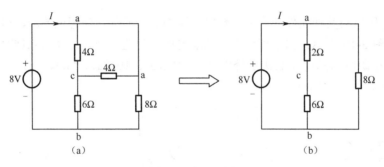

图 3-8 例 3-4 图

解： 要求出 I 的大小，可以先求电路 a、b 两端的等效电阻 R_{ab}。为了判断电阻的串、并联关系，可以先将电路中的各节点标出，本例中对各电阻的连接来说，可标出三个节点 a、b、c，根据节点 a、c 间的连接关系可知为两个 4Ω 的电阻并联，其值为 2Ω，由此可得图 3-8（b）所示电路。这时，a、b 两端的等效电阻为

$$R_{ab} = \frac{(2+6) \times 8}{(2+6)+8}\Omega = 4\Omega$$

因此，电路中的电流为

$$I = \frac{8\text{V}}{4\Omega} = 2\text{A}$$

3.1.2 电压源与电流源的等效变换电路

1. 电压源的串并联

（1）电压源的串联

两个电压源串联，如图 3-9 所示，串联后等效电路中的 $R_S = R_{S1} + R_{S2}$，$U_S = U_{S1} + U_{S2}$，但须根据其电压源 U_S 参考方向叠加，即 U_{S1}、U_{S2} 与 U_S 参考方向一致，取正号；参考方向相反，取负号。

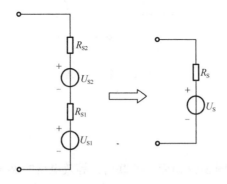

图 3-9 电压源串联

（2）电压源并联

① 理想电压源之间的并联。由于理想电压源端电压为定值，因此，不同电压值的理想电压源之间不能并联。端电压不为零的理想电压源也不能短路，否则没有意义。

② 理想电压源与其他元件并联。理想电压源与其他元件（理想电流源、电阻或实际电压源）并联，如图 3-10 所示。由于理想电压源端电压为定值，与其并联的元件对端电压不起作用，而理想电流源流出的电流取决于外电路，因此图 3-10（a）、(b)、(c) 均可对外电路等效为图 3-10（d）所示的电路。

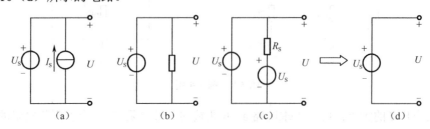

图 3-10 理想电压源与其他元件并联

③ 实际电压源之间并联，将在后面讨论。

【例 3-5】 已知电路如图 3-11（a）、(c) 所示，求等效电路。

解： 图 3-11（a）中，两电压源极性相同，等效电压源的电压等于两电压源电压数值相加，极性保持不变，等效电阻为两电源电阻阻值的和，因此图 3-11（a）的等效电路如图 3-11（b）所示。

图 3-11（c）中，两电压源极性相反，等效电压源的电压等于两电压源电压数值相减，等效后极性与其中绝对值大的相同，等效电阻为两电源电阻阻值的和，因此图 3-11（c）的等效电路如图 3-11（d）所示。

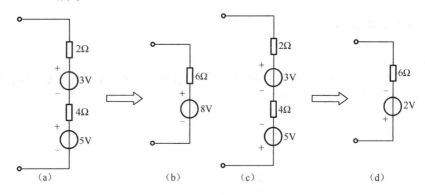

图 3-11 例 3-5 电路

2. 电流源的串并联

（1）电流源的并联

两个电流源并联电路如图 3-12 所示，并联后，等效电路的 $R_S = R_{S1} // R_{S2}$，$I_S = I_{S1} + I_{S2}$，但须根据电流源 I_S 参考方向叠加，I_{S1}、I_{S2} 与 I_S 的参考方向一致时取正号，相反时取负号。

（2）电流源的串联

① 理想电流源之间的串联。由于理想电流源输出电流为定值，因此不同电流定值的电流源之间不能串联。输出电流不为零的理想电流源也不能开路，否则是没有意义的。

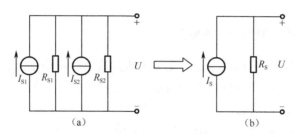

图 3-12 电流源的并联

② 理想电流源与其他元件串联。理想电流源与其他元件（理想电压源、电阻、实际电流源）串联，如图 3-13 所示。由于理想电流源输出电流为定值，与其串联的元件对输出电流不起作用，而理想电流源的端电压取决于外电路，因此图 3-13（a）、（b）、（c）所示均可等效为图 3-13（d）所示电路。

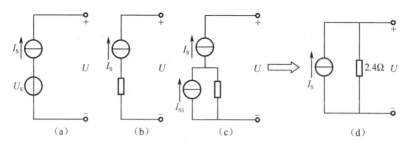

图 3-13 理想电流源与其他元件串联

③ 实际电流源之间的串联，将在例题中分析。

【例 3-6】 已知电路如图 3-14（a）、（c）所示，试求等效电路。

解： 图 3-14（a）中，因两个电流源电流参考方向相同，等效电流源的电流数值相加，方向保持不变。因此图 3-14（a）的等效电路如图 3-14（b）所示。

图 3-14（c）中，因两个电流源电流参考方向相反，等效电流源的电流数值相减，方向与其中一个绝对值较大的相同。因此图 3-14（c）的等效电路如图 3-14（d）所示。

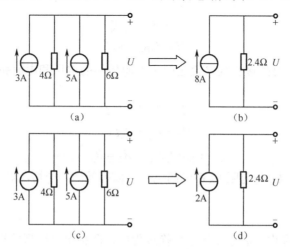

图 3-14 例 3-6 图

3. 电压源电路与电流源电路的等效变换

在电路分析和计算中，实际电压源与实际电流源这两种模型是能够等效互换的。所谓等效即变换前后对负载而言端口处的伏安关系不变，也就是对电源的外电路而言，它的端电压和提供的电流的大小、方向及它们之间的关系都保持不变。

实际电压源电路和实际电流源电路等效变换如图 3-15 所示。

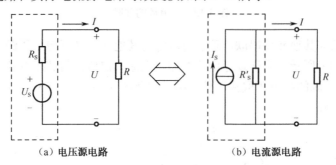

(a) 电压源电路　　　　　　(b) 电流源电路

图 3-15　电压源电路与电流源电路的等效变换

在如图 3-15（a）所示的实际电压源电路中，假如用 U 表示电源端电压，I 表示负载电流，可得出如下关系：

$$U = U_S - R_S I \tag{3-9}$$

如将式（3-9）两端除以 R_S，则得

$$\frac{U}{R_S} = \frac{U_S}{R_S} - I = I_S - I$$

$$I_S = \frac{U}{R_S} + I \tag{3-10}$$

式中，I_S 为电源的短路电流，I 是负载电流；而 U/R_S 是流经电源内阻的电流。

在如图 3-15（b）所示的实际电流源电路中，由于负载 R 与 R'_S 并联，因此，端电压 U 就等于 R'_S 上的电压，即

$$U = (I_S - I)R'_S$$
$$U = I_S R'_S - R'_S I \tag{3-11}$$

根据等效的概念，对外接负载来说这两个电源提供的电压和电流完全相同，所以比较式（3-9）与式（3-10）：

$$\begin{cases} U = I_S R'_S - R'_S I \\ U = U_S - R_S I \end{cases}$$

可得

$$U_S = I_S R'_S, \quad R_S = R'_S \tag{3-12}$$

因此，一个恒压源 U_S 与内阻 R_S 串联的电路可以等效为一个恒流源 I_S 与内阻 R_S 并联的电路，如图 3-16 所示。

注意

① 在电压源电路和电流源电路等效变换过程中，两种电路模型的极性必须一致，即电流源流出电流的一端与电压源正极性端对应。

② 电压源电路与电流源电路的等效关系是对外电路而言的，对电源内部，则是不等效的。在图 3-16 中，当电压源电路开路时，电流为零，电源内阻 R_S 上不消耗功率，但当电流源电路开路时，电源内部仍有电流，内阻 R_S 上有功率消耗。当电压源电路、电流源电路短路时也是这样，电源内部消耗的功率不一样。所以，电压源电路与电流源电路的等效关系是对外电路而言的。

③ 理想电压源电路与理想电流源电路之间没有等效关系，不能等效变换。

因为对理想电压源电路来说，其短路电流无穷大；对理想电流源电路来说，其开路电压为无穷大，都不能得到有效数值，故两者之间不存在等效变换条件。

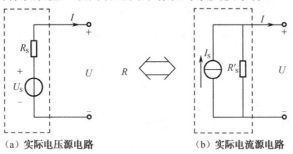

图 3-16 电压源电路与电流源电路的等效变换

【例 3-7】 如图 3-17（a）所示，已知 U_S=8V，R_S=2Ω，试将电压源电路等效变换为电流源电路。

解：根据电压源电路和电流源电路等效变换关系，可得等效电流源电路的电流为

$$I_S = \frac{U_S}{R_S} = \frac{8}{2}\text{A} = 4\text{A}$$

故将电压源电路等效变换为图 3-17（b）所示电流源电路，图中电流源电流方向向上。

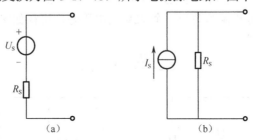

图 3-17 例 3-7 图

【例 3-8】 将如图 3-18 所示的各电源电路分别进行简化。

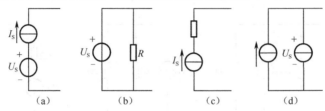

图 3-18 例 3-8 图

解：理想电压源与任何一条支路（含电流源或电阻的支路）并联后，其两端电压仍然等

于理想电压源电压,故其等效电源为理想电压源。

理想电流源与任何一条支路(含电压源或电阻的支路)串联后,其电流等于理想电流源电流,故其等效电源为理想电流源。

所以,图 3-18(a)、(b)、(c)、(d)所示电路分别等效为图 3-19(a)、(b)、(c)、(d)所示电路。

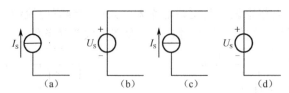

图 3-19 等效电路

由例 3-8 可得如下结论:
① 理想电压源与理想电流源串联,理想电压源无用。
② 理想电压源与理想电流源并联,理想电流源无用。
③ 电阻与理想电流源串联,等效时电阻无用。
④ 电阻与理想电压源并联,等效时电阻无用。

【例 3-9】 如图 3-20(a)所示,用电源等效变换法求流过负载的电流 I。

解:由于 6Ω 电阻与电流源串联,对于电流源来说,6Ω 电阻为多余元件,可去掉,图 3-20(a)可得如图 3-20(b)所示电路。

图 3-20(b)所示 6Ω 电阻与 12V 电压源串联可等效为一个 2A 的电流源,可得如图 3-20(c)所示电路。

图 3-20(c)所示两个电流源可等效为一个 12A 的电流源,可得如图 3-20(d)所示电路。

将图 3-20(d)所示电流源等效为一个 72V 的电压源,可得如图 2-15(e)所示电路。

根据图 3-20(e)可得

$$I = \frac{72}{6+12}A = 4A$$

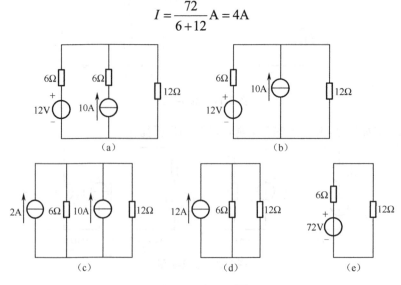

图 3-20 例 3-9 图

思考与练习

3-1-1 有三只电阻分别为 1Ω、2Ω 和 3Ω，经串并联组合可获得几种电阻值？并进行计算。

3-1-2 如图 3-21 所示电路，求 R_{ab}。

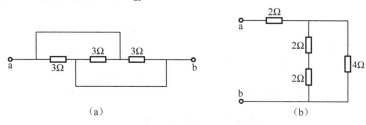

图 3-21 题 3-1-2 图

3-1-3 根据图 3-22 所示伏安特性图，画出电源模型图。

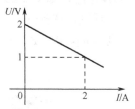

图 3-22 题 3-1-3 图

3-1-4 如图 3-23 所示各电路中的电流 I 和电压 U 是多少？

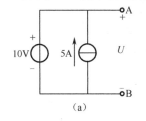 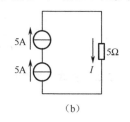 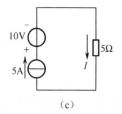

图 3-23 题 3-1-4 图

操作训练 1 电阻串并联的测试

1. 训练目的

① 掌握电阻串并联规律。
② 熟悉 Multisim 10 仿真软件操作。

2. 仿真测试

（1）电阻串联

① 启动 Multisim 10 仿真软件，创建电路如图 3-24（a）所示。
② 双击万用表图标，弹出万用表对话框，选择Ω。

③ 双击仿真开关，万用表面板上显示 R_1、R_2、R_3 串联电阻的阻值。

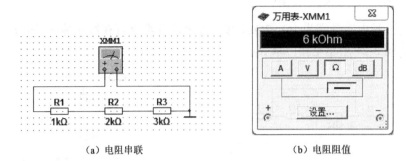

(a) 电阻串联　　　　　　　　(b) 电阻阻值

图 3-24　串联电路测量阻值

(2) 电阻并联

① 启动 Multisim 10 仿真软件，创建电路，如图 3-25 (a) 所示。

② 双击万用表图标，弹出万用表对话框，选择 Ω。

③ 双击仿真开关，万用表面板上显示 R_1、R_2、R_3 串联电阻的阻值，如图 3-25 (b) 所示。

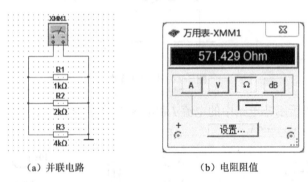

(a) 并联电路　　　　　　　　(b) 电阻阻值

图 3-25　并联电路测量电阻

(3) 串联电阻分压作用

① 启动 Multisim 10 仿真软件，创建电路，如图 3-26 (a) 所示。

② 双击万用表图标，弹出万用表对话框，选择 V。

③ 双击仿真开关，万用表面板上显示 R_1、R_2、R_3 电阻上的电压值，如图 3-26 (b) 所示。

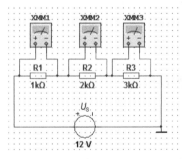

(a) 串联电阻分压

图 3-26　分压作用

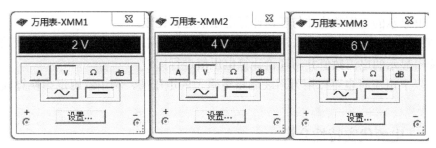

(b) 电压值

图 3-26　分压作用（续）

(4) 分流作用

① 启动 Multisim 10 仿真软件，创建电路，如图 3-27（a）所示。
② 双击万用表图标，弹出万用表对话框，选择 A。
③ 单击仿真开关，万用表面板上显示 R_1、R_2、R_3 电阻上的电流值，如图 3-27（b）所示。

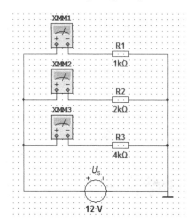

(a) 电路

(b) 电流值

图 3-27　分流作用

3. 实验测试

① 电阻串并联阻值的测量，分别按图 3-24 和图 3-25 所示连接电路，用万用表欧姆挡测量串并联后的阻值，注意选择合适的量程，如用模拟式万用表每次换量程后都要调零。

② 串联电路分压作用的测量，按图 3-26 所示连接电路，万用表选择直流电压挡合适的量

程,正确读出显示的电压数值并与理论计算电压值进行比较。

③ 并联电路分流作用的测量,按图 3-27 所示连接电路,万用表选择直流电流挡合适的量程,正确读出显示的电流数值并与理论计算电压值进行比较。

测试电阻上电流时也可以用万用表测量电阻上的电压值,利用欧姆定律换算成电流的方法进行。

操作训练 2　电源伏安特性分析

1. 训练目的

① 加深对理想电压源、实际电压源、理想电流源和实际电流源的认识。
② 掌握电压源、电流源的伏安特性及基本测试方法。

2. 仿真分析

(1) 理想电压源特性分析

① 启动 Multisim 10 仿真软件,创建如图 3-28 所示测试电路,图中电阻 R_2 是电压源的保护电阻。
② 打开仿真开关,让变阻器 R_1 的参数在 0~1kΩ变化。
③ 观察并记录电压表、电流表的数值。

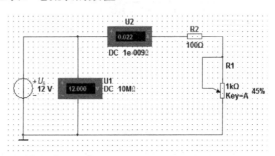

图 3-28　理想电压源特性测试电路

(2) 实际电压源模型的伏安特性分析

① 启动 Multisim 10 仿真软件,创建如图 3-29 所示测试电路,图中电阻 R_2 是电压源模型的内阻。

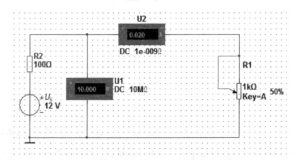

图 3-29　电压源模型的特性测试电路

② 打开仿真开关，让变阻器 R_1 的参数在 0～1kΩ 变化。

③ 观察并记录电压表、电流表的数值。

（3）理想电流源的伏安特性分析

① 启动 Multisim 10 仿真软件，创建如图 3-30 所示测试电路，图中电阻 R_2 是电流源的保护电阻。

② 打开仿真开关，让变阻器 R_1 的参数在 0～1kΩ 变化。

③ 观察并记录电流表、电压表的数值。

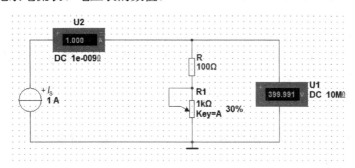

图 3-30　理想电流源的伏安特性测试电路

（4）电流源模型的伏安特性分析

① 启动 Multisim 10 仿真软件，创建如图 3-31 所示测试电路，图中电阻 R_2 是实际电流源模型的内阻。

② 打开仿真开关，让变阻器 R_1 的参数在 0～1kΩ 变化。

③ 观察并记录电压表、电流表的数值。

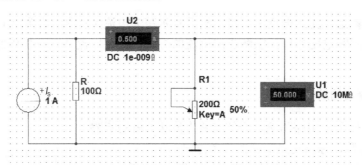

图 3-31　电流源模型的伏安特性分析测试电路

3．实验测试

（1）理想电压源

① 在直流稳压源的内阻 R_S 和外电路电阻相比可以忽略不计的情况下，输出电压基本维持不变，因此，可以把直流稳压源视为理想电流源。按照图 3-28 连接实验电路，其中限流电阻 R_2 和变阻器的额定功率不应小于 1/2W。

② 调节直流稳压源，使之输出电压等于 12V，从大至小调节可变电阻器 R_1 的阻值，记录电流表读数及电压表读数。

③ 依据记录数据，绘制理想电压源的伏安特性曲线。

（2）电压源模型

依照图 3-29 连接实验电路。R_2 作为电压源的内阻，与稳压源串联组成一个实际的电压源模型。实验步骤与前项相同。

（3）测试理想电流源的伏安特性

① 直流稳流源的内阻 R_2 和外电路电阻相比可以认为无穷大的情况下，输出电流基本维持不变。因此可以把直流稳流源视为理想电流源。按照图 3-30 连接实验电路，其中变阻器的额定功率不应小于 1/2W。

② 调节直流稳流源，使之输出电流等于 10mA。注意，直流稳流源电路严禁输出端开路，直流稳压源电路严禁输出端短路。从零至大调节可变电阻器 R_1 的阻值，观察并记录电压表读数，并记录相应的电流表读数。

③ 依据记录数据，绘制理想电流源的伏安特性曲线。

（4）电流源模型

依照图 3-31 连接实验电路。R_S 作为电流源的内阻，与稳流源并联组成一个实际的电流源模型，实验步骤与前项相同。

3.2 任务2 支路电流法与节点电压法分析

3.2.1 支路电流法

1. 支路电流法的

支路电流法就是以支路电流为变量，根据基尔霍夫电流定律和基尔霍夫电压定律，列出节点电流方程和回路电压方程，求解支路电流的方法。支路电流法是分析电路最基本的方法之一。

2. 支路电流法的解题步骤

下面以图 3-32 所示电路为例，介绍支路电流法的解题步骤。
① 确定支路数，标出支路电流的参考方向。
图中有 3 条支路，各支路电流参考方向如图 3-32 所示。
② 确定节点个数，列出节点电流方程式。
图中有 b、d 两个节点，利用基尔霍夫电流定律列出节点方程如下：

节点 b：　　　　　　$I_1 + I_2 - I_3 = 0$
节点 d：　　　　　　$-I_1 - I_2 + I_3 = 0$

此两节点电流方程只差一个负号，所以只有一个方程是独立的，即有一个独立节点。

一般来说，如果电路有 n 个节点，那么它能列出 $n-1$ 个独立节点电流方程。

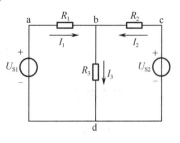

图 3-32　支路电流法

③ 确定回路数，列回路电压方程。

电路有 3 个回路，根据基尔霍夫电压定律可列出如下方程。

回路 abda 的电压方程为

$$I_1R_1 + I_3R_3 - U_{S1} = 0$$

回路 bcdb 的电压方程为

$$-I_2R_2 - I_3R_3 + U_{S2} = 0$$

回路 acda 的电压方程为

$$I_1R_1 - I_2R_2 - U_{S1} + U_{S2} = 0$$

在上面 3 个回路电压方程中，任何一个方程都可以由另外两个导出，故只有两个独立方程，也称有两个独立回路。

在选择回路时，若包含其他回路电压方程未用过的新支路，则列出的方程是独立的。一般直观的办法是按网孔列电压方程。

可见，对于 n 个节点 b 条支路的电路，可列出（$n-1$）个独立节点电流方程，（$b-n+1$）个独立回路电压方程。

④ 联立独立方程，求解支路电流。

【例 3-10】 已知 U_{S1}=10V，U_{S2}=10V，U_{S3}=10V，R_1=3Ω，R_2=1Ω，R_3=2Ω，R_4=2Ω，R_5=2Ω。试用支路电流法求图 3-33（a）所示电路中各支路电流。

解：①在电路图上标出各支路电流的参考方向，选取绕行方向，如图 3-33（b）所示。

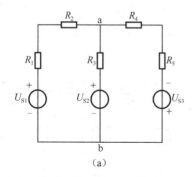
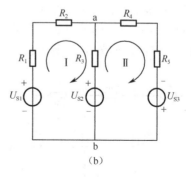

图 3-33　例 3-10 图

② 选节点 a 为独立节点，列 KCL 方程：

$$-I_1 + I_2 + I_3 = 0$$

③ 选网孔为独立回路，回路方向如图所示，列 KVL 方程：

$$4I_1 + 2I_3 = 10 - 10$$
$$6I_2 - 2I_3 = 12 + 10$$

④ 联立方程并整理得

$$\begin{cases} -I_1 + I_2 + I_3 = 0 \\ 2I_1 + I_3 = 0 \\ 3I_2 - I_3 = 11 \end{cases}$$

⑤ 解方程得

$$I_1 = 1\text{A}, \quad I_2 = 3\text{A}, \quad I_3 = -2\text{A}$$

I_3 是负值,说明电阻上的实际电流方向与所选参考方向相反。

*3.2.2 节点电压法

在上节介绍的支路电流法中,电路有多少条支路就有多少个未知量。未知量多,求解量就大。当电路的支路数较多,而节点数又较少时,计算时如果采用节点电位法(也称节点电压法)就比较简便,下面介绍这种方法。

节点电压法是以电路的节点电压为未知量来分析电路的一种方法。在电路的 n 个节点中,任选其中一个为参考节点,则其余 $n-1$ 个节点就称为独立节点。独立节点对参考节点的电压称为独立节点的节点电压。

电路中所有支路的电压都可以用节点电压来表示。电路中的支路分成两种,一种接在独立节点和参考节点之间,它的支路电压就是节点电压;另一种接在各独立节点之间,它的支路电压则是两个有关的节点电压之差。

如果用节点电压代替支路电压,求出各节点电压,就能求出各支路电压及其他待求量,要求 $n-1$ 个节点电压,须列 $n-1$ 个独立方程。用节点电压代替支路电压,本身已经满足 KVL 的条件,只列 KCL 的方程即可。

下面以图 3-34 所示电路为例说明节点电压法的解题过程。

图 3-34 所示电路有 5 条支路,3 个节点。如果用支路电流法进行求解,有 5 个未知量,而用节点电压法进行求解,只有两个未知量。解题过程如下。

① 设定参考节点,标出 $n-1$ 个节点电压(节点电位)及各支路电流的参考方向。

选图 3-34 所示电路中的节点 c 为参考节点,用接地符号表示,标出节点电压 U_a、U_b 及各支路电流的参考方向,如图 3-35 所示。

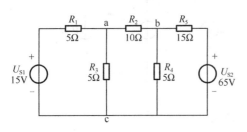

图 3-34 用节点电压法求解电路

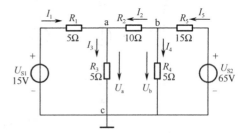

图 3-35 标出节点电压和支路电流

② 用节点电压表示各支路电流。

应用基尔霍夫电压定律和欧姆定律,各支路电流可用节点电压表示为

$$U_a = U_{S1} - I_1 R_1$$

$$I_1 = \frac{U_{S1} - U_a}{R_1}$$

同理可得

$$I_2 = \frac{U_b - U_a}{R_2}$$

$$I_3 = \frac{U_a}{R_3}$$

$$I_4 = \frac{U_b}{R_4}$$

$$I_5 = \frac{U_{s2} - U_b}{R_5}$$

无论有多少条支路，未知量只有两个，即节点电压 U_a、U_b。

③ 对 $n-1$ 个节点列独立的 **KCL** 电流方程。

节点 a：
$$I_1 + I_2 - I_3 = 0$$

即
$$\frac{U_{S1} - U_a}{R_1} + \frac{U_b - U_a}{R_2} - \frac{U_a}{R_3} = 0$$

节点 b：
$$-I_2 - I_4 + I_5 = 0$$

即
$$-\frac{U_b - U_a}{R_2} - \frac{U_b}{R_4} + \frac{U_{S2} - U_b}{R_5} = 0$$

④ 联立 $n-1$ 个独立方程，求解 $n-1$ 个未知量。

代入数据得

$$\begin{cases} \dfrac{15 - U_a}{5} + \dfrac{U_b - U_a}{10} - \dfrac{U_a}{5} = 0 & \text{①} \\ -\dfrac{U_b - U_a}{10} - \dfrac{U_b}{5} + \dfrac{65 - U_b}{15} = 0 & \text{②} \end{cases}$$

联立①②，解方程得

$$U_a = 8.85\text{V}, \quad U_b = 14.23\text{V}$$

于是

$$I_1 = 1.23\text{A}, \quad I_2 = 0.54\text{A}, \quad I_3 = 1.77\text{A}, \quad I_4 = 2.84\text{A}, \quad I_5 = 3.38\text{A}$$

在实际电路中经常有两节点的电路。图 3-36（a）所示电路中，三个电源并联运行，连接到汇流排（母线）上，供电给两个负载。图 3-36（a）改绘为图 3-36（b），该电路的节点数为 2，将节点 b 设为参考节点，节点 a 的节点电压为 U。各支路电流用节点电压表示为

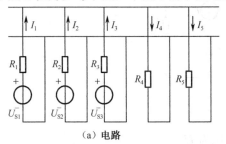
（a）电路

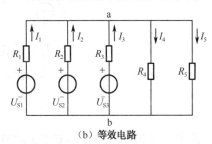
（b）等效电路

图 3-36　三个电源并联运行

$$I_1 = \frac{U_{S1} - U}{R_1}$$

$$I_2 = \frac{U_{S2} - U}{R_2}$$

$$I_3 = \frac{U_{S3} - U}{R_3}$$

$$I_4 = \frac{U}{R_4}$$

$$I_5 = \frac{U}{R_5}$$

由 KCL，$I_1 + I_2 + I_3 - I_4 - I_5 = 0$

即

$$\frac{U_{S1} - U}{R_1} + \frac{U_{S2} - U}{R_2} + \frac{U_{S3} - U}{R_3} - \frac{U}{R_4} - \frac{U}{R_5} = 0$$

$$U = \frac{\frac{U_{S1}}{R_1} + \frac{U_{S2}}{R_2} + \frac{U_{S3}}{R_3}}{\frac{1}{R_1} + \frac{1}{R_2} + \frac{1}{R_3} + \frac{1}{R_4} + \frac{1}{R_5}}$$

对于有 n 条支路的两节点电路，不难得到两节点间电压为

$$U = \frac{\sum_{i=1}^{n} \frac{U_{si}}{R_i}}{\sum_{i=1}^{n} \frac{1}{R_i}} \tag{3-13}$$

此式称为弥尔曼定理。弥尔曼定理是节点电压法中的一个特例，是求解两个节点电路的节点电压法。

在式（3-13）中，分母的各项总为正；分子的各项可以为正，也可以为负。当电源电压和节点电压的方向相反时取正号，相同时取负号。

【例 3-11】 电路如图 3-37 所示。已知 I_S=0.4A，U_{S1}=2V，U_{S2}=3V，用节点电压法求电流 I_2 和 I_3 以及各电源发出的功率。

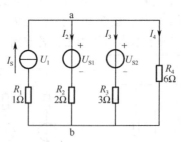

图 3-37 例 3-11 图

解：选节点 b 为参考节点，节点 a 的节点电压为 U_a：

$$I_2 = \frac{U_a - U_{S1}}{R_2}$$

$$I_3 = \frac{U_a - U_{S2}}{R_3}$$

$$I_4 = \frac{U_a}{R_4}$$

节点 a 的 KCL 方程为

$$I_S - I_2 - I_3 - I_4 = 0$$

即

$$I_S - \frac{U_a - U_{S1}}{R_2} - \frac{U_a - U_{S2}}{R_3} - \frac{U_a}{R_4} = 0$$

整理得

$$U_a = \frac{\dfrac{U_{S1}}{R_2} + \dfrac{U_{S2}}{R_3} + I_S}{\dfrac{1}{R_2} + \dfrac{1}{R_3} + \dfrac{1}{R_4}}$$

这与直接利用弥尔曼定理公式得到的结果相同,带入数据得

$$U_a = \frac{\dfrac{2}{2} + \dfrac{3}{3} + 0.4}{\dfrac{1}{2} + \dfrac{1}{3} + \dfrac{1}{6}} = 2.4\text{V}$$

$$I_2 = \frac{U_a - U_{S1}}{R_2} = \frac{2.4 - 2}{2} = 0.2\text{A}$$

$$I_3 = \frac{U_a - U_{S2}}{R_3} = \frac{2.4 - 3}{3} = -0.2\text{A}$$

两个电压源发出的功率分别为

$$P_{Us1} = -U_{S1}I_2 = -2 \times 0.2 = -0.4\text{W}$$

$$P_{Us2} = -U_{S2}I_3 = -3 \times (-0.2) = 0.6\text{W}$$

在求电流源发出的功率之前,先求出电流源上的电压 U_1。注意此时 1Ω 电阻不能作为多余元件去掉。

$$U_1 = U_a + 1 \times 0.4 = 2.8\text{V}$$

$$P_{IS} = U_1 I_S = 2.8 \times 0.4 = 1.12\text{W}$$

思考与练习

3-2-1 电路如图 3-38 所示,已知 $R_1=3\Omega$、$R_2=6\Omega$、$U_S=9\text{V}$、$I_S=6\text{A}$,求各支路的电流。

3-2-2 电路如图 3-39 所示,求各支路的电流 I_1、I_2 和 I_3。

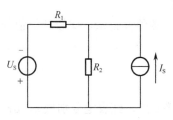

图 3-38 题 3-2-1 图

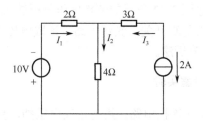

图 3-39 题 3-2-2 图

3-2-3 两个实际电压源并联向三个负载供电的电路如图 3-40 所示。其中 R_1、R_2 分别是两个电源的内阻，R_3、R_4、R_5 为负载，求负载两端的电压。

3-2-4 列出求图 3-41 所示电流 I 所需的方程。

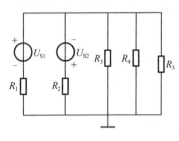

图 3-40 题 3-2-3 图

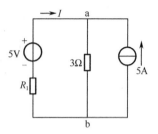

图 3-41 题 3-2-4 图

操作训练 3　用节点电压法分析电路

1. 训练目的

① 掌握求解三节点电路的节点电压法。
② 将节点电压分析法列方程求解结果与仿真测量结果进行比较。

2. 仿真电路

仿真电路如图 3-42 所示。

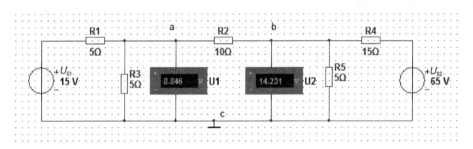

图 3-42　节点电压分析法仿真电路

3. 仿真分析

① 搭建图 3-42 所示的节点电压分析法仿真电路。
② 单击仿真开关，激活电路，读取电压表的显示数值并记录，比较计算值与测量值，验证节点电压分析法。

4. 实验室实验

按图 3-42 连接电路，用万用表电压挡，黑表笔接 c 点，红表笔分别接 a、b，测出的数值分别为 a、b 点的电位。

3.3 任务3 叠加原理与齐性定理分析

3.3.1 叠加原理

叠加原理是线性电路的一个基本定理，它体现了线性电路的基本性质，是分析线性电路的基础。

1. 线性电路

线性电路是由线性元件组成的电路。线性元件指元件参数不随外加电压及通过其中的电流而变化，即电压和电流成正比，如线性电阻元件。

2. 叠加原理

叠加原理指出：在线性电路中，有几个电源共同作用时，在任一支路所产生的电流（或电压）等于各个电源单独作用时在该支路所产生的电流（或电压）的代数和。

某一电源单独作用，就是假设除去其余的电源，即理想电压源短路，理想电压源的电压为零；理想电流源断路，理想电流源的电流为零。但如果电源有内阻，内阻应保留在原处。

3. 叠加原理的应用

叠加原理的应用可以用图3-43所示电路来说明。

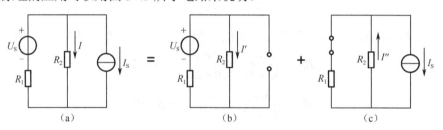

图3-43 叠加原理的应用

① 当电压源单独作用时，电流源不作用，就在该电流源处用开路代替。如图3-43（b）所示，在 U_S 单独作用下，R_2 支路的电流为

$$I' = \frac{U_S}{R_1 + R_2}$$

② 当电流源单独作用时，电压源不作用，在该电压源处用短路代替。如图3-43（c）所示。在 I_S 单独作用下，R_2 支路的电流为

$$I'' = \frac{R_1}{R_1 + R_2} I_S$$

③ 求电源共同作用下，可得

$$I = I' - I'' = \frac{U_S}{R_1 + R_2} - \frac{R_1}{R_1 + R_2} I_S$$

对 I' 取正号，是因为它的参考方向与 I 的参考方向一致；对 I'' 取负号，是因为它的参考方向与 I 的参考方向相反。

【例 3-12】 电路如图 3-44 所示，已知 $U_{S1}=20V$，$U_{S2}=18V$，$R_1=10\Omega$，$R_2=20\Omega$，$R_3=15\Omega$，$R_4=5\Omega$。试用叠加原理求 R_4 上的电压 U_4。

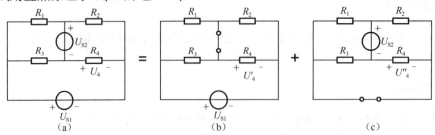

图 3-44 例 3-12 图

解： ① 电压源 U_{S1} 单独作用时，将 U_{S2} 短接，计算 R_4 产生的电压 U_4'。

由图 3-44（b）可知，R_1 和 R_3 并联，R_2 和 R_4 并联，二者再串联组成对 U_{S1} 的分压电路。

$$R_{13}=\frac{R_1R_3}{R_1+R_3}=\frac{10\times15}{10+15}\Omega=6\Omega$$

$$R_{24}=\frac{R_2R_4}{R_2+R_4}=\frac{20\times5}{20+5}\Omega=4\Omega$$

R_4 上的电压 U_4' 为

$$U_4'=\frac{R_{13}R_{24}}{R_{13}+R_{24}}U_{S1}=\frac{4}{6+4}\times20V=8V$$

② U_{S2} 单独作用时，将 U_{S1} 短接，计算 R_4 产生的电压 U_4''，如图 3-44（c）所示。

$$R_{12}=\frac{R_1R_2}{R_1+R_2}=\frac{10\times20}{10+20}\Omega=6.66\Omega$$

$$R_{34}=\frac{R_3R_4}{R_3+R_4}=\frac{10\times5}{10+5}\Omega=3.75\Omega$$

$$U_4''=\frac{R_{34}}{R_{12}+R_{34}}U_{S2}=\frac{3.75}{6.66+3.75}\times18V=6.5V$$

③ 电压源 U_{S1}、U_{S2} 共同作用时，R_4 产生的电压 U_4 为

$$U_4=U_4'-U_4''=(8-6.5)V=1.5V$$

4. 使用叠加定理时的注意事项

① 只能用来计算线性电路的电流和电压，对非线性电路，叠加定理不适用。
② 叠加时要注意电流和电压的参考方向，求其代数和。
③ 不能用叠加定理直接计算功率。因为功率 $P=I^2R=(I'^2+I''^2)R\neq I'^2R+I''^2R$，所以功率不能叠加。

*3.3.2 齐性定理

叠加原理反映了线性电路的叠加性。齐性定理反映了线性电路的另一个重要性质，它描

述了线性电路的比例特性。

线性电路的齐性定理是指当激励信号（如电压源和电流源）作用增加或减小 K 倍时，电路的响应（在电路其他各电阻元件上所产生的电流和电压值）也将增加或减小 K 倍。

齐性定理可由叠加原理推出，特别适合于分析梯形电路。应用时先设某末端支路电流（或电压）为一简单的整数值，然后用倒推的方法，由远到近地推算电源值，该电源值与实际电源值之比即为 K 值。

【例 3-13】 已知电路如图 3-45 所示，$R_1=R_2=R_3=5\Omega$，$R_4=3\Omega$，$R_5=7\Omega$，$R_6=8\Omega$，$U_S=36V$，应用齐性定理求各支路的电流。

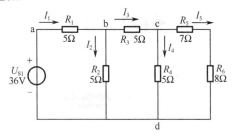

图 3-45 例 3-13 图

解：设 $I'_5 = 1\text{A}$，则

$$U'_{cd} = I'_5(R_5 + R_6) = 1 \times (7+8)\text{V} = 15\text{V}$$

$$I'_4 = \frac{U'_{cd}}{R_4} = \frac{15}{3}\text{A} = 5\text{A}$$

$$I'_3 = I'_4 + I'_5 = (5+1)\text{A} = 6\text{A}$$

$$U'_{bd} = I'_3 R_3 + U'_{cd} = (6 \times 5 + 15)\text{V} = 45\text{V}$$

$$I'_2 = \frac{U'_{bd}}{R_2} = \frac{45}{5}\text{A} = 9\text{A}$$

$$I'_1 = I'_2 + I'_3 = (9+6)\text{A} = 15\text{A}$$

$$U'_S = U'_{ad} = I'_1 R_1 + U'_{bd} = (15 \times 5 + 45)\text{V} = 120\text{V}$$

现给定 $U_S=36\text{V}$，相当于将激励 U'_S 减小 $K = \dfrac{U_S}{U'_S} = \dfrac{36}{120} = 0.3$ 倍，故各支路电流应是虚设电流的 0.3 倍，即

$$I_1 = KI'_1 = 0.3 \times 15\text{A} = 4.5\text{A}$$

$$I_2 = KI'_2 = 0.3 \times 9\text{A} = 2.7\text{A}$$

$$I_3 = KI'_3 = 0.3 \times 6\text{A} = 1.8\text{A}$$

$$I_4 = KI'_4 = 0.3 \times 5\text{A} = 1.5\text{A}$$

$$I_5 = KI'_5 = 0.3 \times 1\text{A} = 0.3\text{A}$$

3.3.3 叠加原理和齐性定理的验证

1. 实验目的

① 验证叠加定理和齐性定理，加深对线性电路的理解。

② 掌握叠加定理的测定方法。

2. 仿真实验

（1）验证叠加原理

① 绘制仿真电路图，设置各元件参数，开关按键分别用键盘 A、B 控制，如图 3-46 所示。

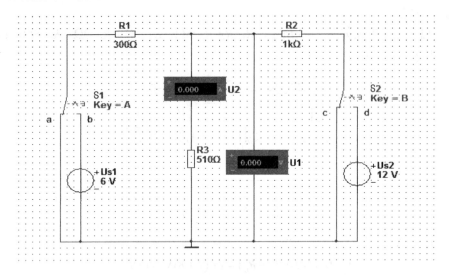

图 3-46　叠加原理验证仿真电路

② 按键盘 A 键，控制开关 S1 连接 b 端，U_{S1} 电源接入电路，此时电路电源 U_{S1} 单独作用。按下仿真开关，观察 R_3 支路上电流表、电压表指示数值并记录。

③ 再按键盘 A 键，控制开关 S1 连接 a 端，U_{S1} 电源断开与电路的连接，再按 B 键，电源 U_{S2} 单独接入电路，按下仿真开关，观察 R_3 支路上电流表、电压表指示数值并记录。

④ 再按键盘 A 键，控制开关 S1 连接 b 端，U_{S1} 电源与电路的连接，此时电路接入了电源 U_{S1} 和 U_{S2}，按下仿真开关，观察 R_3 支路上电流表、电压表指示数值并记录。

⑤ 比较数据，验证是否符合叠加原理。

（2）验证齐性定理

① 仍然采用图 3-46 所示电路，首先使电源 U_{S1} 单独作用，观察 R_3 支路上电流表、电压表指示数值并记录。

② 双击 U_{S1} 电源图标，弹出电源属性，修改电压参数为 12V（6V 的 2 倍），观察 U_{S1} 电源单独作用时，R_3 支路上电流表、电压表指示数值并记录。

③ 比较两次测量数值，验证是否符合齐性定理。

3. 实验验证

按图 3-46 连接电路，操作过程与仿真步骤相同，验证测试结果是否符合叠加原理和齐性定理。

思考与练习

3-3-1 叠加原理的内容是什么？使用时应注意哪些问题？

3-3-2 齐性定理适用于分析何种电路？

3-3-3 电路如图 3-47 所示，试用叠加原理求电流 I。

3-3-4 电路如图 3-48 所示，试用叠加原理求电压 U。

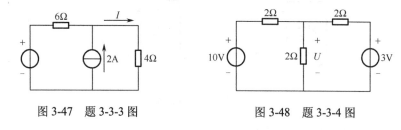

图 3-47 题 3-3-3 图　　　　　图 3-48 题 3-3-4 图

3.4 任务 4 戴维南定理与诺顿定理分析

本任务讲述的戴维南定理与诺顿定理统称电源等效定理，它表述了一个有源二端网络，不论它的繁简程度如何，当与外电路连接时，就像电源一样向外电路供给电能，因此，这个有源二端网络总可以等效为一个电压源或电流源。

3.4.1 戴维南定理

1. 二端网络

对于一个复杂的电路，有时只需要计算其中某一条支路的电流或电压，此时可将这条支路单独画出，而把其余部分看成一个有源二端网络。

所谓有源二端网络，就是指具有两个出线端的内含独立电源的部分电路。不含独立电源的二端网络则称为无源二端网络。

2. 戴维南定理

将有源线性二端网络等效为电压源模型的方法叫做戴维南定理。可表述为：任何一个线性有源二端网络对外电路的作用都可以变换为一个电压源模型，该电压源模型的理想电压源电压 U_S 等于有源二端网络的开路电压，电压源模型的内电阻等于相应的无源二端网络的等效电阻，如图 3-49 所示。

所谓相应的无源二端网络的等效电阻就是将有源二端网络中所有的理想电源（理想电压源和理想电流源）均除去时网络的入端电阻。

除源的方法是：除去理想电压源，即 $U_S=0$，理想电压源所在处短路；除去理想电流源，即 $I_S=0$，理想电流源所在处开路。

有源二端网络变换为电压源模型后，一个复杂的电路就变为一个简单的电路，可以直接用全电路的欧姆定律，来求取该电路的电流和端电压。

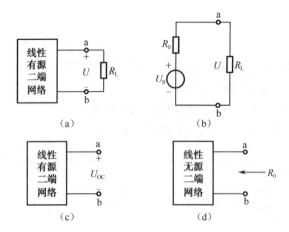

图 3-49 戴维南定理

由图 3-49 可见，待求支路中的电流为

$$I = \frac{U_S}{R_S + R_L} \tag{3-14}$$

其端电压为

$$U = U_S - R_S I \tag{3-15}$$

3. 戴维南定理应用的一般步骤

① 明确电路中待求支路和有源二端网络。
② 移开待求支路，求出有源二端网路的开路电压 U_{OC}。
③ 求无源二端网络的电阻，即网络内的电压源短路，电流源断路。
④ 将有源二端网络等效为电压源模型，接入待求支路，根据全电路欧姆定律求待求电流。

【例 3-14】 如图 3-50 所示，已知 U_{S1}=14V，U_{S2}=9V，R_1=20Ω，R_2=5Ω，R_3=6Ω，求 R_3 电阻上的电流。

解： ① 在图 3-50（a）中，R_3 所在支路为待求支路，其余部分为二端网络。
② 求有源二端网路的开路电压 U_{OC}。
先求二端网络内的电流，如图 3-50（b）所示：

$$I' = \frac{U_{S1} - U_{S2}}{R_1 + R_2} = \frac{14 - 9}{20 + 5} \text{A} = 0.2\text{A}$$

$$U_{OC} = U_{S1} - I'R_1 = 14\text{V} - 20\Omega \times 0.2\text{A} = 10\text{V}$$

③ 求无源二端网络的电阻 R_0，如图 3-50（c）所示：

$$R_0 = \frac{R_1 R_2}{R_1 + R_2} = \frac{20 \times 5}{20 + 5}\Omega = 4\Omega$$

④ 将有源二端网络等效为电压源模型，根据全电路欧姆定律求待求电流。

$$U_S = U_{OC}$$

$$I = \frac{U_S}{R_0 + R_3} = \frac{10}{4 + 6}\text{A} = 1\text{A}$$

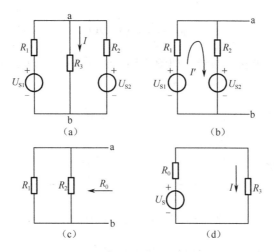

图 3-50　例 3-14 图

【例 3-15】 电路如图 3-51 所示，R_L 可调。求 R_L 为何值时，它吸收的功率最大？并计算出这个最大功率。

解： 先分析电路中负载获得最大功率的条件。

根据戴维南定理，对于负载 R_L 来说，图 3-51 的电路可等效为图 3-52 所示的电路。U_S 为电压源模型的理想电压源电压，R_S 为电压源模型的内阻，R_L 为负载电阻。从图中可得负载功率为

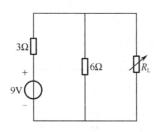
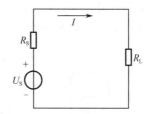

图 3-51　例 3-15 图　　　　图 3-52　图 3-51 等效电路

$$P_L = I^2 R_L = \left(\frac{U_S}{R_S + R_L}\right)^2 R_L \tag{3-16}$$

由数学推导，可得出负载获得最大功率的条件为

$$R_L = R_S$$

即当负载电阻等于电源内阻时，负载获得的功率最大。负载获得的最大功率为

$$P_{L\max} = \frac{U_S^2}{4R_S} \tag{3-17}$$

回到例 3-15，移去负载后的有源二端网络，如图 3-53（a）所示。将其变换为电压源模型，理想电压源 U_S 和内阻 R_S 分别为

$$U_S = \frac{9 \times 6}{3+6} V = 6V$$

$$R_S = \frac{3\times 6}{3+6}\Omega = 2\Omega$$

画出戴维南等效电路并接上负载，如图3-53（b）所示。由以上分析可得：

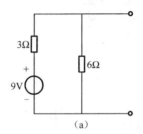
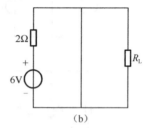

图3-53 例3-15 戴维南等效电路

当$R_L=R_S=2\Omega$时，R_L上获得最大功率，最大功率为

$$P_{L\max} = \frac{U_S^2}{4R_S} = \frac{6\times 6}{4\times 2}\text{W} = 4.5\text{W}$$

*3.4.2 诺顿定理

在戴维南定理中等效电源是用电压源来表示的，前面已经讨论过，电压源和电流源模型可以等效变换，因此，有源二端网络也可以用等效电流源表示，诺顿定理就描述了这一内容。

诺顿定理：任何一个线性有源二端网络，都可以用一个电流为I_S的理想电流源和内阻R_S并联的电流源来等效代替。等效电源的电流就是有源二端网络的短路电流I_S，内阻R_S等于有源二端网络所对应的无源二端网络的等效电阻，如图3-54所示。

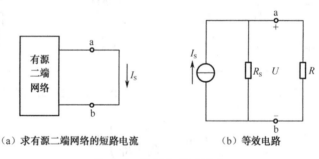

（a）求有源二端网络的短路电流　　　　（b）等效电路

图3-54 诺顿定理示意图

应用诺顿定理的关键在于正确理解和求出有源二端网络的短路电流I_S和内阻R_S，尤其是求有源二端网络的短路电流I_S，这是诺顿定理的重点和难点内容。

求有源二端网络的短路电流时，应将有源二端网络短路，即将被求解支路短路，如图3-54（a）所示。I_S就是短路后的有源二端网络两端子a、b间的电流。内阻R_S的求法，与戴维南定理中的求法相同。

有源二端网络用电流为I_S的理想电流源和内阻R_S并联的电源等效代替后，所要求解的原复杂电路就化简为图3-54（b）所示的简单电路，可求出被求解支路的电流和电压分别为

$$I = \frac{R_S}{R_S + R}I_S \tag{3-18}$$

$$U = \frac{R_S R}{R_S + R} I_S \tag{3-19}$$

【例 3-16】 用诺顿定理计算图 3-55（a）中的支路电流 I。

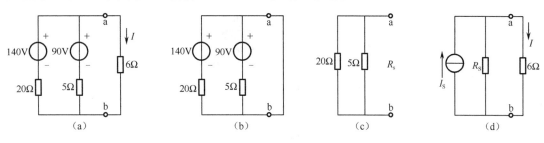

图 3-55　例 3-16 图

解：① 将 6Ω 所在支路取走，并将 a、b 端口短路，如图 3-55（b）所示，求短路电流 I_S：

$$I_S = \left(\frac{140}{20} + \frac{90}{5}\right) A = 25 A$$

② 将二端网络内部除源，得到图 3-55（c），求等效电阻 R_S：

$$R_S = \frac{20 \times 5}{20 + 5} \Omega = 4 \Omega$$

③ 求支路电流：

$$I = \frac{R_S}{6 + R_S} I_S = \frac{4}{6 + 4} \times 25 A = 10 A$$

思考与练习

3-4-1　电路如图 3-56 所示，试用戴维南定理求电路电流 I。

3-4-2　电路如图 3-57 所示，试用戴维南定理求电路电压 U。

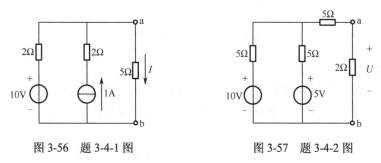

图 3-56　题 3-4-1 图　　　　图 3-57　题 3-4-2 图

操作训练 4　戴维南定理的验证

1. 训练目的

① 验证戴维南定理的正确性，加深对该定理的理解。
② 掌握含源二端网络的开路电压和等效电阻的测定方法，并了解各种测量方法的特点。

2. 仿真操作

① 在 Multisim 10 工作区创建如图 3-58 所示电路。启动仿真开关，测出流过 R_3 的电流。

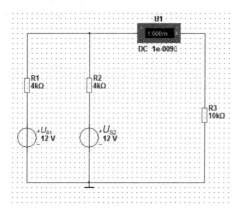

图 3-58 戴维南定理验证电路

② 求等效电阻。

在 Multisim 10 工作区创建如图 3-59 所示电路。双击万用表图标，在弹出的面板上选择Ω，启动仿真开关，测出二端网络等效电阻为 2kΩ。

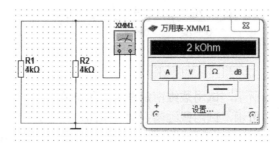

图 3-59 测出二端网络等效电阻

③ 求开路电压。

在 Multisim 10 工作区创建如图 3-60 所示电路。在端口处接入万用表，双击万用表图标，在弹出的面板上选择 V，启动仿真开关，测出二端网络开路电压为 12V。

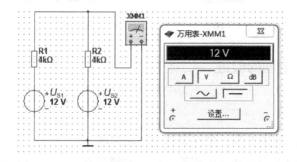

图 3-60 测二端网络开路电压

④ 根据求出的开路电压和等效电阻,在 Multisim 10 工作区创建如图 3-61 所示电路。接入电流表,启动仿真开关,测出流过 R_3 的电流。其结果与图 3-58 所示的电路仿真结果相同。

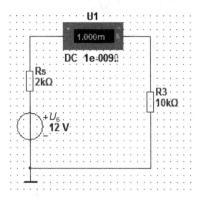

图 3-61　测量流过 R_3 的电流

3. 实验室操作

按图 3-58 连接电路,按照仿真操作步骤,在实验室完成戴维南定理验证实验。

4. 注意事项

① 测量时注意电流表量程的更换。

② 在用万用表欧姆挡直接测定二端网络的等效电阻时,所有独立电源都应置零。电流源置零,就是把电流源从电路中断开;电压源置零,就是把电压源先从电路中断开,再用短路线连接该处电路。绝不可将电压源直接短接。

③ 改接线路时,要先关掉电源。

习题 3

1. 计算图 3-62 所示各电路中的等效电阻。

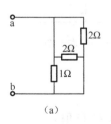 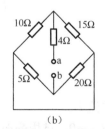 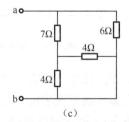

(a)　　　　　　　　　　(b)　　　　　　　　　　(c)

图 3-62　题 1 图

2. 利用电源等效变换化简图 3-63 所示电路。

3. 已知 $R_1 = R_2 = 100\Omega$,$R_3 = 50\Omega$,$U_S = 100V$,$I_S = 0.5A$,电路如图 3-64 所示。试用电源等效变换电路求电阻 R_3 上的电流 I。

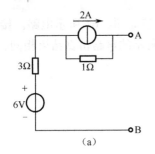 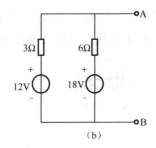 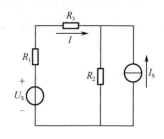

图 3-63　题 2 图　　　　　　　　　　　　图 3-64　题 3 图

4. 求如图 3-65 所示电路中的电压 U 和电流 I。

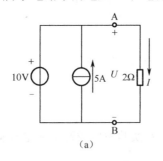 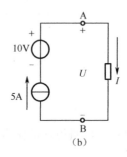

图 3-65　题 4 图

5. 某实际电源的伏安特性图如图 3-66 所示，试求它的电压源模型，并将其等效为电流源模型。

6. 已知电路如图 3-67 所示，$I_S = 2A$，$U_S = 2V$，$R_1 = 3\Omega$，$R_2 = R_3 = 2\Omega$，试用支路电流法求通过 R_3 支路的电流 I_3 及理想电流源的端电压 U。

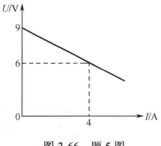 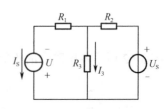

图 3-66　题 5 图　　　　　　　　　　　　图 3-67　题 6 图

7. 试用叠加原理重解第 6 题。

8. 试用戴维南定理求第 6 题中的电流 I_3。

9. 在图 3-68 所示的电路中，已知 $U_{AB}=0$，试用叠加原理求 U_S 的值。

10. 如图 3-69 所示，假定电压表的内阻为无穷大，电流表的内阻为零。当开关 S 处在位置 1 时，电压表的读数为 10V，当 S 处于位置 2 时，电流表的读数为 5mA。试问当 S 处在位置 3 时，电压表和电流表的读数各为多少？

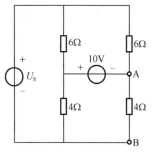

图 3-68 题 9 图

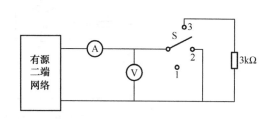

图 3-69 题 10 图

11. 在图 3-70 所示电路中，各电源的大小和方向均未知，每个电阻阻值均为 6Ω，又知道当 $R=6\Omega$ 时，电流 $I=5A$。今欲使 R 支路的电流 $I=3A$，则 R 应该多大？

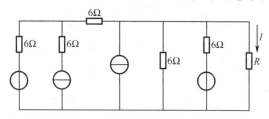

图 3-70 题 11 图

12. 如图 3-71 所示，已知 $R_1=5\Omega$ 时获得的功率最大，试问电阻 R 多大？

13. 如图 3-72 所示，电路线性负载时，U 的最大值和 I 的最大值分别是多少？

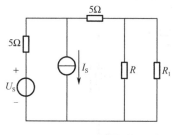

图 3-71 题 12 图

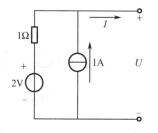

图 3-72 题 13 图

14. 电路如图 3-73 所示，试求电压 U。

15. 电路如图 3-74 所示，试求电压 U。

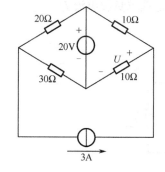

图 3-73 题 14 图

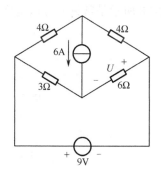

图 3-74 题 15 图

16. 如图 3-75 所示，已知 $R_1=R_2=R_3=R_4=1\Omega$，$U_S=1V$，$I_S=2A$，试计算电路中的电流 I_3。

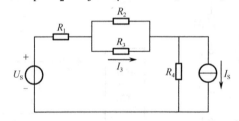

图 3-75　题 16 图

17. 如图 3-76 所示，已知 $R_1=0.6\Omega$，$R_2=6\Omega$，$R_3=4\Omega$，$R_4=1\Omega$，$R_5=0.2\Omega$，$U_{S1}=15V$，$U_{S2}=2V$。试计算电路中电压 U_4。

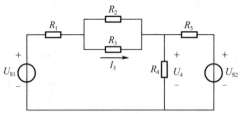

图 3-76　题 17 图

18. 试用电压源和电流源等效变换电路的方法计算图 3-77 中流过 2Ω 电阻的电流 I。

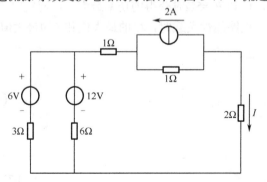

图 3-77　题 18 图

19. 应用戴维南定理计算上题中流过 2Ω 电阻的电流 I。

20. 图 3-78 所示是常见的分压电路，试用戴维南定理求负载电流 I_L。

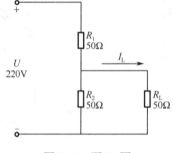

图 3-78　题 20 图

项目 4

单相正弦交流电路分析

1. **知识目标**

① 理解正弦交流电的概念，掌握正弦量的三要素。
② 掌握正弦量的相量表示法及电路的相量图。
③ 掌握电路三种基本元件的电压、电流及功率的关系。
④ 掌握 RLC 串联电路特点及规律分析。
⑤ 掌握阻抗串并联电路的分析和计算。
⑥ 熟悉功率因数的提高方法，理解串并联谐振特点。

2. **技能目标**

① 会应用相量法分析正弦交流电路。
② 会使用示波器分析交流电路。
③ 熟练应用 Multisim 10 仿真软件分析交流电路。

4.1 任务 1 认识正弦交流电

在生产和日常生活中，交流电比直流电具有更广泛的应用。主要因为：在电能的产生、输送和使用上，交流电比直流电优越。交流发电机比直流发电机结构简单、效率高、价格低和维护方便。现代的电能几乎都以交流电的形式产生；利用变压器可实现交流电压的升高和降低，具有输送经济、控制方便和使用安全的特点。

4.1.1 正弦交流电的概念

1. **正弦交流电**

一个直流理想电压源 U_S 作用于电路时，电路中的电压 U 和电流 I 都不随时间变化，如图 4-1（a）所示。电压的大小和极性、电流的大小和方向不随时间变化，统称直流电量。

如果一个正弦交流电压源 u_s 作用于线性电路，则电路中的电压 u 和电流 i 也将随时间按正弦规律变化，如图 4-1（b）所示。这种随时间按正弦规律周期性变化的电压和电流称为正弦电量。随时间按正弦规律变化的交流电称为正弦交流电。

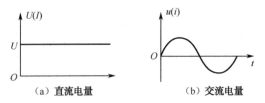

(a) 直流电量　　　　　　　(b) 交流电量

图 4-1　直流电量与交流电量

2. 正弦量的三要素

正弦量的特征表现在其变化的快慢、大小及初始值三个方面，而它们分别由频率（或周期）、幅值（或有效值）和初相位来确定。所以频率、幅值和初相位就称为正弦量的三要素。

下面以电流为例介绍正弦量的基本特征。依据正弦量的概念，设某电路中正弦电流 i 在选定参考方向下的瞬时值表达式为

$$i = I_m \sin(\omega t + \varphi) \tag{4-1}$$

正弦电流波形图如图 4-2 所示。

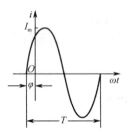

图 4-2　正弦电流波形图

（1）频率与周期

正弦量变化一次所需的时间（秒）称为周期 T，如图 4-2 所示，每秒变化的次数为频率 f，它的单位是赫兹（Hz）。

频率和周期互为倒数，即

$$f = \frac{1}{T} \text{ 或 } T = \frac{1}{f} \tag{4-2}$$

在我国和大多数国家都采用 50Hz（有些国家如美国、日本等采用 60Hz）作为电力标准频率。这种频率在工业上应用广泛，习惯上称为工频。常用的交流电动机和照明负载都采用这种频率。

正弦量变化的快慢除用周期和频率表示外，还可用角频率来表示。它的单位是弧度每秒（rad/s）。角频率是指交流电在 1s 内变化的电角度。正弦量每经过一个周期 T，对应的角度变化了 2π 弧度，所以

$$\omega = 2\pi f = \frac{2\pi}{T} \tag{4-3}$$

（2）瞬时值、最大值和有效值

正弦交流电随时间按正弦规律变化，某时刻的数值和其他时刻的数值不一定相同。把任

意时刻正弦交流电的数值称为瞬时值，用小写字母表示，如 i、u、e 分别表示电流、电压及电动势的瞬时值。瞬时值有正有负，也可能为零。

最大的瞬时值称为最大值（也叫幅值、峰值）。用带下标"m"的大写字母表示。如 I_m、U_m、E_m 分别表示电流、电压及电动势的最大值。最大值虽然有正有负，但习惯上最大值都以绝对值表示。

正弦电流、电压和电动势的大小常用有效值来表示。为了便于区分，用大写字母 I、U、E 分别表示电流、电压及电动势的有效值。

有效值是根据电流的热效应定义的，即某一交流电流 i 与另一直流电流 I 在相同时间内通过一只相同电阻 R 时，所产生的热量如果相等，那么这个直流电流 I 的数值就定义为交流电的电流的有效值。

设交流电流在一个周期内通过某一电阻 R 所产生的热量为

$$Q_{AC} = \int_0^T i^2 R \mathrm{d}t$$

某一直流电 I 在相同时间内通过同一电阻 R 所产生的热量为

$$Q_{DC} = I^2 R T$$

若两者相等，则

$$I^2 R T = \int_0^T i^2 R \mathrm{d}t$$

由上式得

$$I = \sqrt{\frac{1}{T} \int_0^T i^2 \mathrm{d}t} \tag{4-4}$$

这就是交流电的有效值。

由此可知，交流电的有效值就是它的方均根值。
设 $i = I_m \sin \omega t$，代入式（4-4）得

$$I = \sqrt{\frac{1}{T} \int_0^T (I_m \sin \omega t)^2 \mathrm{d}t} = I_m / \sqrt{2} = 0.707 I_m$$

$$I = I_m / \sqrt{2} = 0.707 I_m \tag{4-5}$$

同理，交流电压的有效值

$$U = U_m / \sqrt{2} = 0.707 U_m \tag{4-6}$$

交流电电动势的有效值

$$E = E_m / \sqrt{2} = 0.707 E_m \tag{4-7}$$

由此可见，交流电的有效值是它最大值的 0.707 倍。

通常所讲的交流电压或电流的大小，如交流电压 220V 就是指它的有效值。交流电动机和电器的铭牌上所标的额定电压和额定电流都是指有效值，一般的交流电压表和电流表的读数也是指有效值。

【**例 4-1**】 已知 $u = U_m \sin \omega t$，式中 U_m=310V，f=50Hz。求电压有效值 U 和 t =0.1s 时的瞬时值。

解：由电压最大值和有效值的关系得

$$U = U_m / \sqrt{2} = 0.707 U_m = 0.707 \times 310\text{V} = 220\text{V}$$

$$u = U_{\mathrm{m}}\sin\omega t = 310\sin 2\pi \times 50 \times 0.1 = 0$$

（3）初相位

交流电是时间的函数，在不同的时刻有不同的值。由正弦交流电的一般表达式（以电流为例）$i = I_{\mathrm{m}}\sin(\omega t + \varphi)$ 可知，在不同的时刻（$\omega t+\varphi$）也不同，（$\omega t+\varphi$）代表了正弦交流电变化的进程，称为相位角，简称相位。

$t=0$ 时的相位角称为初相位角，简称初相位。式（4-1）中的 φ 就是这个电流的初相角。规定初相角的绝对值不能超过 π。

由式（4-1）及波形图可以看出，正弦量的最大值（有效值）反映正弦量的大小，角频率（频率、周期）反映正弦量变化的快慢，初相角反映正弦量的初始位置。因此，当正弦交流电的最大值（有效值）、角频率（频率、周期）和初相角确定时，正弦交流电才能被确定。也就是说，这三个量是正弦交流电必不可少的要素，所以称其为正弦交流电的三要素。

【例 4-2】 某正弦电压的最大值 $U_{\mathrm{m}}=310$V，初相位 $\varphi_u=30°$；某正弦电流的最大值 $I_{\mathrm{m}}=28.2$A，相位 $\varphi=-60°$。它们的频率均为 50Hz，试分别写出电压、电流的瞬时值表达式并画出波形图。

解： 电压瞬时值表达式为

$$\begin{aligned} u &= U_{\mathrm{m}}\sin(\omega t + \varphi_u) \\ &= 310\sin(2\pi ft + \varphi_u) \\ &= 310\sin(314t + 30°)(\mathrm{V}) \end{aligned}$$

电流瞬时值表达式为

$$\begin{aligned} i &= I_{\mathrm{m}}\sin(\omega t + \varphi_i) \\ &= 28.2\sin(314t - 60°) \;(\mathrm{A}) \end{aligned}$$

电压、电流的波形图如图 4-3 所示。

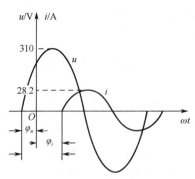

图 4-3 电压、电流波形图

【例 4-3】 某交流电压 $u = 310\sin(314t + 30°)$V，试写出它的最大值、角频率和初相位，并求有效值和 $t=0.1$s 时的瞬时值。

解： 由 $u = 310\sin(314t + 30°)$V 得

$$U_{\mathrm{m}}=310\mathrm{V}, \quad \omega=314\mathrm{rad/s}, \quad \varphi=30°$$

$$U=0.707U_{\mathrm{m}}=0.707\times310\mathrm{V}=220\mathrm{V}$$

$$u = 310\sin(314 \times 0.1 + 30°)$$
$$= 310\sin(10\pi + 30°)$$
$$= 155\text{V}$$

3. 相位差

在一个正弦交流电路中，电压 u 和电流 i 的频率是相同的，但初相不一定相同，如图 4-4 所示。图中 u 和 i 的波形可用下式表示

$$u = U_\text{m}\sin(\omega t + \varphi_u)$$
$$i = I_\text{m}\sin(\omega t + \varphi_i)$$

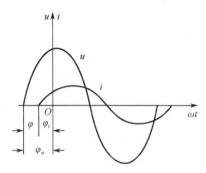

图 4-4　u 和 i 的相位不等

它们的初相位分别为 φ_u 和 φ_i。

两个同频率正弦量的相位角之差或初相位角之差，称为相位差，用 φ 表示。图 4-4 中电压 u 和电流 i 的相位差为

$$\varphi = \varphi_u - \varphi_i \tag{4-8}$$

由图 4-4 的正弦波形可见，因为 u 和 i 的初相位不同，所以它们的变化步调不一致，即不是同时到达正的幅值或零值。图中，$\varphi_u > \varphi_i$，所以 u 较 i 先到达正的幅值。这时：

$$\varphi = \varphi_u - \varphi_i > 0$$

说明在相位上 u 比 i 超前 φ 角，或者说 i 比 u 滞后 φ 角。

同理：

$$\varphi = \varphi_u - \varphi_i < 0$$

说明在相位上 u 比 i 滞后 φ 角，或者说 i 比 u 超前 φ 角。

$$\varphi = \varphi_u - \varphi_i = 0$$

说明 u 和 i 同相位或称同相，如图 4-5 所示。

$$\varphi = \varphi_u - \varphi_i = \pm\pi$$

说明 u 和 i 相位相反或称反相，如图 4-6 所示。

当两个同频率的正弦交流电计时起点（$t=0$）改变时，它们的相位和初相位也随之变化，但是两者的相位差始终不变。在分析计算时，一般也只需要考虑它们的相位差，并不在意它们各自的初相位。为了简单起见，可令其中一个正弦量为参考正弦量，即把计时起点选在使得这个正弦量的初相位为零的时刻，其他正弦量的初相位则可由它们与参考正弦量的相位差推出。

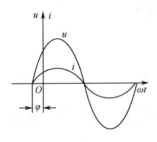
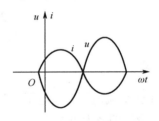

图 4-5 u 和 i 同相位　　　　　　　　　图 4-6 u 和 i 反相位

如例 4-2 中所表达的 u 和 i，当选 i 为参考量，即令 i 的初相 $\varphi_i=0$，则 u 的初相为 $\varphi_u=90°-0°=90°$。

这时电流电压的表达式分别为

$$i = 28.2\sin\omega t$$
$$u = 310\sin(\omega t + 90°)$$

当选取 u 为参考正弦量时，即令 u 的初相 $\varphi_u=0$，则 i 的初相 $\varphi_i=-90°-0°=-90°$
这时电流和电压的表达式分别为

$$u = 310\sin\omega t$$
$$i = 28.2\sin(\omega t - 90°)$$

【例 4-4】 已知正弦电压 u 和电流 i_1，i_2 的瞬时值表达式为

$$u = 100\sin(\omega t - 40°)\text{V}$$
$$i_1 = 8\sin(\omega t + 45°)\text{A}$$
$$i_2 = 10\sin(\omega t - 30°)\text{A}$$

试以电压为参考量，重新写出电压和电流的瞬时值表达式。

解： 若以电压 u 为参考量，则电压的表达式为

$$u = 100\sin\omega t$$

由于 i_1 与 u 的相位差为

$$\varphi_1 = 45° - (-40°) = 85°$$

故电流 i_1 的瞬时值表达式为

$$i_1 = 8\sin(\omega t + 85°)\text{A}$$

由于 i_2 与 u 的相位差为

$$\varphi_2 = -30° - (-40°) = 10°$$

故电流 i_2 的瞬时值表达式为

$$i_2 = 10\sin(\omega t + 10°)\text{A}$$

4.1.2　正弦交流电的相量表示法

一个正弦量可以用三角函数形式表示，也可以用波形图表示。但在分析和计算交流电路时，经常遇到同频率正弦量的加、减运算，而直接应用三角函数式或波形来运算却很麻烦。因此，有必要寻找使正弦量运算更简便的方法。下面介绍的正弦量相量表示法将为分析、计算正弦交流电路带来极大方便。

1. 正弦量的旋转矢量表示

设有一正弦量 $i = I_m \sin(\omega t + \varphi)$，它可以用一个旋转矢量来表示。在直角坐标系中作一有向线段，其长度等于该正弦量的最大值 I_m，矢量与横轴正向的夹角等于正弦量的初相角 φ，该矢量逆时针方向旋转，其旋转的角速度等于该正弦量的角频率 ω。那么这个旋转矢量任一瞬时在纵轴上的投影，就是该正弦函数 i 在该瞬时的数值，如图 4-7 所示。

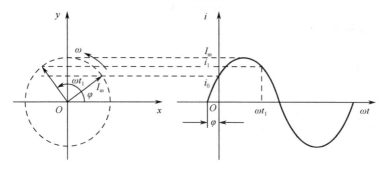

图 4-7 正弦量用旋转矢量表示

当 $\omega t = 0$ 时，矢量在纵轴上的投影为 $i_0 = I_m \sin\varphi$；当 $\omega t = \omega t_1$ 时，矢量在纵轴上的投影为 $i_1 = I_m \sin(\omega t + \varphi_1)$。这个旋转矢量具备了正弦量的三要素，说明正弦量可以用一个旋转矢量来表示。

对于一个正弦量可以找到一个与其对应的旋转矢量，反之，一个旋转矢量也都有一个对应的正弦量。它们之间有着一一对应关系。但正弦量和旋转矢量不是相等关系。正弦量是时间的函数，而旋转矢量不是，因而不能说旋转矢量就是正弦量。

2. 复数

如图 4-8 所示的直角坐标系，以横轴为实轴，单位为 +1，纵轴为虚轴，单位为 +j。$j = \sqrt{-1}$ 称为虚数单位（数学中虚数单位用 i 表示，而电路中 i 表示电流，为避免混淆而改用 j）。

实轴和虚轴构成的平面称为复平面。复平面上任何一点对应一个复数，同样一个复数对应复平面上的一个点。复数的一般式为

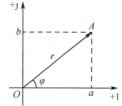

图 4-8 复平面上的复数

$$A = a + jb \tag{4-9}$$

式中，a 称为复数的实部，b 称为复数的虚部，式（4-9）称为复数的直角坐标式，又称复数的代数表达式。

复数也可以用复平面上的有向线段来表示，如图 4-8 中的有向线段 A，它的长度 r 称为复数的模，它与实轴之间的夹角 φ 称为复数辐角，它在实轴和虚轴上的投影分别为复数的实部 a 和虚部 b。由图可得

$$a = r\cos\varphi$$
$$b = r\sin\varphi$$

$$\varphi = \arctan\frac{b}{a}$$

因此，式（4-9）又可写成

$$A = r\cos\varphi + r\sin\varphi \tag{4-10}$$

此式称为复数的三角式。

根据欧拉公式

$$e^{j\varphi} = \cos\varphi + j\sin\varphi$$

复数 A 还可写成指数形式，即

$$A = re^{j\varphi} \tag{4-11}$$

为了简便，工程上又常写成极坐标形式

$$A = r\angle\varphi \tag{4-12}$$

3. 复数的运算

（1）复数的加减

进行复数相加（或相减），要先把复数化为代数形式。

设有两个复数

$$A_1 = a_1 + jb_1$$
$$A_2 = a_2 + jb_2$$

则有

$$\begin{aligned} A_1 \pm A_2 &= (a_1 + jb_1) \pm (a_2 + jb_2) \\ &= (a_1 \pm a_2) + j(b_1 \pm b_2) \end{aligned} \tag{4-13}$$

即复数的加减运算就是把它们的实部和虚部分别相加减。

（2）复数的乘除

复数的乘除运算，一般采用指数形式或极坐标形式。

设有两个复数

$$A_1 = a_1 + jb_1 = r_1 e^{j\varphi_1} = r_1\angle\varphi_1$$
$$A_2 = a_2 + jb_2 = r_2 e^{j\varphi_2} = r_2\angle\varphi_2$$
$$A_1 A_2 = r_1 r_2 e^{j(\varphi_1 + \varphi_2)} = r_1 r_2 \angle(\varphi_1 + \varphi_2) \tag{4-14}$$
$$\frac{A_1}{A_2} = \frac{r_1}{r_2} e^{j(\varphi_1 - \varphi_2)} = \frac{r_1}{r_2} \angle(\varphi_1 - \varphi_2) \tag{4-15}$$

即复数相乘时，将模相乘，指数相加或辐角相加；复数相除时，将模相除，指数相减或辐角相减。

（3）旋转因子

复数 $e^{j\varphi} = \angle\varphi$ 是一个模等于 1、辐角等于 φ 的复数。

任意复数 $A = r_1 e^{j\varphi_1}$ 乘以 $e^{j\varphi}$ 得

$$Ae^{j\varphi} = r_1 e^{j(\varphi_1 + \varphi)} = r_1\angle(\varphi_1 + \varphi) \tag{4-16}$$

即复数的模不变，辐角变化了 φ 角，此时复数向量按逆时针方向旋转，所以称 $e^{j\varphi}$ 为旋转因子。

使用最多的旋转因子是 $e^{j90°}=j$ 和 $e^{-j90°}=-j$。任何一个复数乘以 j（或除以 j），相当于将该复数向量按逆时针（顺时针）旋转 90°。而乘以 -j（或除以 -j）相当于将该复数向量按顺时针（逆时针）旋转 90°。

4．正弦量的相量

由上所述，正弦量可以用矢量表示，矢量又可以用复数表示，因而，正弦量必然可以用复数表示。用复数表示正弦量的方法称为正弦量的相量表示法。

在直角坐标中绕原点不断旋转的矢量可以表示正弦交流电。用旋转矢量的长度表示正弦量的最大值，旋转矢量的旋转角速度表示正弦量的角频率，用旋转矢量的初始位置与横轴的夹角表示正弦量的初相位。通常规定，按逆时针方向形成的角度为正值。旋转矢量用最大值符号 U_m 或 I_m 表示。

为了和一般的复数相区别，规定用大写字母上面加黑点"·"表示。

例如，正弦电流 $i = I_m \sin(\omega t + \varphi)$ 的相量表示为

$$\dot{I}_m = I_m \angle \varphi$$

$\dot{I}_m$ 称为最大值相量。

正弦交流电的大小通常用有效值来计量，通常使相量的模等于正弦量的有效值，这样正弦电流 $i = I_m \sin(\omega t + \varphi)$ 可表示为

$$\dot{I} = I \angle \varphi \tag{4-17}$$

$\dot{I}$ 称为有效值相量，如图 4-9 所示。

【例 4-5】 已知交流电压 $u_1 = 220\sqrt{2}\sin 314t$ V，$u_2 = 380\sqrt{2}\sin(314t - 60°)$ V，试写出它们的相量式。

解：$\dot{U}_1 = 220\angle 0°$ V，$\dot{U}_2 = 380\angle -60°$ V。

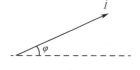

图 4-9　电流的有效值相量

【例 4-6】 已知电压相量 $\dot{U} = 110\angle 30°$ V，电流相量 $\dot{I} = 36\angle -30°$ A，它们的角频率 ω=314rad/s。试写出它们对应的解析式。

解：$u = 110\sqrt{2}\sin(314t + 30°)$ V，$i = 36\sqrt{2}\sin(314t - 30°)$ A

5．相量图

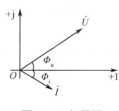

图 4-10　相量图

研究多个同频率正弦交流电的关系时，可按各正弦量的大小和初相，用矢量画在同一坐标的复平面上，称为相量图。如图 4-3 所示的电流和电压的正弦量波形图可用图 4-10 所示相量图表示。

作相量图时要注意：

① 只有同频率的正弦量才能画在一个相量图上，不同频率的正弦量不能画在一个相量图上，否则无法比较和计算。

② 在同一相量图上，相同单位的相量，要用相同的尺寸比例绘制。

③ 作相量图时，可以取最大值，也可用有效值画出。因为有效值已被广泛使用，有效值的相量用大写字母表示。画有效值相量图时，相量的长度等于有效值。

④ 正弦交流电用相量表示以后,对于同频率正弦量的加、减运算就可以按矢量的加、减运算法则进行,也可以用矢量合成的平行四边形法则进行。

【例 4-7】 已知 $i_1 = 4\sqrt{2}\sin(\omega t + 60°)$A,$i_2 = 3\sqrt{2}\sin(\omega t - 30°)$A,求 $i_1 + i_2$。

解:先将 i_1 和 i_2 写成相量式:

$$\dot{I}_1 = 4\angle 60°$$

$$\dot{I}_2 = 3\angle -30°$$

画出相量图,如图 4-11 所示,用平行四边形法则求总电流 i 的相量。由于 $\dot{I}_1$ 与 $\dot{I}_2$ 夹角为 90°,故

$$I = \sqrt{I_1^2 + I_2^2} = \sqrt{3^2 + 4^2}\text{A} = 5\text{A}$$

初相位 φ 为

$$\varphi = \arctan\frac{4}{3} - 30° = 23.1°$$

所以

$$\dot{I} = 5\angle 23.1°$$

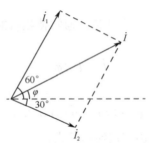

图 4-11 例 4-7 图

总电流的瞬时值表达式为

$$i = 5\sqrt{2}\sin(\omega t + 23.1°)\text{A}$$

思考与练习

4-1-1 已知 $u_1 = 310\sin(314t + 30°)$V,$u_2 = 380\sin(314t - 60°)$V,试写出它们的最大值、有效值、相位、初相位、角频率、频率、周期及两正弦量的相位差,并说明哪个量超前。

4-1-2 已知某正弦电压的最大值为 310V,频率为 50Hz,初相位为 45°,试写出函数式,并画出波形图。

4-1-3 正弦电压分别为 $u_1 = 220\sqrt{2}\sin(314t + 45°)$V,$u_2 = 110\sqrt{2}\sin(314t - 45°)$V,求 $\dot{U} = \dot{U}_1 + \dot{U}_2$,并写出 u 的瞬时值表达式。

4-1-4 同频率的正弦电流 i_1、i_2 的有效值分别为 30A、40A。问:

① 当 i_1、i_2 的相位差为多少时,$i_1 + i_2$ 的有效值为 70A?

② 当 i_1、i_2 的相位差为多少时,$i_1 + i_2$ 的有效值为 10A?

③ 当 i_1、i_2 的相位差为 90° 时,$i_1 + i_2$ 的有效值为多少?

4.2 任务2 单一参数电路元件的交流电路分析

电阻元件、电感元件与电容元件都是组成电路模型的理想元件。所谓理想元件,就是突出元件的主要电磁性质,而忽略其次要因素。如电阻元件具有消耗电能的性质(电阻性),其他电磁性质如电感性、电容性等忽略不计。同样,对电感元件,突出其通过电流要产生磁场而存储磁场能量的性质(电感性),对电容元件,突出其加上电压要产生电场而存储电场能量的性质(电容性)。电路的参数不同,其性质就不同,其中能量的转换关系也不同。

4.2.1 纯电阻电路

在交流电路中,电阻起主要作用,电感 L 和电容 C 均可忽略不计的电路称为纯电阻电路。白炽灯、电炉、电热暖器等都可认为是纯电阻电路。

1. 电压与电流的关系

图 4-12 所示为一电阻元件的交流电路,由于元件为线性元件,电路中电压和电流在图示正方向下服从欧姆定律,即

$$u = iR$$

为了分析方便,假设电流 i 的初相等于零。则

$$i = I_m \sin \omega t \tag{4-18}$$

并以此为参考相量,故

图 4-12 纯电阻电路

$$u = iR = I_m R \sin \omega t = U_m \sin \omega t \tag{4-19}$$

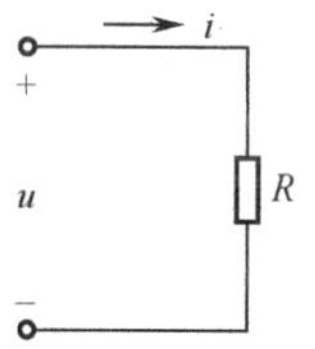

式(4-19)说明:电阻元件上的电压也按正弦规律变化,它的最大值与电流的最大值成正比,频率和初相角均与电流相同。

对于正弦交流电路中的电阻电路(又称纯电阻电路),一般结论为:
① 电压、电流均为同频率的正弦量。
② 电压与电流初相位相同,即两者同相。
③ 电压与电流的有效值成正比。

$$U_m = I_m R$$
$$U = IR$$

上述结论可用相量形式表示为

$$\dot{U} = \dot{I}R \tag{4-20}$$

式(4-20)是电阻元件欧姆定律的相量形式,电压、电流的相量图如图 4-13 所示。

图 4-13 电压、电流的相量图

2. 功率关系

在任一瞬间,电压的瞬时值 u 与电流瞬时值 i 的乘积,称为瞬时功率,用小写字母 p 表示,

即

$$p = p_R = ui = \sqrt{2}U\sqrt{2}I\sin^2\omega t = UI(1-\cos 2\omega t) \qquad (4\text{-}21)$$

由式（4-21）可知，瞬时功率由两部分组成，第一部分是常量 UI，第二部分是幅值为 UI 并以角频率 2ω 随时间变化的交变量 $UI\cos 2\omega t$。p 随时间变化的波形如图 4-14（b）所示。

在电阻交流电路中，由于 u 与 i 是同相位的，所以瞬时功率总是正的。这表明具有电阻元件的交流电路总是从电源取用电能，它在一个周期内取用的电能为

$$W = \int_0^T p\,dt$$

这相当于在图 4-14（b）中，功率波形与横轴所包围的那块面积。

通常衡量元件消耗的功率，可取瞬时功率在一个周期内的平均值，称为平均功率或有功功率，用大写字母 P 来表示。那么，在电阻元件上消耗的平均功率为

$$P = \frac{1}{T}\int_0^T p\,dt = \frac{1}{T}\int_0^T UI(1-\cos 2\omega t)\,dt = UI = I^2R = \frac{U^2}{R} \qquad (4\text{-}22)$$

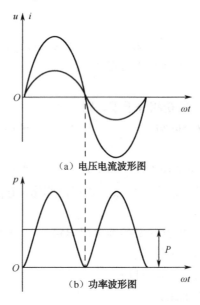

(a) 电压电流波形图

(b) 功率波形图

图 4-14 电阻电路波形图

可见，有功功率不随时间变化，这与直流电路中计算电阻元件的功率在形式上是一样的。但式（4-22）中的 U 和 I 均表示正弦电压、电流的有效值。

【例 4-8】 电路中电阻 $R=2\Omega$，正弦电压 $u=10\sin(314t-60°)\text{V}$，试求通过电阻的电流的相量式。

解： 电压相量为

$$\dot{U} = U\angle\varphi = \frac{10}{\sqrt{2}}\angle -60°\text{ V} = 7.07\angle -60°\text{ V}$$

电流的相量为

$$\dot{I} = \frac{\dot{U}}{R} = \frac{7.07\angle -60°}{2}\text{A} = 3.54\angle -60°\text{ A}$$

【例 4-9】 一个电阻接在 $\dot{U} = 220\angle 0°$ V 的电源上，消耗的功率是 200W，求电阻值和通过电阻的电流的相量式。

解：由 $P = \dfrac{U^2}{R} = \dfrac{220^2}{R} = 200\text{W}$ 得

$$R = 242\Omega$$

$$\dot{I} = \dfrac{\dot{U}}{R} = \dfrac{220\angle 0°}{242}\text{A} = 0.91\angle 0° \text{ A}$$

4.2.2 纯电感电路

在如图 4-15 所示的交流电路中，线圈的电阻忽略不计，这种电路可称为纯电感电路，其波形如图 4-16 所示。

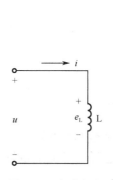

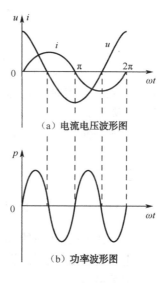

图 4-15　电感电路　　　图 4-16　电感电路波形图

1. 电压与电流的关系

在如图 4-15 所示的电路中，线性电感元件中的自感电动势为

$$e_L = -L\dfrac{di}{dt}$$

设流入的交流电流为

$$i = I_m \sin\omega t$$

根据 KVL 得

$$u = -e_L = L\dfrac{di}{dt} = L\dfrac{dI_m \sin\omega t}{dt} = I_m \omega L \cos\omega t = U_m \sin\left(\omega t + \dfrac{\pi}{2}\right) \quad (4\text{-}23)$$

式（4-23）说明，电感电压也是正弦量，且与电流同频率，但在相位上电压超前电流 90°。在大小关系上

$$U_m = I_m \omega L$$

$$U = I\omega L \tag{4-24}$$

由式（4-24）可知，当 ω 一定时，电感两端的电压有效值正比于电流。当 $\omega=0$ 时，电感电压恒为零，即电感元件在直流电路中相当于短路。当 ω 趋于 ∞ 时，电感元件的作用相当于开路元件。

由上述讨论，可得出关于电感元件的一般结论：

① 电感元件中的电压和电流均为同频率的正弦量。

② 电感元件的电压超前于电流 90°，波形如图 4-16（a）所示

③ 电压与电流的有效值关系为

$$I = \frac{U}{\omega L}$$

令

$$X_{\mathrm{L}} = \omega L = 2\pi f L$$

则

$$I = \frac{U}{X_{\mathrm{L}}} \tag{4-25}$$

由式（4-25）可知，电压一定时，X_{L} 越大，电流越小。可见 X_{L} 具有阻碍电流的性质，所以称 X_{L} 为电感电抗，简称感抗。

当 ω 的单位用弧度/秒（rad/s）、L 的单位用亨利（H，简称亨）时，X_{L} 的单位为欧姆（Ω，简称欧）。

若用相量形式来表示，则

$$\dot{U} = \mathrm{j}X_{\mathrm{L}}\dot{I} \quad \text{或} \quad \dot{I} = -\mathrm{j}\frac{\dot{U}}{X_{\mathrm{L}}} \tag{4-26}$$

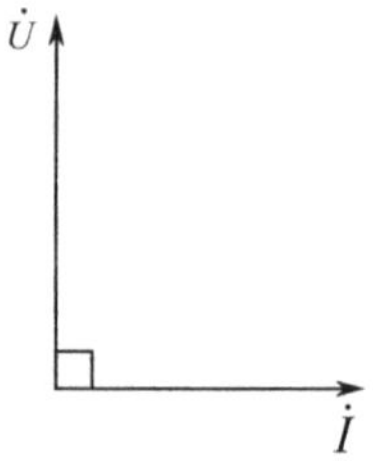

式（4-26）中的 $\mathrm{j}X_{\mathrm{L}}$ 可视为电感参数的复数形式，该式说明了电压、电流的有效值之比等于感抗，同时也说明了电压超前于电流 90° 的相位关系。

电感电路的相量图如图 4-17 所示。

图 4-17 电感电路的相量图

2. 功率关系

电感交流电路中的瞬时功率关系为

$$\begin{aligned} p &= ui = I_{\mathrm{m}}\sin\omega t\, U_{\mathrm{m}}\sin\left(\omega t + \frac{\pi}{2}\right) \\ &= U_{\mathrm{m}}I_{\mathrm{m}}\cos\omega t\sin\omega t \\ &= UI\sin 2\omega t \end{aligned} \tag{4-27}$$

可见，电感电路中的瞬时功率是幅值为 UI 并以 2ω 的角频率随时间变化的正弦量，如图 4-16（b）所示。电感电路中的瞬时功率正负交替变化，是因为电感线圈是一个储能元件，当电流增加时，线圈中磁场能量增加，它从电源取用能量，其功率为正。当电流减小时，线圈中磁场能量也减小，由于电路中没有耗能元件，磁场释放的能量全部回送给电源，故 p 为负。也就是说，虽然电路中有电压，也有电流，仅从一周的整体效果来看，它既不消耗电能，也不输出电能。这一点可以通过平均功率得到验证：

$$P = \frac{1}{T}\int_0^T p\,\mathrm{d}t = \frac{1}{T}\int_0^T UI\sin 2\omega t\,\mathrm{d}t = 0$$

上式说明，在电感元件的交流电路中，没有任何能量消耗，只有电源与电感元件之间的能量交换，其能量交换的规模用无功功率 Q 来衡量，它的大小等于瞬时功率的幅值，即

$$Q_L = UI = I^2 X_L \tag{4-28}$$

无功功率的计量单位为乏（var）或千乏（kvar）。

需要注意的是，无功功率并非无用功率，例如后面我们要讨论的变压器、交流电动机等电器设备需要依靠磁场传递能量，而其中电感性负载与电源之间的能量互换规模就得用无功功率来描述。

【例 4-10】 已知 1H 的电感线圈接在 10V 的工频电源上，求：①线圈的感抗；②设电压的初相位为零，求电流；③无功功率。

解： ① 感抗

$$X_L = \omega L = 2\pi f L = 2\pi \times 50 \times 1\Omega = 314\Omega$$

② 设电压初相位为零度，则电流

$$\dot{I}_L = \frac{\dot{U}_L}{jX_L} = \frac{10\angle 0°}{j314}\text{A} = 0.032\angle -90°\text{ A}$$

③ 无功功率：

$$Q_L = U_L I_L = 10 \times 0.032 \text{ var} = 0.32 \text{ var}$$

4.2.3 纯电容电路

1. 电压与电流的关系

线性电容元件在图 4-18 所示的关联方向的条件下：

$$i_C = C\frac{\mathrm{d}u_C}{\mathrm{d}t}$$

假定

$$u_C = U_m \sin \omega t$$

则

$$i = C\frac{\mathrm{d}u_C}{\mathrm{d}t} = C\frac{\mathrm{d}U_m \sin \omega t}{\mathrm{d}t} = U_m \omega C \cos \omega t = U_m \omega C \sin\left(\omega t + \frac{\pi}{2}\right) \tag{4-29}$$

式（4-29）说明，电容两端加上正弦交流电压后，电容中的电流也是同频率的正弦量，但在相位上超前于电压 90°，或者说电压落后于电流 90°，对应的电压、电流波形如图 4-20 所示。

根据式（4-29）令

$$I_m = U_m \omega C$$
$$I = U\omega C \tag{4-30}$$

令 $X_C = \dfrac{1}{\omega C}$，则

$$I = \frac{U}{X_C} \tag{4-31}$$

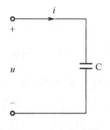

图 4-18 电容电路

X_C 称为容抗,它反比于通过电容元件的电流的频率和电容元件的电容量。当 ω 的单位用弧度/秒（rad/s），电容 C 的单位用法拉（F，简称法）时，X_C 的单位为欧姆（Ω）。

当电容元件加上直流电压时（$\omega=0$），电容电流恒为零，相当于开路元件，也就是说，电容元件有隔断直流电的作用。当电容元件被施加一定频率的交流电压时，由于电压的变化，电容极板上的电荷也发生增减，电荷的增减使得电容中有交变的电流流过，ω 越高，电容极板上的电荷变化也就越快，电流也就越大，当 ω 趋于∞时，电容元件可用短路元件来替代。

据此，可得出电容元件电压与电流关系的结论：
① 电容元件两端的电压及流过电容中的电流均为同频率的正弦量。
② 电容元件上电压滞后于电流 90°的相位角。
③ 电压与电流的有效值关系为

$$I = \frac{U}{X_C}$$

电容元件上电压电流关系的相量形式为

$$\dot{I} = j\frac{\dot{U}}{X_C} \quad \text{或} \quad \dot{U} = -jX_C\dot{I} \tag{4-32}$$

相量图如图 4-19 所示。

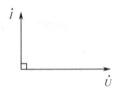

图 4-19　电容电路相量图

式（4-32）中，$-jX_C$ 可以看成电容参数的复数形式。

2. 功率关系

电容元件交流电路的瞬时功率为

$$\begin{aligned}p = ui &= U_m \sin\omega t I_m \sin\left(\omega t + \frac{\pi}{2}\right) \\ &= U_m I_m \cos\omega t \sin\omega t \\ &= UI\sin 2\omega t\end{aligned} \tag{4-33}$$

可见，电容元件中的瞬时功率是幅值为 UI、以 2ω 为角频率随时间变化的交变量。这是因为电容是一个储能元件，当电容电压增高时，电容中的电场能量（$W_C = \frac{1}{2}Cu^2$）将增加；它将从电源获取电能，则 $p>0$；当电容电压降低时，电容中电场能量减小，而将剩余的能量送回给电源，则 $p<0$。其能量变化的波形如图 4-20 所示。

电容元件在交流电路中的平均功率为

$$P = \frac{1}{T}\int_0^T p\mathrm{d}t = \frac{1}{T}\int_0^T UI\sin 2\omega t \mathrm{d}t = 0$$

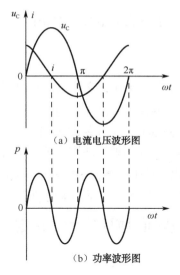

图 4-20 电容电路波形图

与电感元件一样,电容元件也不消耗任何能量,在电容元件与电源之间只有能量变换,其互换的规模与电感电路一样,用无功功率 Q 来表示,该值等于瞬时功率的幅值,即

$$Q_C = UI = I^2 X_C$$

为了同电感元件电路的无功功率相比较,同样设通入电容元件的电流为

$$i = I_m \sin \omega t$$

则

$$u = U_m \sin(\omega t - 90°)$$

于是得出瞬时功率

$$p = ui = -UI \sin 2\omega t$$

由此可见,电容元件电路的无功功率

$$Q = -UI = -X_C I^2 \tag{4-34}$$

即电容性无功功率取负值,而电感性无功功率取正值,以作区别。

【例 4-11】某电容元件的电压和电流取关联参考方向,已知 $\dot{I} = 4\angle 120°$ A,$\dot{U} = 220\angle 30°$ V,$f = 50$Hz。①在工频下求电容值;②电路中电源频率为 $f' = 100$Hz 时,求电流。

解:(1)由已知条件有

$$C = \frac{1}{2\pi f X_C} = \frac{1}{2 \times 3.14 \times 50 \times 55} \mu F = 58 \mu F$$

(2)电容的容抗

$$X_C = \frac{1}{2\pi f' C} = \frac{1}{2 \times 3.14 \times 100 \times 58 \times 10^{-6}} \Omega = 27.5 \Omega$$

$$\dot{I} = \frac{\dot{U}}{-jX_C} = \frac{220\angle 30°}{27.5\angle -90°} A = 8\angle 120° A$$

$$\omega = 2\pi f = 2 \times 3.14 \times 100 \text{rad/s} = 628 \text{rad/s}$$

所以

$$i = 8\sqrt{2}\sin(628t + 120°)\text{A}$$

思考与练习

4-2-1 已知 $R = 10\Omega$ 的理想电阻，接在一交流电压 $u = 100\sqrt{2}\sin(314t - 60°)$V 上，试写出通过该电阻的电流瞬时值表达式，并计算其消耗的功率。

4-2-2 某线圈的电感 L=255mH，电阻忽略不计，已知线圈两端电压 $u = 220\sqrt{2}\sin(314t + 60°)$V，试计算线圈的感抗，写出通过线圈电流的瞬时值表达式并计算无功功率。

4-2-3 容量 C=0.1μF 的纯电容接于频率 f=50Hz 的交流电路中，已知电流为 $i = 10\sqrt{2}\sin 314t$A，试计算电容的容抗，写出电容两端电压的瞬时值表达式并计算无功功率。

操作训练 1　电阻、电感、电容元件阻抗特性的测定

1. 训练目的

① 熟悉交流阻抗的测量方法，验证电阻、感抗、容抗与频率之间的关系。
② 加深理解 RLC 元件端电压与电流的相位关系。

2. 仿真电路及说明

元件阻抗频率特性的测量电路如图 4-21 所示，其中的 R_2 是提供测量回路电流的标准电阻，流过被测元件的电流可由 R_2 两端的电压 U 除以阻值 R_2 得到。若用双踪示波器同时观察 u_{R2} 与被测元件两端的电压，就会展现出被测元件两端的电压和流过该元件电流的波形，从而测出电压与电流的幅值及它们之间的相位差。

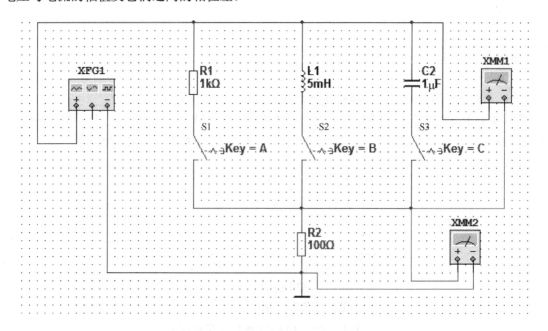

图 4-21　阻抗频率特性的测量电路

3. 电路仿真测试

① 按图 4-21 绘制仿真电路,把信号发生器的输出调至幅值为 4V 的正弦波,并在不同频率时保持不变。

② 电阻元件阻抗频率特性的仿真。

将开关 S_1 闭合,S_2 和 S_3 断开,分别按表 4-1 中给定的频率值调节信号源的频率,每次在信号发生器中设置好频率后,打开仿真开关,双击万用表符号,得到测量数据,如图 4-22 所示,记入表 4-1 中,其中电流可通过 $I_R=U_{R2}/R_2$ 得到。

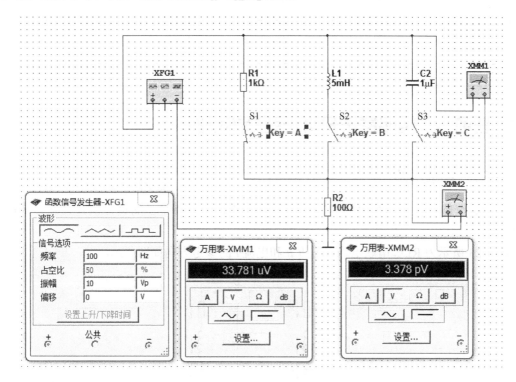

图 4-22 测量数据

③ 电感元件阻抗频率特性的仿真。

在图 4-21 所示仿真电路中,将开关 S_2 闭合,S_1 和 S_3 断开,分别按表 4-1 中给定的频率值调节信号源的频率,每次在信号发生器中设置好频率后,打开仿真开关,双击万用表符号,得到测量数据,电流可通过 $I_L=U_{R2}/R_2$ 得到。

④ 电容元件阻抗频率特性的仿真

在图 4-21 所示仿真电路中,将开关 S_3 闭合,S_1 和 S_2 断开,分别按表 4-1 中给定的频率值调节信号源的频率,每次在信号发生器中设置好频率后,打开仿真开关,双击万用表符号,得到测量数据,电流可通过 $I_L=U_{R2}/R_2$ 得到。

4. 实际操作测试

按图 4-21 搭接实验电路,将信号发生器的正弦波输出作为激励 U_S,使其电压幅值为 4V,

并在改变频率时保持不变。把信号发生器的输出频率从 1kHz 逐渐增至 20kHz(用频率计测量)，并使开关 S 依次接通 R、L、C 三个元件，用交流毫伏表分别测量 R、L、C 元件上的电压及电阻 R_2 上的电压 U，并通过计算得到各频率点的 R，X_L 和 X_C 的值。

表 4-1 仿真测试数据

元件 频率 (kHz)	R			L			C		
	U_R (V)	I_R (mA)	R (kΩ)	U_L (V)	I_L (mA)	X_L (kΩ)	U_C (V)	I_C (mA)	X_C (kΩ)
1									
5									
10									
15									
20									

4.3 任务 3 用相量法分析正弦交流电路

4.3.1 RLC 串联电路

在实际电路中经常有多种元件，而几种元件的串联形式是最简单，也是最基本的电路模型。

图 4-23 所示为 RLC 串联电路，电压 u 和电流 i 的参考方向如图所示。

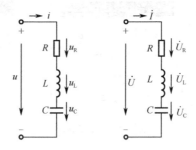

图 4-23 RLC 串联电路

1. RLC 串联电路中电压和电流的关系

（1）瞬时关系

由于电路是串联的，所以流过 R、L、C 三元件的电流完全相同。

于是

$$u = u_R + u_L + u_C = iR + L\frac{di}{dt} + \frac{1}{C}\int i dt$$

设 $i = \sqrt{2} I \sin \omega t$，则

$$u = \sqrt{2}IR\sin\omega t$$
$$+ \sqrt{2}I\omega L\sin(\omega t + 90°)$$
$$+ \sqrt{2}I\frac{1}{\omega C}\sin(\omega t - 90°)$$

（2）相量关系
$$\dot{U} = \dot{U}_R + \dot{U}_L + \dot{U}_C$$

设 $\dot{I} = I\angle 0°$ 为参考相量，则
$$\dot{U}_R = \dot{I}R, \quad \dot{U}_L = \dot{I}(jX_L), \quad \dot{U}_C = \dot{I}(-jX_C)$$
$$\dot{U} = \dot{I}R + \dot{I}(jX_L) + \dot{I}(-jX_C)$$
$$= \dot{I}[R + j(X_L - X_C)]$$
$$= \dot{I}(R + jX)$$
$$= \dot{I}Z$$
$$\dot{U} = \dot{I}Z \tag{4-35}$$

式（4-35）中 $Z = R + jX$ 称为复阻抗，$X = X_L - X_C$ 称为电抗。

复阻抗是一个复数，它的实部是电阻，虚部是电抗。复阻抗的模就是阻抗的大小，复阻抗的辐角就是电压和电流的相位差 φ。

式 $\dot{U} = \dot{I}Z$ 与直流电路的欧姆定律有相似形式，称为正弦交流电路的欧姆定律相量式。

2. 电压三角形与阻抗三角形

由 $Z = R + jX = R + j(X_L - X_C)$
$$|Z| = \sqrt{R^2 + (X_L - X_C)^2} \tag{4-36}$$
$$\varphi = \varphi_u - \varphi_i = \arctan\frac{X_L - X_C}{R} \tag{4-37}$$

由 R、X 和复阻抗的模 $|Z|$ 构成阻抗三角形，如图 4-24 所示。辐角 φ 称为阻抗角。

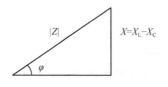

图 4-24 阻抗三角形

由阻抗三角形
$$X = X_L - X_C$$
$$X = |Z|\sin\varphi$$
$$R = |Z|\cos\varphi$$

由 $\dot{U} = \dot{I}Z$
$$Z = \frac{\dot{U}}{\dot{I}} = \frac{U\angle\varphi_u}{I\angle\varphi_i} = |Z|\angle(\varphi_u - \varphi_i) = |Z|\angle\varphi$$

$$|Z| = \frac{U}{I}$$

$$\varphi = \varphi_u - \varphi_i$$

可见，复阻抗的模$|Z|$等于电压的有效值与电流的有效值之比。辐角φ等于电压与电流的相位差。

由$\dot{U} = \dot{I}Z$可画出如图4-25所示的相量图。

$$U_X = U\sin\varphi$$

$$U_R = U\cos\varphi$$

$$U = \sqrt{U_R^2 + (U_L - U_C)^2} \tag{4-38}$$

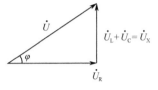

图4-25 电压三角形

显然，电压三角形是阻抗三角形各边乘以I而得，所以这两个三角形是相似三角形。但要注意的是，电压三角形的各边是相量，而阻抗三角形的各边不是相量。电压与电流的相位差φ就是复阻抗的阻抗角。

$$\varphi = \arctan\frac{U_X}{U_R} = \arctan\frac{U_L - U_C}{U_R} = \arctan\frac{X}{R} = \arctan\frac{X_L - X_C}{R} \tag{4-39}$$

3. 电路参数与电路性质关系

由式（4-39）看出，当电流频率一定时，电路的性质（电压与电流的相位差）由电路参数决定（R、L、C）。电路参数与电路性质的关系如下。

① 若$X_L > X_C$，即$\varphi > 0$，表示电压u超前电流i一个φ角，电感的作用大于电容的作用，这种电路称为感性电路。

② 若$X_L < X_C$，即$\varphi < 0$，表示电压u滞后电流i一个φ角，电感的作用小于电容的作用，这种电路称为容性电路。

③ 若$X_L = X_C$，即$\varphi = 0$，表示电压u与电流i同相位，电感的作用与电容的作用互相抵消，这种电路称为电阻性电路，又称串联谐振。

4. RLC串联电路的功率

（1）瞬时功率和平均功率

RLC串联电路所吸收的瞬时功率为

$$\begin{aligned} p &= ui = (u_R + u_L + u_C)i \\ &= u_R i + u_L i + u_C i \\ &= p_R + p_L + p_C \end{aligned}$$

由于电感和电容不消耗能量，所以电路所消耗的功率就是电阻所消耗的功率。所以电路在一周内的平均功率为

$$\begin{aligned} P &= \frac{1}{T}\int_0^T (u_R i + u_L i + u_C i)\mathrm{d}t \\ &= \frac{1}{T}\int_0^T u_R i\,\mathrm{d}t \\ &= U_R I = I^2 R = \frac{U^2}{R} \end{aligned}$$

由电压三角形可知

$$U_R = U\cos\varphi$$

所以

$$P = UI\lambda \tag{4-40}$$

式中，$\lambda = \cos\varphi$ 为功率因数，平均功率 P 又称有功功率。

使用上式注意 $P \neq \dfrac{U^2}{R}$，而是 $P = \dfrac{U_R^2}{R}$；$P \neq UI$，而是 $P = U_R I = UI\cos\varphi$。

（2）视在功率

电路中电压和电流有效值的乘积称为视在功率，即

$$S = UI \tag{4-41}$$

视在功率的单位为伏安（VA），工程上常用千伏安（kVA）。

视在功率并不代表电路中实际消耗的功率，它常用于标称电源设备的容量。因为发电机、变压器等电源设备实际供给负载的功率要由实际运行中负载的性质和大小来定，所以在电源设备的铭牌上只能先根据额定电压、额定电流标出视在功率以供选用。

（3）无功功率

在 RLC 串联电路中，由于 L 与 C 的电流、电压相位相反，所以电感与电容的瞬时功率符号也始终相反，即当电感吸收能量时，电容正在释放能量。两者能量相互补偿的差值才是与电源交换的能量，所以电路的无功功率应为

$$Q = Q_L - Q_C = U_L I - U_C I = (U_L - U_C)I = U_X I = XI^2 = \dfrac{U_X^2}{X}$$

由电压三角形可知

$$U_X = U\sin\varphi$$
$$Q = UI\sin\varphi \tag{4-42}$$

（4）功率三角形

由 $P = UI\cos\varphi$，$Q = UI\sin\varphi$ 及 $S = UI$ 可知，有功功率 P、无功功率 Q 和视在功率 S 也组成一个直角三角形，称为功率三角形，如图 4-26 所示。显然

$$S = \sqrt{P^2 + Q^2} \tag{4-43}$$

$$\varphi = \arctan\dfrac{Q}{P} \tag{4-44}$$

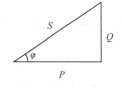

图 4-26 功率三角形

功率三角形也可由阻抗三角形各边乘以 I^2 而得，因此功率三角形、电压三角形、阻抗三角形是相似三角形。

【例 4-12】 一个电阻为 30Ω，电感为 127mH，电容为 40μF 的串联电路，接在电压 $u = 220\sqrt{2}\sin(314t + 10°)V$ 上。试求：①感抗、容抗、阻抗；②电流的有效值与瞬时值表达式；③各部分电压的有效值与瞬时值表达式；④求有功功率 P 和无功功率 Q。

解法一：① $X_L = \omega L = 314 \times 127 \times 10^{-3} = 40(\Omega)$

$$X_C = \dfrac{1}{\omega C} = \dfrac{1}{314 \times 40 \times 10^{-6}} = 80(\Omega)$$

$$|Z|=\sqrt{R^2+(X_L-X_C)^2}=\sqrt{30^2+(40-80)^2}=50(\Omega)$$

② $I=\dfrac{U}{|Z|}=\dfrac{220}{50}=4.4\text{A}$

$$\varphi=\arctan\dfrac{X_L-X_C}{R}=\arctan\dfrac{40-80}{30}=-53°$$

$$i=4.4\sqrt{2}\sin(314t+10°+53°)=4.4\sqrt{2}\sin(314t+63°)\text{A}$$

③ $U_R=IR=4.4\times30=132(\text{V})$

$$u_R=132\sqrt{2}\sin(314t+63°)\text{V}=132\sqrt{2}\sin(314t+63°)\text{V}$$

$$U_L=IX_L=4.4\times40=176(\text{V})$$

$$u_L=176\sqrt{2}\sin(314t+63°+90°)\text{V}=176\sqrt{2}\sin(314t+153°)\text{V}$$

$$U_C=IX_C=4.4\times80=352(\text{V})$$

$$u_C=352\sqrt{2}\sin(314t+63°-90°)\text{V}=352\sqrt{2}\sin(314t-27°)\text{V}$$

④ $P=UI\cos\varphi=220\times4.4\cos(-53°)=968\times0.6=581(\text{W})$

$$Q=UI\sin\varphi=968\times(-0.8)=-774(\text{var})$$

解法二：用相量（复数）计算电流及各元件上的电压

因为

$$\dot{U}=220\angle10°(\text{V})，\quad L=127\times10^{-3}(\text{H})，\quad C=40\times10^{-6}(\text{F})$$

所以

$$Z=R+\text{j}(X_L-X_C)=30+\text{j}(40-80)=30-\text{j}40=50\angle-53°$$

$$\dot{I}=\dfrac{\dot{U}}{Z}=\dfrac{220\angle90°}{50\angle-53°}\text{A}=4.4\angle63°\text{A}$$

$$\dot{U}=\dot{I}R=4.4\angle63°\times30=132\angle63°(\text{V})$$

$$\dot{U}_L=\text{j}\dot{I}X_L=4.4\angle63°\times40\angle90°=176\angle153°(\text{V})$$

$$\dot{U}_C=\text{j}\dot{I}X_C=4.4\angle63°\times80\angle-90°=352\angle-27°(\text{V})$$

4.3.2 复阻抗的串并联

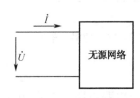

图 4-27 无源二端网络

在正弦交流电路中，任意一个由 RLC 构成的无源二端网络，其两端的电压相量和电流相量之比为二端网络的复阻抗，复阻抗用大写 Z 表示，如图 4-27 所示，二端网络的复阻抗为

$$Z=\dfrac{\dot{U}}{\dot{I}}$$

根据这个定义，电阻的复阻抗为 R，电感的复阻抗为 $\text{j}\omega L$，电容的复阻抗为 $-\text{j}\dfrac{1}{\omega C}$，RLC 串联的复阻抗为 $Z=R+\text{j}(X_L-X_C)$。

1. 复阻抗的串联

图 4-28 所示为已知复阻抗 Z_1、Z_2 串联的电路。

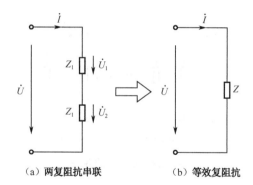

（a）两复阻抗串联　　　　　（b）等效复阻抗

图 4-28　复阻抗的串联

（1）等效复阻抗

令 Z_1、Z_2 串联的等效复阻抗为 Z，则

$$Z = \frac{\dot{U}}{\dot{I}} = \frac{\dot{U}_1 + \dot{U}_2}{\dot{I}} = \frac{\dot{U}_1}{\dot{I}} + \frac{\dot{U}_2}{\dot{I}} = Z_1 + Z_2$$

即两个复阻抗串联的等效复阻抗等于两个串联的复阻抗的和。

由此推论：

几个复阻抗串联的等效复阻抗等于这几个复阻抗的和。

$$Z = Z_1 + Z_2 + \cdots + Z_n \tag{4-45}$$

需要注意的是，复阻抗是复数，求等效复阻抗的运算一般情况下是复数运算。串联复阻抗的模一般不等于个复阻抗模相加，即 $|Z| \neq |Z_1| + |Z_2|$。

（2）复阻抗串联的分压关系

在图 4-28 中，若已知 Z_1、Z_2、$\dot{U}$，则

$$\dot{U}_1 = \dot{I} Z_1 = \frac{\dot{U}}{Z} Z_1 = \dot{U} \frac{Z_1}{Z_1 + Z_2}$$

同理

$$\dot{U}_2 = \dot{U} \frac{Z_2}{Z_1 + Z_2}$$

这就是复阻抗串联的分压关系。

由此推论：

N 个复阻抗的串联分压关系为

$$\dot{U}_K = \dot{U} \frac{Z_K}{Z_1 + Z_2 + \ldots + Z_n} \tag{4-46}$$

2. 复阻抗的并联

图 4-29 所示为已知复阻抗 Z_1、Z_2 并联的电路。

（1）等效复阻抗

令 Z_1、Z_2 并联的等效复阻抗为 Z，则

$$\frac{1}{Z} = \frac{\dot{I}}{\dot{U}} = \frac{\dot{I}_1 + \dot{I}_2}{\dot{U}} = \frac{\dot{I}_1}{\dot{U}} + \frac{\dot{I}_2}{\dot{U}} = \frac{1}{Z_1} + \frac{1}{Z_2}$$

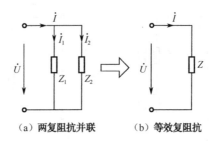

图 4-29 复阻抗的并联

由此推论：

N 个复阻抗的并联等效复阻抗的倒数等于并联的各个复阻抗的倒数和，即

$$\frac{1}{Z} = \frac{1}{Z_1} + \frac{1}{Z_2} + \cdots + \frac{1}{Z_n} \tag{4-47}$$

需要注意的是，复数运算中一般 $\frac{1}{|Z|} \neq \frac{1}{|Z_1|} + \frac{1}{|Z_2|} + \cdots + \frac{1}{|Z_n|}$。

（2）复阻抗并联的分流关系

在图 4-29 中，若已知 Z_1、Z_2、$\dot{I}$，则

$$\dot{I}_1 = \frac{\dot{U}}{Z_1} = \dot{I}\frac{Z}{Z_1} = \dot{I}\frac{Z_2}{Z_1+Z_2}$$

同理可得

$$\dot{I}_2 = \dot{I}\frac{Z_1}{Z_1+Z_2} \tag{4-48}$$

这就是复阻抗并联的分流关系。

【例 4-13】 有一 RC 并联电路，已知 $R=1\text{k}\Omega$，$C=1\mu\text{F}$，$\omega=1000\text{rad/s}$，求等效复阻抗。

解：容抗 $X_C = \dfrac{1}{\omega C} = \dfrac{1}{1000 \times 10^{-6}}\Omega = 1\text{k}\Omega$

$$Z = \frac{Z_1 Z_2}{Z_1 + Z_2} = \frac{R(-jX_C)}{R - jX_C} = \frac{-j}{1-j}\Omega = 0.77\angle -45°\,\text{k}\Omega$$

4.3.3 功率因数的提高

1. 提高功率因数的意义

在交流电路中，有功功率 $P = UI\cos\varphi$。式中 $\cos\varphi$ 为电路的功率因数。前面曾提到，功率因数仅取决于电路（负载）的参数，对电阻性负载（如白炽灯、电阻炉等）来说，由于电压、电流同相，其功率因数为 1。除此之外，功率因数均介于 0~1。在生产实际中，用电设备大多属于电感性负载，如电动机、电磁开关、感应炉、荧光灯等。它们的功率因数比较低，交流异步电动机在轻载运行时，功率因数一般为 0.2~0.3，在额定负载运行时，功率因数也只在 0.8 左右。

当电压与电流之间有相位差时，即功率因数不等于 1 时，电路中发生能量互换，出现无功功率 $Q = UI\sin\varphi$。这样就引起两个问题：一是使发电设备的容量不能充分利用，二是输电

线路效率降低。

发电机（或变压器）有一定的额定容量，如 $S_N = U_N I_N$，发电机的电压和电流不容许超过额定值，所以发电机（或变压器）可提供的有功功率为 $P = UI\cos\varphi$。负载的功率因数 $\cos\varphi$ 越高，发电机可提供的有功功率越大，其容量就可以得到充分利用。如果 $\cos\varphi$ 低，发电机发出的有功功率就很小，其容量就不能充分发挥。因为无功功率会增大，电路中发电机与负载之间进行能量互换的规模增大。例如对于 1000kVA 的发电机，当 $\cos\varphi=0.9$ 时，能发出 900kW 的有功功率；而当 $\cos\varphi=0.6$ 时，则只能发出 600kW 的有功功率。

当发电机的输出电压和有功功率一定时，$I = \dfrac{P}{U\cos\varphi}$，即发电机通过输电线路向负载提供的电流 I 与功率因数 $\cos\varphi$ 成反比，显然，功率因数越大，所损耗的功率也就越小，输电效率也就越高。

2. 提高功率因数的方法

提高功率因数的常用办法是在电感性负载的两端并联电容器，其电路如图 4-30 所示，这种电容器称为补偿电容。

设负载的端电压为 $\dot{U}$，在未并联电容时，感性负载中的电流

$$\dot{I}_1 = \frac{\dot{U}}{Z_1} = \frac{\dot{U}}{R + jX_L} = \frac{\dot{U}}{|Z_1|\angle\varphi_1} = \frac{\dot{U}}{|Z_1|}\angle{-\varphi_1}$$

当并联上电容后，$\dot{I}_1$ 不变，而电容支路的电流

$$\dot{I}_C = -\frac{\dot{U}}{jX_C} = j\frac{\dot{U}}{X_C}$$

故线路电流

$$\dot{I} = \dot{I}_1 + \dot{I}_C$$

提高功率因数的相量图如图 4-31 所示。

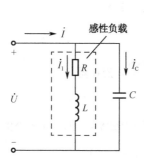
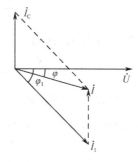

图 4-30　并联电容提高功率因数的电路　　图 4-31　提高功率因数的相量图

3. 注意事项

采用并联电容器提高功率因数，需要注意以下几点。

① 并联电容器以后，不影响原来负载的正常工作。所谓提高功率因数，是指提高电源或电网的功率因数，不是指提高负载的功率因数。

② 电容器本身不消耗功率。

③ 并联电容器以后，提高了功率因数。减少了电源与负载之间的能量互换。这时电感性负载所需的无功功率，大部分或全部都由电容器供给，也就是说能量的互换主要或完全发生在电感性负载与电容器之间，因而使发电机容量能得到充分利用。

4. 并联电容的选取

设未并联电容时电源提供的无功功率，即感性负载所需的无功功率为

$$Q = UI_1 \sin\varphi_1 = UI_1 \frac{\cos\varphi_1 \sin\varphi_1}{\cos\varphi_1} = P\tan\varphi_1$$

并联电容后电源向感性负载提供的无功功率为

$$Q' = UI\sin\varphi = UI\frac{\cos\varphi\sin\varphi}{\cos\varphi} = P\tan\varphi$$

并联电容后电容补偿的无功功率为

$$|Q_C| = Q - Q' = P(\tan\varphi_1 - \tan\varphi)$$

由于

$$|Q_C| = X_C I^2 = \frac{U^2}{X_C} = \omega CU^2 = 2\pi fCU^2$$

所以

$$C = \frac{P}{2\pi fU^2}(\tan\varphi_1 - \tan\varphi) \tag{4-49}$$

【例 4-14】 某电源 $S_N = 20\text{kVA}$，$U_N = 220\text{V}$，$f = 50\text{Hz}$，试求：①该电源的额定电流；②该电源若供给 $\cos\varphi_1 = 0.5$，40W 的荧光灯，最多可点多少盏？此时线路的电流是多少？③若将电路的功率因数提高到 $\cos\varphi = 0.9$，此时线路的电流是多少？须并联多大的电容？

解： ① 额定电流

$$I_N = \frac{S_N}{U_N} = \frac{20 \times 10^3}{220}\text{A} = 91\text{A}$$

② 设日光灯的盏数为 n，即 $nP = S_N \cos\varphi_1$

$$n = \frac{S_N \cos\varphi_1}{P} = \frac{20 \times 10^3 \times 0.5}{40} = 250 \text{ 盏}$$

此时线路的电流为额定电流，即 $I_1 = 91\text{A}$。

③ 因电路的总的有功功率 $P = n \times 40 = 250 \times 40\text{W} = 10\text{kW}$，故此时线路的电流为

$$I = \frac{P}{U\cos\varphi_2} = \frac{10 \times 10^3}{220 \times 0.9}\text{A} = 50.5\text{A}$$

随着功率因数由 0.5 提高到 0.9，线路的电流由 91A 下降到 50.5A。

因 $\cos\varphi_1 = 0.5$，$\varphi_1 = 60°$，$\tan\varphi_1 = 1.732$；$\cos\varphi = 0.9$，$\varphi = 25.8°$，$\tan\varphi = 0.483$。

于是所需电容器的电容量为

$$C = \frac{P}{2\pi f U^2}(\tan\varphi_1 - \tan\varphi)$$
$$= \frac{10 \times 10^3}{2\pi \times 50 \times 220^2}(1.732 - 0.483)$$
$$= 820\mu F$$

思考与练习

4-3-1　在 RLC 串联电路中,如果调节其中的电容,使其电容量增大,电路性质变化趋势如何?

4-3-2　在 RLC 串联电路中,已知阻抗为 10Ω,电阻为 6Ω,感抗为 20Ω,试问容抗的大小有几种可能?其值各为多少?

4-3-3　在 RLC 串联电路中,已知 $R=X_L=X_C=10\Omega$,$I=1A$,电路两端电压的有效值是多少?

4-3-4　电路如图 4-32 所示,已知 $R=1\Omega$,$X_C=X_L=1\Omega$,试计算电路的阻抗 Z_{ab}。

4-3-5　电路如图 4-33 所示,电流表 A_1、A_2 的读数分别为 6A 和 8A,试判断下列情况 Z_1、Z_2 各为何种参数?

① 电流表 A 的读数为 10A;
② 电流表 A 的读数为 14A;
③ 电流表 A 的读数为 2A。

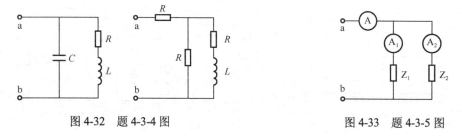

图 4-32　题 4-3-4 图　　　　　　　　　　图 4-33　题 4-3-5 图

4-3-6　在感性负载两端并联上补偿电容后,线路的总电流、总功率以及负载电流有没有变化?

4-3-7　在感性负载两端并联上补偿电容可以提高功率因数,是否并联的电容越大,功率因数越高?

操作训练 2　示波器的使用

1. 训练目的

① 熟悉示波器面板上各控制开关、旋钮的名称和作用。
② 掌握示波器的使用方法。

2. 示波器功能说明

示波器是一种用途十分广泛的电子测量仪器。它能把看不见的电信号变换成看得见的图像,便于人们研究各种电现象的变化过程,通过对电信号波形的观察,便可以分析电信号随时间变化的规律。利用示波器能观察各种不同信号幅度随时间变化的波形曲线，还可以用它测试各种不同的电量，如电压、电流、频率、相位差、调幅度等。

下面以 **YB4320** 型双踪示波器为例，介绍示波器的使用方法。它能用来同时观察和测定两种不同信号的瞬变过程，也可选择独立工作，进行单踪显示。其外形如图 4-34（a）所示，面板如图 4-34（b）所示。

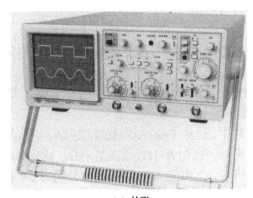

（a）外形

图 4-34 YB4320 型示波器

（1）电源部分

① 电源开关（POWER）：标号为①，弹出为关，按入为开。

② 电源指示灯：标号为②，电源开关打开，指示灯亮。

③ 亮度旋钮（INTENSIT）：标号为③，显示波形亮度。

④ 聚焦旋钮（FOUCE）：标号为④，配合亮度旋钮显示波形清晰度。

⑤ 光迹旋转旋钮（TRACEROTATION）：标号为⑤，用于调节光迹与水平刻度线平行。

⑥ 刻度照明旋钮（SCALE ILLUM）：标号为⑥，用于调节屏幕刻度照明。

（2）垂直系统部分

① 通道1输入端（CH1 INPOUT（X））：标号为㉙，用于垂直方向 Y1 的输入，在 X-Y

方式时作为 X 轴信号输入端。

② 通道 2 输入端（CH1 INPOUT（Y））：标号为㉔，用于垂直方向 Y2 的输入，在 X-Y 方式时作为 Y 轴信号输入端。

③ 垂直输入耦合选择（AC-GND-DC）：标号为㉒、㉘，选择垂直放大器的耦合方式。

交流（AC）：电容耦合，用于观测交流信号。

接地（GND）：输入端接地，在不需要断开被测信号的情况下，可为示波器提供接地参考电平。

直流（DC）：直接耦合，用于观测直流或观测频率变化慢的信号。

④ 衰减器（VOLTS/div）：标号为㉖，用于选择垂直偏转因数，如果使用 10∶1 的探头，计算时应将幅度×10。

⑤ 垂直衰减器微调旋钮（VARIABLE）：标号为㉕、㉛，用于连续改变电压偏转灵敏度，正常情况下，应将此旋钮顺时针旋转到底。若将此旋钮逆时针旋转到底，则垂直方向的灵敏度下降 2.5 倍以上。

⑥ CH1×5 扩展、CH2×5 扩展（CH1×5MAG、CH2×5MAG）：标号为㉚、㊱，按下此键垂直方向的信号扩大 5 倍，最高灵敏度变为 1mV/div。

⑦ 垂直位移（POSITION）：标号为㉓、㉟，分别调节 CH2、CH1 信号光迹在垂直方向的移动。

⑧ 垂直通道选择按钮（VERTICAL MODE）：标号为㉞，共 3 个键，用来选择垂直方向的工作方式。

通道 1 选择（CH1）：按下 CH1 按钮，屏幕上仅显示 CH1 的信号 Y1。

通道 2 选择（CH2）：按下 CH2 按钮，屏幕上仅显示 CH2 的信号 Y2。

双踪选择（DUAL）：同时按下 CH1 和 CH2 按钮，屏幕上会出现双踪并自动以断续或交替方式同时显示 CH1 和 CH2 端输入的信号。

叠加（ADD）：按下 ADD 显示 CH1 和 CH2 端输入信号的代数和。

⑨ CH2 极性选择（INVERT）：标号为㉑，按下此按钮时 CH2 显示反相电压值。

(3) 水平系统部分

① 扫描时间因数选择开关（TIME/div）：标号为⑮，共 20 挡，在 0.1μs/div～0.2s/div 范围选择扫描时间因数；

② X-Y 控制键：标号为⑪，选择 X-Y 工作方式，Y 信号由 CH2 输入，X 信号由 CH1 输入。

③ 扫描微调控制键（VARIBLE）：标号为⑫，正常工作时，此旋钮顺时针旋到底，处于校准位置，扫描由 TIME/div 开关指示。若将旋钮反时针旋到底，则扫描减小 2.5 倍以上。

④ 水平移位（POSTION）：标号为⑭，用于调节光迹在水平方向的移动。

⑤ 扩展控制键（MAG×5）：标号为⑳、㉜，按下此键，扫描因数×5 扩展。扫描时间是 TIME/div 开关指示数值的 1/5。将波形的尖端移到屏幕中心，按下此按钮，波形将部分扩展 5 倍。

⑥ 交替扩展（ALT-MAG）：标号为⑧．按下此键，工作在交替扫描方式．屏幕上交替显示输入信号及扩展部分，扩展以后的光迹可由光迹分离控制键⑬移位。同时使用垂直双踪方式和水平方式可在屏幕上同时显示四条光迹。

(4) 触发 (TRIG)

① 触发源选择开关 (SOURCE)：标号为⑱，选择触发信号，触发源的选择与被测信号源有关。

内触发 (INT)：用于需要利用 CH1 或 CH2 上的输入信号作为触发信号的情况。

通道触发 (CH2)：用于需要利用 CH2 上被测信号作为触发信号的情况，如比较两个信号的时间关系等。

电源触发 (LINE)：电源成为触发信号，用于观测与电源频率有时间关系的信号。

外触发 (EXT)：从标号为⑲的外触发输入端 (EXTINPUT) 输入的信号为触发信号，当被测信号不适于作为触发信号时，可用外触发。

② 交替触发 (ALT TRIG)：标号为㉝，在双踪交替显示时，触发信号交替来自 CH1、CH2 两个通道，用于同时观测两路不相关信号。

③ 触发电平旋钮 (TRIG LEVEL)：标号为⑰，用于调节被测信号在某一电平触发同步。

④ 触发极性选择 (SLOPE)：标号为⑩，用于选择触发信号的上升沿或下降沿触发，分别称为"+"极性或"-"极性触发。

⑤ 触发方式选择 (TRIG MODE)：标号为⑯。

自动 (AUTO)：扫描电路自动进行扫描。在无信号输入或输入信号没有被触发同步时，屏幕上仍可显示扫描基线。

常态 (NORM)：有触发信号才有扫描，无触发信号屏幕上无扫描基线。

TV-H：用于观测电视信号中行信号波形。

TV-V：用于观测电视信号中场信号波形。仅在触发信号为负同步信号时，TV-H 和 TV-V 同步。

(5) 校准信号 (CAL)

其标号为⑦，提供 1kHz，0.5V (p-p) 的方波作为校准信号。

(6) 接地柱⊥

其标号为㉗，接地端。

3. 测量前的准备工作

① 检查电源电压，将电源线插入交流插座，设定下列控制键的位置。

电源 (POWER)：弹出。

亮度旋钮 (INTENSITY)：逆时针旋转到底。

聚焦 (FOCUS)：中间。

AC-GND-DC：接地 (GND)。

(×5) 扩展键：弹出。

垂直工作分式 (VERTICAL MODE)：CH1。

触发方式 (TRIG MODG)：自动 (AUTO)。

触发源 (SOURCE)：内 (INT)。

触发电平 (TRIG LEVEL)：中间。

TIME/div：0.5ms/div。

水平位置：×5MAG、ALT-MAG 均弹出。

② 打开电源，调节亮度和聚焦旋钮，使扫描基线清晰度较好。

③ 一般情况下，将垂直微调（VARIBLE）和扫描微调（VARIBLE）旋钮旋至"校准"位置，以便读取 VOLTS/div 和 TIME/div 的数值。

④ 调节 CH1 垂直移位，使扫描基线设定在屏幕的中间，若此光迹在水平方向略微倾斜，则调节光迹旋转旋钮使光迹与水平刻度线相平行。

4. 信号测量的步骤

① 将被测信号输入示波器通道输入端。注意输入电压不可超过 400V。

使用探头测最大信号时，必须将探头衰减开关拨到×10 位置，此时输入信号缩小到原值的 1/10，实际的 VOLTS/div 值为显示值的 10 倍。如果 VOLTS/div 为 0.5V/div，那么实际值为 0.5V/div×10=5V/div。测量低频小信号时，可将探头衰减开关拨到×10 位置。

如果要测量波形的快速上升时间或高频信号，必须将探头的接地线接在被测量点附近，减少波形的失真。

② 按照被测信号参数的测量方法不同，选择各旋钮的位置，使信号正常显示在荧光屏上。测量时必须注意将 Y 轴增益微调和 X 轴增益微调旋钮旋至"校准"位置。

③ 记录显示的数据并进行分析、运算、处理，得到测量结果。

5. 测量示例

（1）直流电压测量

被测信号中如含有直流电平，可用仪器的地电位作为基准电位进行测量，步骤如下。

① 垂直系统的输入耦合选择开关置于"⊥"，触发电平电位器置于"自动"，使屏幕上出现一条扫描基线。按被测信号的幅度和频率，将 V/div 开关和 t/div 扫描开关位于适当位置，然后调节垂直移位电位器，使扫描基线位于如图 4-35 所示的某一特定基准位置。

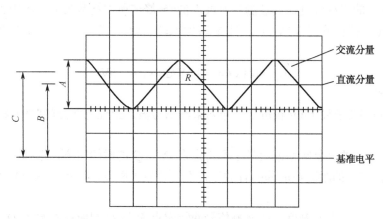

图 4-35 直流电压测量

② 输入耦合选择开关改换到"DC"位置。将被测信号直接或经 10∶1 衰减探头接入仪器的 Y 输入插座，调节触发"电平"使信号波形稳定。

③ 根据屏幕坐标刻度，分别读出信号波形交流分量的峰-峰值所占格数为 4（图中 A=2div），直流分量的格数为 B（图中 B=3div），被测信号某特定点 R 与参考基线间的瞬时电

压值所占格数为 C（图中 C=3.5div）。若仪器 V/div 挡的标称值为 0.2V/div，同时 Y 轴输入端使用了 10∶1 衰减探头，则被测信号的各电压值分别如下。

被测信号交流分量：$U_{p\text{-}p}$=0.2V/div×2div×10=4V

被测信号直流分量：U=0.2V/div×3div×10=6V

被测 R 点瞬时值：U=0.2V/div×3.5div×10=7V

（2）交流电压的测量

一般是测量交流分量的峰-峰值，测量时通常将被测量信号通过输入端的隔值电容，使信号中所含的直流分量被隔离，步骤如下。

① 垂直系统的输入耦合选择开关置于"AC"，V/div 开关和 t/div 扫描开关根据被测量信号的幅度和频率选择适当的挡级，将被测信号直接或通过 10∶1 探头输入仪器的 Y 轴输入端，调节触发"电平"使波形稳定，如图 4-36 所示。

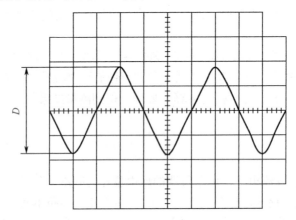

图 4-36 交流电压测量

② 根据屏幕的坐标刻度，读被测信号波形的峰-峰值所占格数为 D（图中 D=3.6div）。若仪器 V/div 挡标称值 0.1V/div，且 Y 轴输入端使用了 10∶1 探头，则被测信号的峰-峰值应为

$$U_{p\text{-}p}=0.1\text{V/div}\times 3.6\text{V/div}\times 10=3.6\text{V}$$

（3）时间测量

对仪器时基扫描速度 t/div 校准后，可对被测信号波形上任意两点的时间参数进行定量测量，步骤如下。

① 按被测信号的重复频率或信号上两特定点 P 与 Q 的时间间隔，选择适当的 t/div 扫描挡。务必使两特定点的距离在屏幕的有效工作面内达较大限度，以提高测量精度，如图 4-37 所示。

② 根据屏幕坐标上的刻度，读被测信号两特定点 P 与 Q 间所占格数为 D。如果 t/div 开关的标称值为 2ms/div，D=4.5div，则 P、Q 两点的时间间隔值 t 为

$$t=2\text{ms/div}\times 4.5\text{div}=9\text{ms}$$

（4）频率测量

对于重复信号的频率测量，一般可按时间测量的步骤测出信号的周期，并按 $f=1/T$ 算出频率值。

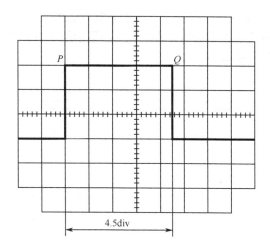

图 4-37　时间测量

操作训练 3　RLC 串联电路研究

1. 训练目的

① 观察串联 RL 电路在正弦交流电路中的基本特性。
② 观察串联 RC 电路在正弦交流电路中的基本特性。
③ 观察串联 RLC 电路在正弦交流电路中的基本特性。

2. 仿真分析

（1）RL 串联阻抗仿真电路

① 建立如图 4-38 所示的 RL 串联仿真电路。

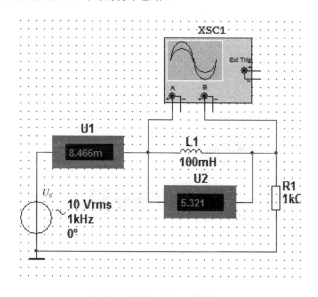

图 4-38　RL 串联仿真电路

② 右键单击示波器通道连线，设置 A、B 通道波形显示颜色。

③ 单击仿真开关，双击示波器面板观察，示波器显示的波形如图 4-39 所示，观察电压表、电流表指示数值，并记录于表 4-2 中。

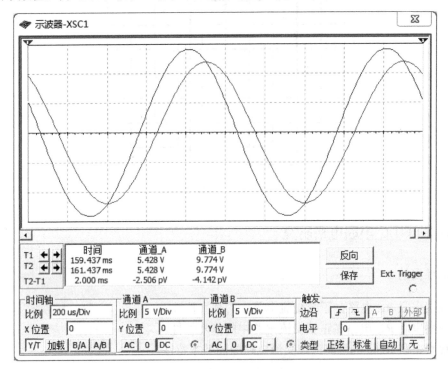

图 4-39　RL 串联电路仿真波形

（2）RC 串联阻抗仿真电路

① 建立如图 4-40 所示的 RC 串联仿真电路。

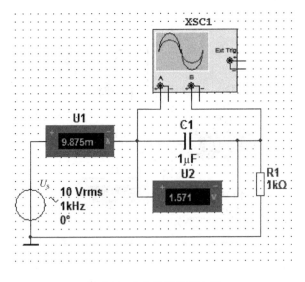

图 4-40　RC 串联仿真电路

② 右键单击示波器通道连线，设置 A、B 通道波形显示颜色。

③ 单击仿真开关，双击示波器面板观察，示波器显示的波形如图 4-41 所示，观察电压表、电流表指示数值，并记录于表 4-2 中。

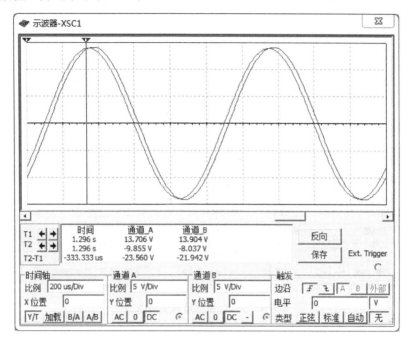

图 4-41　RC 串联仿真电路波形

（3）RLC 串联阻抗仿真电路

① 建立如图 4-42 所示的 RLC 串联仿真电路。

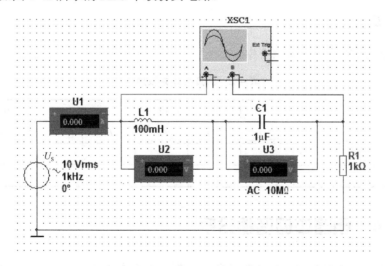

图 4-42　RLC 串联仿真电路

② 右键单击示波器通道连线，设置 A、B 通道波形显示颜色。

③ 单击仿真开关，双击示波器面板观察，示波器显示的波形如图 4-43 所示，观察电压表、

电流表指示数值，并记录于表 4-2 中。

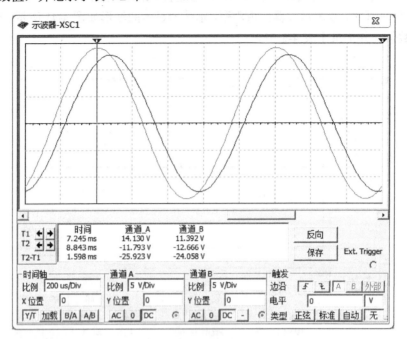

图 4-43　RLC 串联仿真电路波形

3. 实验分析

分别按图 4-38、图 4-40、图 4-42 连接电路，用示波器观察 L、C、R 的波形，与仿真实验对照，分析 RL、RC、RLC 电路的特点。

4. 数据记录

将仿真与计算数据记录在表 4-2 中。

表 4-2　仿真与计算数据

	RL			RC			RLC		
	U/V	I/A	Z/Ω	U/V	I/A	Z/Ω	U/V	I/A	Z/Ω
理论计算值									
仿真测量值									

4.4　任务 4　电路中的谐振分析

谐振是电路中可能发生的一种特殊现象。谐振一方面在工业生产中有广泛的应用，例如工业中的高频淬火、高频加热、收音机和电视机的调谐选频等都利用谐振特性；另一方面谐振有时会在某些元件中产生大电压或大电流，致使元件受损或破坏电力系统的正常工作。此时应极力避免。

在既有电容又有电感的电路中,当电源的频率和电路的参数符合一定条件时,电路的总电压和总电流同相,整个电路呈电阻性,这种现象就是谐振。谐振时,由于电压和电流的夹角为零,所以总的无功功率为零,此时电容中的电场能和电感中的磁场能相互转换,此增彼减,完全补偿。电场能和磁场能的总和时刻保持不变,电源不必与负载往返转换能量,只需要供给电路中的电阻所消耗的电能。

由于电路有串联和并联两种基本形式,所以谐振也分串联和并联两种。

4.4.1 串联谐振

1. 串联谐振电路

如图 4-44 所示为 RLC 串联电路。

它的复阻抗为

$$Z = R + jX = R + j(X_L - X_C)$$

当 $X_L = X_C$ 时,电路呈现电阻性质,即发生串联谐振。

2. 谐振条件

由于 $X_L = X_C$,

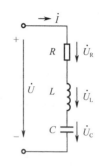

图 4-44 RLC 串联电路

$$\omega L = \frac{1}{\omega C}$$

$$2\pi f L = \frac{1}{2\pi f C}$$

$$f = f_0 = \frac{1}{2\pi \sqrt{LC}} \tag{4-50}$$

可见,当电路参数 LC 为一定值时,电路产生的谐振频率就为一定值,所以 f_0 又称谐振电路的固有频率。

因此,使串联电路发生谐振有两种方法:一是当电源频率 f 一定时,改变电路参数 L 或 C,使之满足式(4-50);二是当电路参数不变时,改变电源频率,使之与电路的固有频率 f_0 相等。改变电路参数使电路发生谐振的过程又称调谐。

3. 谐振特征

① 电流、电压同相位,电路呈电阻性,如图 4-45 所示。

② 阻抗最小,电流最大。

谐振时电抗为零,故阻抗最小,其值为

$$Z = R + jX = R$$

这时,电路中的电流最大,称为谐振电流,其值为

$$I_0 = \frac{U}{|Z|} = \frac{U}{R}$$

如图 4-46 所示为阻抗和电流随频率变化的曲线。

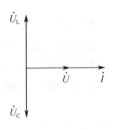

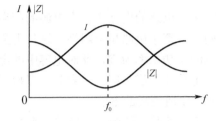

图 4-45　RLC 串联谐振相量图　　　　图 4-46　串联谐振曲线

③ 电感两端电压与电容两端电压大小相等，相位相反。电阻两端电压等于外加电压。
谐振时电感两端电压与电容两端电压相互补偿，这时，外加电压与电阻上的电压相平衡。即

$$\dot{U}_L = -\dot{U}_C$$
$$\dot{U} = \dot{U}_R$$

④ 电感和电容的端电压有可能大大超过外加电压。
谐振时电感或电容的端电压与外电压的比值为

$$Q = \frac{U_L}{U} = \frac{X_L I}{RI} = \frac{X_L}{R} = \frac{\omega_0 L}{R} \tag{4-51}$$

当 $X_L \gg R$ 时，电感和电容的端电压就大大超过外加电压，二者的比值 Q 称为谐振电路的品质因数，它表示在谐振时电感和电容的端电压是外加电压的 Q 倍。Q 值一般可达几十至几百，因此串联谐振又称电压谐振。

4.4.2　并联谐振

1. 并联谐振电路

谐振也可能发生在并联电路中，下面以电感、电容并联电路为例来讨论并联谐振。

如将一电感线圈与电容器并联，当电路参数选择适当时，可使总电流 $\dot{I}$ 与外加电压 $\dot{U}$ 同相位，就称电路发生了并联谐振。

由于线圈是有电阻的，所以实际电路可看成 R、L 串联后与 C 并联，如图 4-47 所示。

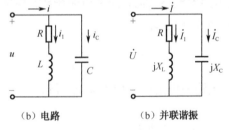

(b) 电路　　　　　　(b) 并联谐振

图 4-47　并联谐振电路

2. 谐振条件

R、L 支路电流

$$\dot{I} = \frac{\dot{U}}{R + jX_L} = \frac{\dot{U}}{R + j\omega L}$$

电容 C 支路的电流

$$\dot{I}_C = \frac{\dot{U}}{-jX_C} = \frac{\dot{U}}{-j\frac{1}{\omega C}} = j\omega C\dot{U}$$

故总电流

$$\dot{I} = \dot{I}_1 + \dot{I}_C = \frac{\dot{U}}{R + j\omega L} + j\omega C\dot{U}$$

$$= \left[\frac{R - j\omega L}{R^2 + (\omega L)^2} + j\omega C\right]\dot{U}$$

$$= \left[\frac{R}{R^2 + (\omega L)^2} + j(\omega C - \frac{\omega L}{R^2 + (\omega L)^2})\right]\dot{U}$$

此式表明，若要使电路中电流 $\dot{I}$ 与外加电压 $\dot{U}$ 同相位，则需要 $\dot{I}$ 的虚部为零，即

$$\omega C = \frac{\omega L}{R^2 + (\omega L)^2}$$

在一般情况下，线圈的电阻 R 很小，线圈的感抗 $\omega L \gg R$，故

$$\omega C \approx \frac{1}{\omega L}$$

$$2\pi f L \approx \frac{1}{2\pi f C}$$

故谐振频率

$$f = f_0 \approx \frac{1}{2\pi\sqrt{LC}}$$

即当线圈的电阻 R 很小，线圈的感抗 $\omega L \gg R$ 时，并联谐振与串联谐振的条件基本相同。

3. 谐振特征

① 电流电压同相位，电路呈电阻性，如图 4-48 所示。
② 阻抗最大，电流最小。
谐振电流为

$$\dot{I}_0 = \frac{R}{R^2 + (\omega L)^2}\dot{U}$$

③ 电感电流与电容电流几乎大小相等、相位相反。
④ 电感或电容支路的电流有可能大大超过总电流。
电感支路（或电容支路）的电流与总电流之比为电路品质因数，其值为

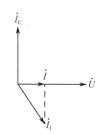

图 4-48 并联谐振相量图

$$Q = \frac{I_1}{I_0} = \frac{\frac{U}{\omega L}}{\frac{U}{|Z|}} = \frac{|Z_0|}{\omega_0 L} = \frac{\frac{(\omega_0 L)^2}{R}}{\omega_0 L} = \frac{\omega_0 L}{R} \tag{4-52}$$

即通过电感或电容支路的电流是总电流的 Q 倍。Q 值一般可达几十到几百，故并联谐振又称

电流谐振。

思考与练习

4-4-1 简述串联谐振发生的条件及特点。

4-4-2 简述并联谐振发生的条件及特点。

4-4-3 保持正弦交流电电源的有效值不变,改变其频率,使 RLC 串联电路达到谐振时,电路的有功功率、无功功率及存储的能量是否达到最大?

操作训练 4 RLC 串联谐振电路分析

1. 训练目的

① 了解测定 RLC 串联电路的幅频特性曲线的方法。

② 加深理解电路发生谐振的条件和特点,掌握通过实验获得谐振频率 f_0 的方法。

2. 仿真分析

(1) 用数字万用表或示波器寻找谐振频率

① 按图 4-49 绘制 RLC 仿真电路图。

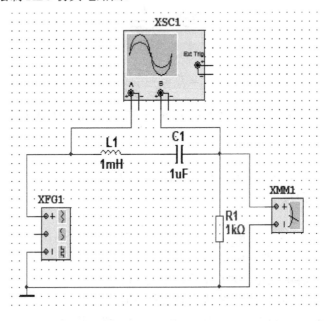

图 4-49 RLC 串联仿真电路

② 双击信号发生器符号,在波形区选择输出正弦波,设定输出电压幅值为 1V。

③ 改变正弦波的频率。当观察到数字万用表上显示的有效值最大,或在示波器上观察到输入电压 u_i 波形与输出电压 u_o 波形同相位时,说明电路发生了谐振,如图 4-50 所示,此时信号发生器上的频率值即为谐振频率 f_0。

项目4 单相正弦交流电路分析

(a) 万用表指示数值

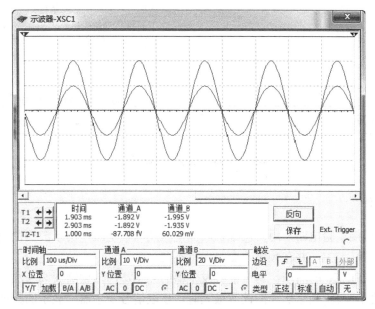

(b) 示波器仿真波形

图 4-50 RLC 仿真电路结果

(2) 用波特图示仪寻找谐振频率

① 将波特图示仪 XBPl 连接到电路中,如图 4-51 所示。

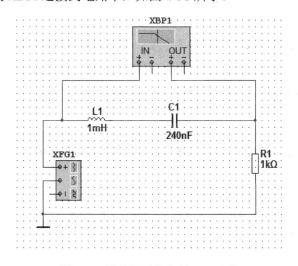

图 4-51 波特图示仪仿真 RLC 电路

② 双击波特图示仪图标打开面板，设置各项参数如图 4-52 所示。

③ 打开仿真开关，在波特图示仪面板上出现 u_o 的幅频特性，拖动红色游标，使之对应在幅值最高点，此时在面板上显示出谐振频率 f_0=2.723kHz。

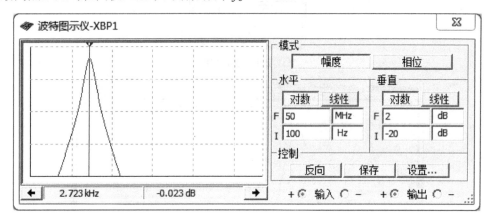

图 4-52　波特图示仪显示设置及波形

3. 实验操作

按图 4-49 搭接实验电路，用交流毫伏表测电阻及两端电压，用示波器监视信号发生器的输出，使其幅值等于 1V，并在频率改变时保持不变。

将毫伏表接在电阻 R 两端，调节信号发生器的频率，由低逐渐变高（注意要维持信号发生器的输出幅度不变）。当毫伏表的读数最大时，读取信号发生器上显示的频率，即为电路的谐振频率 f_0。

习题 4

1. 已知一正弦电压的幅值为 310V，频率为 50Hz，初相位为 $-\pi/6$，试写出其瞬时值的表达式，并绘出波形图。

2. 有两个正弦量 $u = 10\sqrt{2}\sin(314t + 30°)\text{V}$，$i = 2\sqrt{2}\sin(314t - 60°)\text{A}$，试求：

（1）它们各自的幅值、有效值、角频率、频率、周期、初相位。

（2）它们之间的相位差，并说明其超前与滞后关系。

（3）画出它们的波形图。

3. 写出如图 4-53 所示电压曲线的瞬时值表达式。

4. 已知两正弦量 $i_1 = 10\sqrt{2}\sin(314t + 30°)\text{A}$，$i_2 = 5\sqrt{2}\sin(314t - 60°)\text{A}$，试写出：

（1）两电流的相量形式；

（2）$i_1 + i_2$。

5. 在如图 4-54 所示的相量图中，已知 U=220V，I_1=10A，I_2=5A，它们的角频率是 ω，试写出它们各自的正弦量的瞬时值表达式及其相量。

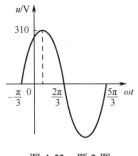

图 4-53 题 3 图

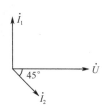

图 4-54 题 5 图

6. 已知 $R=20\Omega$ 的电阻，加电压 $u=100\sin(314t-60°)\text{V}$，求其通过的电流的瞬时值表达式，并作出电压和电流的相量图。

7. 有一个 220V、1000W 的电炉，接在 220V 的交流电上，求通过电炉的电流和正常工作时的电阻。

8. 一个 $L=0.15\text{H}$ 的电感，先后接在 $f_1=50\text{Hz}$ 和 $f_2=1000\text{Hz}$，电压为 220V 的电源上，分别算出两种情况下的 X_L、X_C、I_L 和 Q_L。

9. 一个电容 $C=100\mu\text{F}$，先后接在 $f_1=50\text{Hz}$ 和 $f_2=60\text{Hz}$，电压为 220V 的电源上，试分别算出两种情况下的 X_C、I_C 和 Q_C。

10. 已知RC串联电路的电源频率为 $1/(2\pi RC)$，试问电阻电压相位超前电源电压相位几度？

11. 正弦交流电路如图 4-55 所示，已知 $X_\text{L}=X_\text{C}=R$，电流表 A_3 的读数为 5A，电流表 A_1 和 A_2 的读数各为多少？

12. 已知电路如图 4-56 所示，已知交流电源的角频率 $\omega=2\text{rad/s}$，AB 端口间的阻抗 Z_AB 是多大？

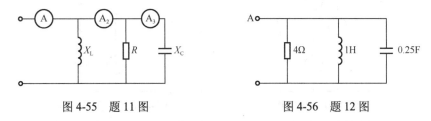

图 4-55 题 11 图　　　　　　　图 4-56 题 12 图

13. 正弦交流电路如图 4-57 所示，已知 $X_\text{C}=R$，电感电压 u_1 与电容电压 u_2 的相位差是多少？

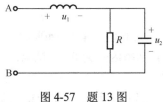

图 4-57 题 13 图

14. 如图 4-58 所示，已知电流表 A_1、A_2 的读数均为 20A，求电路中电流表 A 的读数。

15. 如图 4-59 所示，已知电压表 V_1、V_2 的读数均为 50V，求电路中电流表 V 的读数。

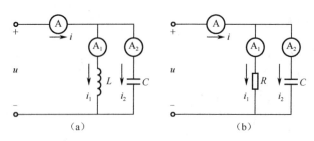

图 4-58 题 14 图

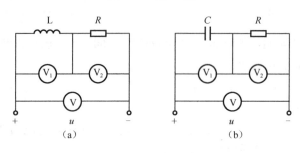

图 4-59 题 15 图

16. 串联谐振电路如图 4-60 所示，已知电压表 V_1、V_2 的读数分别为 150V 和 120V，电压表 V 的读数是多少？

17. 并联谐振电路如图 4-61 所示，已知电流表 A_1、A_2 的读数分别为 13A、12A，求电路中电流表 A 的读数。

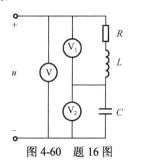   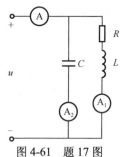

图 4-60 题 16 图　　　　　图 4-61 题 17 图

18. 含 R、L 的线圈与电容 C 串联，已知线圈电压 U_{RL}=50V，电容电压 U_C=30V，总电压与总电流同相，总电压多大？

19. 在 RLC 串联谐振电路中，已知 U=10V、I=1A、U_C=80V，电阻 R 多大？品质因数 Q 又是多大？

20. 某单相 50Hz 的交流电源，其额定容量 S_N=40kVA，额定电压 U_N=220V，供给照明电路，若负载都是 40W 的日光灯，其功率因数为 0.5，试求：

（1）日光灯最多可点多少盏？

（2）用补偿电容将功率因数提高到 1，这时电路的总电流是多少？需多大的补偿电容？

（3）功率因数提高到 1 以后，除供给以上日光灯外，若保持电源在额定情况下工作，还可多点多少盏 40W 的白炽灯？

三相交流电路分析

1. 知识目标

① 熟悉三相电源的产生及三相负载的连接方式。
② 掌握三相负载进行星形、三角形连接的规律。
③ 了解用电安全知识。

2. 技能目标

① 会分析计算三相对称负载电路。
② 掌握不对称三相电路的分析计算。
③ 掌握触电急救方法。

5.1 任务1 三相电源分析

5.1.1 对称三相电源

三相正弦交流电压是由三相交流发电机产生的。发电机的内部构造如图5-1所示。在发电机的定子上，固定有三组完全相同的绕组，它们的空间位置相差120°。U1、V1、W1为三个绕组的首端，U2、V2、W2为三个绕组的末端。其转子是一对磁极，磁极面的特殊形状使定子与转子间的空气隙中的磁场按正弦规律分布。

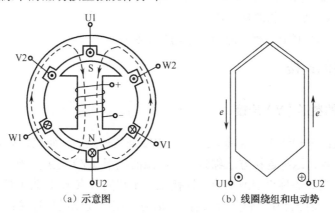

(a) 示意图　　　(b) 线圈绕组和电动势

图 5-1　三相交流发电机

当发电机的转子以角速度 ω 按逆时针方向旋转时，在三个绕组的两端分别产生幅值相同、频率相同、相位依次相差 120° 的正弦感应电动势。每个电动势的参考方向，通常规定为由绕组的始端指向绕组的末端。

它们的波形图如图 5-2（a）所示，相量图如图 5-2（b）所示。

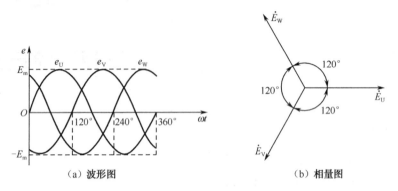

（a）波形图　　　　　　（b）相量图

图 5-2　三相对称电动势

若以 U 相为参考量，则三个正弦电动势的瞬时值分别表示为

$$\begin{cases} e_U = E_m \sin \omega t \\ e_V = E_m \sin(\omega t - 120°) \\ e_W = E_m \sin(\omega t + 120°) \end{cases} \quad (5\text{-}1)$$

三个电动势的相量表示式为

$$\begin{cases} \dot{E}_U = E_m \angle 0° \\ \dot{E}_V = E_m \angle -120° \\ \dot{E}_W = E_m \angle 120° \end{cases} \quad (5\text{-}2)$$

从相量图中不难看出，这组对称的三相正弦电动势的相量和等于零。

能够提供对称三相正弦电动势的电源称为三相对称电源，通常我们所说的三相电源都是指对称三相电源。

对称三相电动势到达正（负）最大值的先后次序称为相序。一般规定，U 相超前于 V 相，V 相超前于 W 相，称为正相序，其中有一相调换都称为逆相序。工程上，以黄、绿、红三种颜色分别作为 U、V、W 三相的标志色。

若无特殊说明，本书中三相电源的相序均是正相序。

5.1.2　三相电源的连接

1. 三相电源的星形（Y）连接

通常把发电机的三相绕组的末端 U2、V2、W2 连成一点 N，而把始端 U1、V1、W1 作为外电路相连接的端点，这种连接方法称为三相电源的星形（Y）连接，如图 5-3 所示。从 U1、V1、W1 引出的三根线俗称火线或端线，连接三个末端的节点 N 称为中性点，从中性点引出的导线称为中性线。若三相电路有中性线，则称为三相四线制星形连接；若无中性线，则称为三相三线制星形连接。

项目5 三相交流电路分析

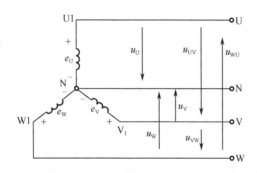

图 5-3 三相电源星形连接

在三相星形连接电路中，端线与中性线之间的电压称为相电压，用符号 U_U、U_V、U_W 表示，开路时分别等于 e_U、e_V、e_W。而端线与端线之间的电压称为线电压，用 U_{UV}、U_{VW}、U_{WU} 表示。规定线电压的方向由 U 线指向 V 线，V 线指向 W 线，W 线指向 U 线。

下面分析对称三相电源星形连接时线电压与相电压的关系。

$$\begin{cases} \dot{U}_{UV} = \dot{U}_U - \dot{U}_V \\ \dot{U}_{VW} = \dot{U}_V - \dot{U}_W \\ \dot{U}_{WU} = \dot{U}_W - \dot{U}_U \end{cases} \quad (5\text{-}3)$$

由图 5-4 可知，线电压也是对称的，在相位上比相应的相电压超前 30°。

线电压的有效值用 U_l 表示，相电压有效值用 U_p。它们的关系为

$$U_l = \sqrt{3} U_p \quad (5\text{-}4)$$

且线电压的相位超前其所对应的相电压 30°。

在三相电路中，三个线电压的关系是

$$\dot{U}_{UV} + \dot{U}_{VW} + \dot{U}_{WU} = 0 \quad (5\text{-}5)$$

即三个线电压的相量和等于零。

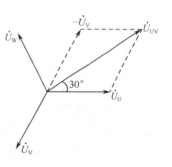

图 5-4 三相电源电压相量图

我国的低压供电系统大多采用星形连接。由三条端线和一条中性线组成的供电系统称为三相四线制供电系统。这种系统可向用户提供两种电压的选择，380V 的线电压可以供给额定电压为 380V 的负载选用，如三相异步电动机和大功率的三相电热器等。220V 可为白炽灯、荧光灯等额定电压为 220V 的负载使用。

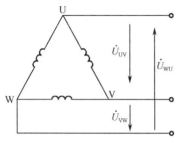

图 5-5 电源的三角形连接

2. 三角形连接

在生产实际中，发电机的三相绕组很少连接成三角形，通常接成星形。对三相变压器来讲，两种接法都有。电源的三角形接法如图 5-5 所示。

三相绕组的首端与另一相的末端依次连接，构成一个闭合回路，然后从三个连接点引出三条相线。可以看出这种连接法供电只需三条导线，但它所提供的电压只有一种，即

$$U_l = U_p \quad (5\text{-}6)$$

三角形连接的电源线电压等于相电压。

思考与练习

5-1-1　在将三相发电机的三个绕组连成星形时,如果误将 U2、V2、W1 连成一点,是否也可以产生对称三相电动势?

5-1-2　对称三相电源相电压与线电压有何关系?画出三相电源 Y 形连接时线电压、相电压的相量图。

5-1-3　已知三相对称电源相电压 $\dot{U}_U = 220\angle 30°$ V,试写出另外两相的相电压。

操作训练 1　三相电路的仿真分析

1. 训练目的

① 学会三相对称负载连接时线电压和相电压的测量方法。
② 学会三相对称负载△连接时线电流和相电流的测量方法。
③ 了解不对称负载连接时中性线的作用。

2. 仿真测试

(1) 测量相电压

① 取三相电源。在电源库中找到三相电源,三个输出引脚提供 120°相位移动,自定义幅度为 120V,频率为 60Hz,三相电源为星形连接,后面的引出线为中性线 N。前端引出线分别为 U、V、W 相线。

② 连接电路。相线与中性线间的电压为相电压,在指示元件库中取电压表,属性设置为 AC,电路连接如图 5-6 所示。

③ 打开仿真按钮,可以看到仿真测试电压指示值。

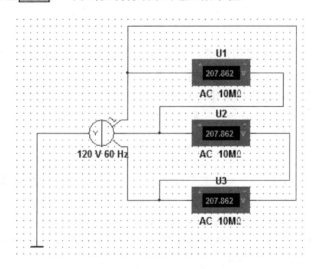

图 5-6　测量相电压仿真电路

（2）测量线电压

① 连接电路。相线与相线间的电压为线电压。电路连接如图 5-7 所示。

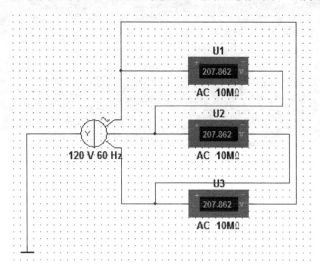

图 5-7　测量线电压仿真电路

② 仿真测试。打开仿真按钮 ，可以看到仿真测试电压指示值为 207.862V，与理论计算吻合。

（3）测试相序

① 电路连接。将四踪示波器接入，如图 5-8 所示。

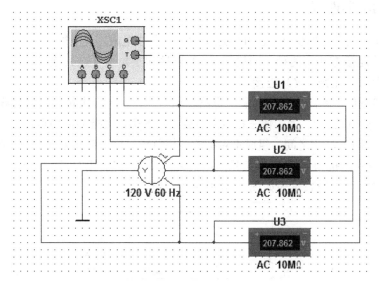

图 5-8　测试相序

② 仿真测试。启动仿真开关，双击四踪示波器图标，其面板显示三相电的相序波形，如图 5-9 所示。

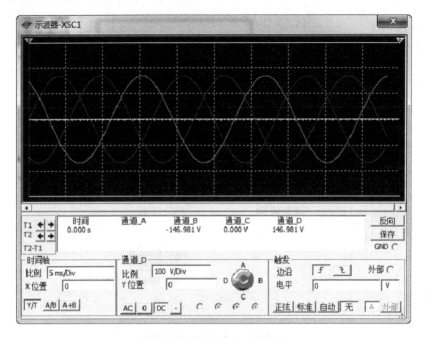

图 5-9 三相电的相序波形

5.2 任务 2 负载的星形、三角形连接分析

5.2.1 负载的星形连接

三相负载即三相电源的负载,由互相连接的三个负载组成,其中每个负载都称为一相负载。三相负载的连接方法有两种,即星形(Y)连接和三角形(△)连接。

下面介绍负载的星形(Y)连接。

在三相四线制供电系统中常见的照明电路和动力电路,包含大量的单相负载(电灯)和对称的三相负载(如电动机)。为了使三相电源负载比较均衡,大批的单相负载一般分成三组,分别接在 U 相、V 相和 W 相之间,组成不对称的三相负载,这种连接方式称为负载的星形连接。

设 U 相负载的阻抗为 Z_U,V 相负载的阻抗为 Z_V,W 相负载的阻抗为 Z_W,则负载星形连接的三相四线制电路一般表示为如图 5-10 所示的电路。

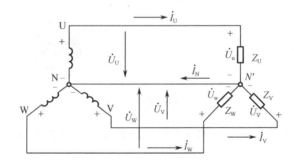

图 5-10 负载星形连接

1. 基本概念

① 每相负载两端的电压称为负载的相电压，流过每相负载的电流称为负载的相电流。

② 流过相线的电流称为线电流，相线与相线之间的电压称为线电压。

③ 负载为星形连接时，负载相电压的正方向规定为相线指向负载中性点。相电流的正方向与相电压的正方向一致。线电流的正方向为电源端指向负载端。中线电流的正方向规定为由负载中点指向电源中点。

2. 特点

负载为星形连接时，电路有如下基本关系。

① 每相负载电压等于电源的相电压。

在图 5-10 所示电路中，若不计中性线阻抗，则电源中性点 N 与负载中性点 N′ 等电位；如果相线的阻抗忽略不计，则每相负载电压等于电源的相电压。即

$$\dot{U}_\mathrm{u} = \dot{U}_\mathrm{U}, \quad \dot{U}_\mathrm{v} = \dot{U}_\mathrm{V}, \quad \dot{U}_\mathrm{w} = \dot{U}_\mathrm{W}$$

② 相电流等于对应的线电流。

从图 5-10 中可以看出，三相四线制中相电流等于它所对应的线电流。一般可以写成

$$I_\mathrm{p} = I_l \tag{5-7}$$

各相电流可以单独计算，即

$$\dot{I}_\mathrm{u} = \dot{I}_\mathrm{U} = \frac{\dot{U}_\mathrm{U}}{Z_\mathrm{U}} = \frac{\dot{U}_\mathrm{U}}{|Z| \angle \varphi_\mathrm{U}} = \frac{\dot{U}_\mathrm{U}}{|Z_\mathrm{U}|} \angle -\varphi_\mathrm{U}$$

$$\dot{I}_\mathrm{v} = \dot{I}_\mathrm{V} = \frac{\dot{U}_\mathrm{V}}{Z_\mathrm{V}} = \frac{\dot{U}_\mathrm{V}}{|Z| \angle \varphi_\mathrm{V}} = \frac{\dot{U}_\mathrm{V}}{|Z_\mathrm{V}|} \angle -\varphi_\mathrm{V}$$

$$\dot{I}_\mathrm{w} = \dot{I}_\mathrm{W} = \frac{\dot{U}_\mathrm{W}}{Z_\mathrm{W}} = \frac{\dot{U}_\mathrm{W}}{|Z| \angle \varphi_\mathrm{W}} = \frac{\dot{U}_\mathrm{W}}{|Z_\mathrm{W}|} \angle -\varphi_\mathrm{W}$$

$$\varphi_\mathrm{U} = \arctan \frac{X_\mathrm{U}}{R_\mathrm{U}}$$

$$\varphi_\mathrm{V} = \arctan \frac{X_\mathrm{V}}{R_\mathrm{V}}$$

$$\varphi_\mathrm{W} = \arctan \frac{X_\mathrm{W}}{R_\mathrm{W}}$$

若三相负载对称，即 $Z_\mathrm{U} = Z_\mathrm{V} = Z_\mathrm{W}$ 时，则有

$$\dot{I}_\mathrm{u} = \dot{I}_\mathrm{U} = \frac{\dot{U}_\mathrm{U}}{Z} = \frac{\dot{U}_\mathrm{U}}{|Z|} \angle -\varphi$$

$$\dot{I}_\mathrm{v} = \dot{I}_\mathrm{V} = \frac{\dot{U}_\mathrm{V}}{Z} = \frac{\dot{U}_\mathrm{V}}{|Z|} \angle -\varphi$$

$$\dot{I}_\mathrm{w} = \dot{I}_\mathrm{W} = \frac{\dot{U}_\mathrm{W}}{Z} = \frac{\dot{U}_\mathrm{W}}{|Z|} \angle -\varphi$$

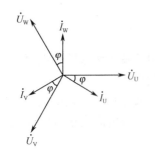

图 5-11　三相对称负载星形连接相量图

故三相电流也是对称的。只需要算出任一相电流，便可知另外两相的电流。其电压、电流的相量图如图 5-11 所示。

③ 中性线电流等于三相电流之和。

根据基尔霍夫电流定律，得

$$\dot{I}_N = \dot{I}_U + \dot{I}_V + \dot{I}_W \tag{5-8}$$

若三相负载对称，则

$$\dot{I}_N = \dot{I}_U + \dot{I}_V + \dot{I}_W = 0 \tag{5-9}$$

可见，在对称的三相四线制电路中，中性线的电流等于零，中性线在其中不起作用，可以将中性线去掉，而成为三相三线制系统。常用的三相电动机、三相电炉等在正常情况下都是对称的，可以采用三相三线制供电。但是如果负载是不对称的，中性线中就会有电流流过，中性线不能除去，否则会造成负载上三相电压不对称，用电设备不能正常工作，甚至造成电源的损坏。

一般的照明用具、家用电器等都采用 220V 供电，而单相变压器、电磁铁、电动机等既有 220V 也有 380V。这类电器统称单相负载。若负载的额定电压是 220V，就接在相线与中性线之间；若负载额定电压是 380V，则接在两根相线之间才能正常工作。另有一类电气设备必须接到三相电源上才能正常工作，如三相电动机等。这些三相负载的各相阻抗是对称的，称为对称的三相负载。

在三相四线制中，如果某一相电路发生故障，并不影响其他两相的工作；但如果没有中性线，一旦某一相电路发生故障，则另外两相因为电路电压发生改变，电路负载不能正常工作，甚至发生负载损毁的情况。

由此可见，中性线在三相电路中，不但可以使用户得到两种不同的工作电压，还可以使星形连接的不对称负载的相电压保持对称。因此，在三相四线制供电系统中，为了保证负载的正常工作，在中性线的干线上绝不准接入熔断器和开关，而且要用有足够强度的导线做中性线。

5.2.2　负载的三角形连接

三相负载做三角形连接的电路如图 5-12 所示。由此可见，三相负载首尾相接，三个接点引出线分别接到电源的三根端线 U、V、W 上；三角形连接的每相负载都直接承受电源的线电压，所以，三相电压是否对称并不影响三相负载的正常工作。但三相负载是否需要接成三角形，则取决于负载的额定电压与电源电压是否相符。例如，当电源线电压为 380V 时，额定电压为 220V 的照明负载就不能接成三角形。

设 U、V、W 三相负载的复阻抗分别为 Z_{UV}、Z_{VW}、Z_{WU}，则负载三角形连接的电路具有以下基本关系。

① 各相负载承受电源线电压。

$$\dot{U}_{UV} = \dot{U}_{uv}, \quad \dot{U}_{VW} = \dot{U}_{vw}, \quad \dot{U}_{WU} = \dot{U}_{wu}$$

有效值关系为

$$U_p = U_l \tag{5-10}$$

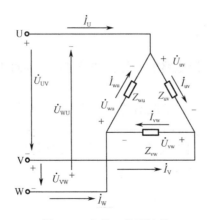

图 5-12 负载三角形连接

② 各相电流可分成三个单相电路分别计算。

$$\dot{I}_{uv} = \frac{\dot{U}_{uv}}{\dot{Z}_{uv}} = \frac{\dot{U}_{uv}}{|Z_{uv}|\angle\varphi_{uv}} = \frac{\dot{U}_{uv}}{|Z_{uv}|}\angle-\varphi_{uv}$$

$$\dot{I}_{vw} = \frac{\dot{U}_{vw}}{\dot{Z}_{vw}} = \frac{\dot{U}_{vw}}{|Z_{vw}|\angle\varphi_{vw}} = \frac{\dot{U}_{vw}}{|Z_{vw}|}\angle-\varphi_{vw}$$

$$\dot{I}_{wu} = \frac{\dot{U}_{wu}}{\dot{Z}_{wu}} = \frac{\dot{U}_{wu}}{|Z_{wu}|\angle\varphi_{wu}} = \frac{\dot{U}_{wu}}{|Z_{wu}|}\angle-\varphi_{wu}$$

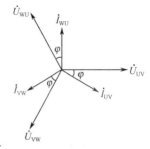

图 5-13 三相对称负载三角形连接相量图

若负载对称,即 $Z_{uv} = Z_{vw} = Z_{wu} = Z$,则相电流也是对称的,其电压、电流的相量图如图 5-13 所示。

显然,这时电路计算也可以归结为一相来进行,即

$$I_{uv} = I_{vw} = I_{wu} = I_p = \frac{U_p}{|Z|}$$

$$\varphi_{uv} = \varphi_{vw} = \varphi_{wu} = \arctan\frac{X}{R}$$

③ 各线电流由相邻两相的相电流决定。

在对称的情况下,线电流是相电流的 $\sqrt{3}$ 倍,且滞后于相应的相电流 30°。各线电流分别为

$$\dot{I}_U = \dot{I}_{uv} - \dot{I}_{wu}$$
$$\dot{I}_V = \dot{I}_{vw} - \dot{I}_{uv}$$
$$\dot{I}_W = \dot{I}_{wu} - \dot{I}_{vw}$$

负载对称时,由上式可作相量图,如图 5-14 所示。

从图 5-14 得出

$$I_l = \sqrt{3}I_p \tag{5-11}$$

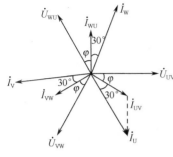

图 5-14 三角形连接时线电流与相电流的关系

由上述可知,在负载进行三角形连接时,相电压对称,若某相负载断开,并不影响其他两相的正常工作。

5.2.3 对称三相电路的分析

三相电路实际上是正弦交流电路的一种特殊类型，前面对正弦交流电路的分析方法对三相电路完全适用。

对称三相电路由于电源对称、负载对称、线路对称，根据对称关系可以简化计算。只需要先计算三相中的任一相，其余两相根据对称关系即可写出。

【例 5-1】 三相四线制电路中，如图 5-15 所示，已知每相负载阻抗为 $Z = (6 + j8)\Omega$，外加线电压为 380V，试求负载的相电压和相电流。

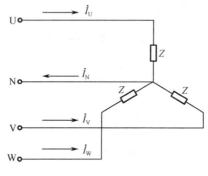

图 5-15 例 5-1 图

解：由题目可知三相电路对称，故只计算一相情况，其余可以根据对称关系写出。

由线电压和相电压的关系

$$U_l = \sqrt{3}U_p$$

$$U_p = U_l/\sqrt{3} = 220\text{V}$$

相电流

$$I_p = \frac{U_p}{|Z|} = \frac{220}{\sqrt{6^2 + 8^2}} = \frac{220}{10}\text{A} = 22\text{A}$$

相电压与相电流的相位差为

$$\varphi = \arctan\frac{X}{R} = \arctan\frac{8}{6} = 53.1°$$

选 $\dot{U}_U$ 为参考相量，则

$$\dot{I}_U = \frac{\dot{U}_U}{Z} = 22\angle -53.1°\text{ A}$$

$$\dot{I}_V = \frac{\dot{U}_V}{Z} = 22\angle -173.1°\text{ A}$$

$$\dot{I}_W = \frac{\dot{U}_W}{Z} = 22\angle 66.9°\text{ A}$$

注意：三相对称负载星形连接，由于中性线的电流等于零，故可以省去，而成为三相三线制系统，其计算方法和有中性线的三相四线制计算方法相同。

【例 5-2】 如图 5-16 所示电路,设三相电源线电压为 380V,三角形连接的对称三相负载每相阻抗 $Z=(4+j3)\Omega$,求各相电流和线电流。

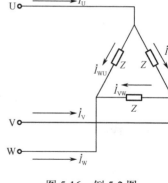

解: 设 $\dot{U}_{UV}=380\angle 0°\text{ V}$,则

$$\dot{I}_{UV}=\frac{\dot{U}_{UV}}{Z}=\frac{380\angle 0°}{4+j3}\text{A}=76\angle -36.9°\text{ A}$$

根据对称三相电路的特点可以直接写出其余两相电流为

$$\dot{I}_{VW}=76\angle -156.9°\text{ A}$$
$$\dot{I}_{WU}=76\angle 83.1°\text{ A}$$

根据对称负载三角形连接时线电流和相电流的关系有

$$\dot{I}_U=\sqrt{3}\dot{I}_{UV}\angle -30°=131.6\angle -66.9°\text{ A}$$

同理

$$\dot{I}_V=\sqrt{3}\dot{I}_{VW}\angle -30°=131.6\angle -186.9°\text{ A}$$
$$=31.6\angle 173.1°\text{ A}$$
$$\dot{I}_W=\sqrt{3}\dot{I}_{WU}\angle -30°=131.6\angle 53.1°\text{ A}$$

图 5-16 例 5-2 图

*5.2.4 不对称三相电路的分析

1. 星形连接不对称负载的计算

如果采用三相四线制供电,即使负载不对称,由于中性线的存在,各相负载依然独立工作,可按三个单相交流电路来计算。

【例 5-3】 已知星形连接三相电路如图 5-17 所示,电源电压对称,线电压 380V,负载为灯泡组,若已知 $R_1=5\Omega$,$R_2=10\Omega$,$R_3=20\Omega$,求线电流及中性线电流。

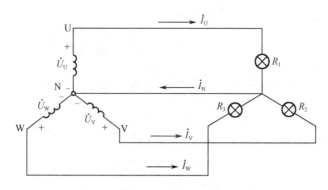

图 5-17 例 5-3 图

解: 三相电路不对称,应分别计算各相的工作情况。

线电流为

$$\dot{I}_U = \frac{\dot{U}_U}{R_1} = \frac{220\angle 0°}{5}\text{A} = 44\angle 0°\text{ A}$$

$$\dot{I}_V = \frac{\dot{U}_V}{R_2} = \frac{220\angle -120°}{10}\text{A} = 22\angle -120°\text{ A}$$

$$\dot{I}_W = \frac{\dot{U}_W}{R_3} = \frac{220\angle 120°}{20}\text{A} = 11\angle 120°\text{ A}$$

中性线电流

$$\begin{aligned}\dot{I}_N &= \dot{I}_U + \dot{I}_V + \dot{I}_W \\ &= (44\angle 0° + 22\angle -120° + 11\angle 120°)\text{A} \\ &= 29\angle -19°\text{ A}\end{aligned}$$

2. 三角形连接不对称负载电路计算

每相负载承受的电压为电源的线电压，但相电流不对称，不能采用计算一相电流来推出其他两相的办法，各线电流也不等于相电流的 $\sqrt{3}$ 倍，须按基尔霍夫电流定律取节点方程进行计算。

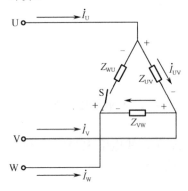

图 5-18 例 5-4 图

【**例 5-4**】 如图 5-18 所示，三相对称三角形连接的负载，若每相负载阻抗为 $Z = 50\angle 60°\Omega$，电源线电压为 380V，试求：当开关 S 打开时各线的电流。

解：当开关 S 打开时，应先计算各相电流，设 $\dot{U}_{UV}$ 为电压参考相量，则

$$\dot{U}_{UV} = 380\angle 0°\text{ V}$$
$$\dot{U}_{VW} = 380\angle -120°\text{ V}$$
$$\dot{U}_{WU} = 380\angle 120°\text{ V}$$

各相电流

$$\dot{I}_{UV} = \frac{\dot{U}_{UV}}{Z} = \frac{380\angle 0°}{50\angle 60°}\text{A} = 7.6\angle -60°\text{ A}$$

$$\dot{I}_{VW} = \frac{\dot{U}_{VW}}{Z} = \frac{380\angle -120°}{50\angle 60°}\text{A} = 7.6\angle -180°\text{ A}$$

$$\dot{I}_{WU} = 0$$

利用基尔霍夫电流定律取节点方程计算各线电流：

$$\dot{I}_U = \dot{I}_{UV} = 7.6\angle -60°$$

$$\begin{aligned}\dot{I}_V &= \dot{I}_{VW} - \dot{I}_{UV} \\ &= (7.6\angle -180° - 7.6\angle -60°)\text{A} \\ &= 13.2\angle 150°\text{ A}\end{aligned}$$

$$\dot{I}_W = -\dot{I}_{VW} = -7.6\angle -180°\text{ A}$$

思考与练习

5-2-1 负载星形连接时,一定要接中性线吗?

5-2-2 负载星形连接时,相电流一定等于线电流吗?

5-2-3 当负载三角形连接时,线电流是否一定等于相电流的$\sqrt{3}$倍?

5-2-4 三相不对称负载三角形连接时,若有一相断路,对其他两相有影响吗?

5-2-5 三相不对称负载有中性线与无中性线有何区别?

5-2-6 三相不对称负载对中性线有什么要求?

5-2-7 三相对称负载 U 相绕组两端电压为 $\dot{U}_U = 110\angle 100°$ V,试求其分别作星形连接和三角形连接时的线电压。

操作训练 2　负载星形、三角形连接性能测试

1. 训练目的

① 学会三相对称负载连接时线电压和相电压的测量方法。

② 学会三相对称负载△连接时线电流和相电流的测量方法。

③ 了解不对称负载连接时中性线的作用。

2. 仿真测试

(1) 对称负载星形连接

① 电路连接如图 5-19 所示。

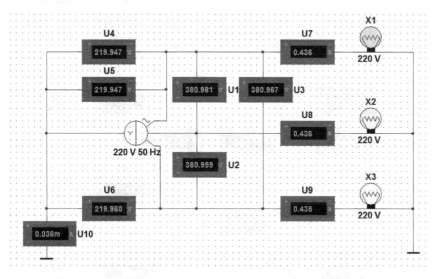

图 5-19　负载星形连接仿真电路

② 仿真测量。启动仿真开关,可得到三相相电压为 219.947V、219.947V、219.960V,三相线电压为 380.981V、380.967V、380.959V,线电流与相电流均为 0.436A、0.436A、0.435A,中性线电流为 0.036mA,约等于 0。线电压是相电压的 $\sqrt{3}$ 倍。

（2）不对称负载星形连接电路仿真

① 在图 5-19 所示电路中，双击 X1 灯图标，在功率栏中修改为 200 并确定（见图 5-20），同样，修改 X3 为 300，负载就变为不对称负载。

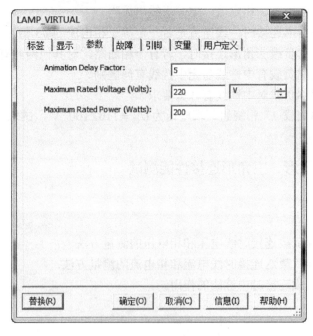

图 5-20　修改功率参数

② 仿真测量。启动仿真开关，可得到三相相电压为 219.947V、219.947V、219.960V，三相线电压为 381.081V、380.967V、380.959V，线电流与相电流均为 0.436A、0.901A、1.391A，中性线电流为 0.837A。线电压是相电压的 $\sqrt{3}$ 倍，如图 5-21 所示。

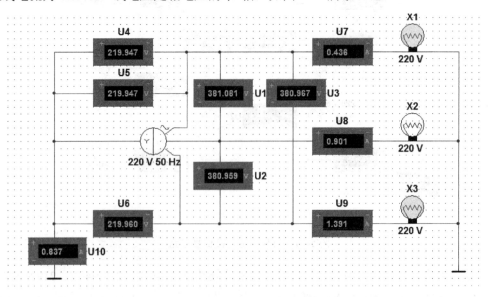

图 5-21　不对称负载星形连接电路仿真

（3）对称负载△连接

① 图 5-22 所示为三相负载△连接，测量线电流与相电流的仿真电路。

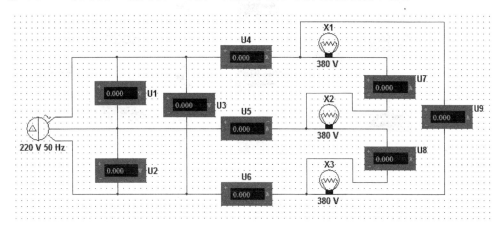

图 5-22 对称负载△连接仿真电路

② 仿真测量。启动仿真开关，可得到三相相电压为 380.989V、380.969V、380.966V，三相线电流均为 0.457A，相电流相等，均为 0.264A，线电流是相电压的 $\sqrt{3}$ 倍，如图 5-23 所示。

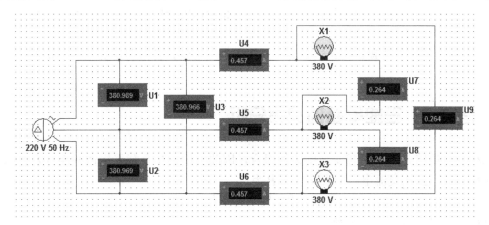

图 5-23 对称负载△连接电路仿真

（4）不对称负载△连接

① 在图 5-19 电路中，双击 X2 灯图标，在功率栏中修改为 200 并确定，同样，修改 X3 为 300，负载就变为不对称负载。

② 仿真测量。启动仿真开关，可得到三相相电压为 380.981V、380.967V、380.959V，三相线电流为 0.951A、0.698A、1.150A，相电流相等，均为 0.264A、0.528A、0.791A，如图 5-24 所示。

3. 实验操作

实验操作按照仿真电路连接，用交流电压表、交流电流表分别测量相电压、线电压、相电流、线电流，并记录测试数据。

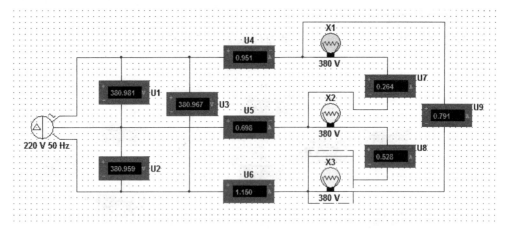

图 5-24 不对称负载△连接仿真电路

根据实验数据，验证对称及不对称负载星形、三角形连接时，三相电路中性线电压与相电压、线电流与相电流之间的关系，并分析中性线的作用。

4. 问题思考

① 若三相不对称负载连接且无中性线时，各相电压的分配关系将会如何？说明中性线的作用和实际应用中须注意的问题。

② 画出三相对称负载连接时线电压与相电压的相量图，并进行计算，验证仿真数据正确与否。

5.3 任务3 三相电路的功率分析

三相交流电路是三个单相交流电路的组合，因此不论三相负载采用何种连接方式或三相负载对称与否，三相交流电路的有功功率 P 为

$$P = P_U + P_V + P_W$$

三相交流电路的无功功率 Q 为

$$Q = Q_U + Q_V + Q_W$$

三相交流电路的视在功率 S 为

$$S = \sqrt{P^2 + Q^2}$$

式中，P_U、P_V、P_W、Q_U、Q_V、Q_W 分别为每一相的有功功率和无功功率，即

$$P_U = U_U I_U \cos\varphi_U$$
$$P_V = U_V I_V \cos\varphi_V$$
$$P_W = U_W I_W \cos\varphi_W$$
$$Q_U = U_U I_U \sin\varphi_U$$
$$Q_V = U_V I_V \sin\varphi_V$$
$$Q_W = U_W I_W \sin\varphi_W$$

三相电路的总功率（有功功率）等于三相功率之和。

$$P = P_U + P_V + P_W = U_U I_U \cos\varphi_U + U_V I_V \cos\varphi_V + U_W I_W \cos\varphi_W$$

如果负载对称,则有 $U_U = U_V = U_W = U_P$, $I_U = I_V = I_W = I_P$, $\varphi_U = \varphi_V = \varphi_W$,则各相的有功功率、无功功率及视在功率均分别相等,因此

$$P = 3U_P I_P \cos\varphi \tag{5-12}$$

式中,U_P 和 I_P 为相电压与相电流的有效值,φ 是相电压 U_P 和 I_P 之间的相位差。

一般情况下,相电压和相电流是不容易测量的。例如,三相电动机接成三角形时,要测量它的相电流必须将绕组端部拆开。因此,通常是通过线电压和线电流来计算三相电路的功率。

当对称负载星形连接时:

$$U_P = \frac{U_l}{\sqrt{3}}, \quad I_P = I_l$$

于是

$$P = \sqrt{3} U_l I_l \cos\varphi$$

当负载为三角形连接时:

$$U_P = U_l, \quad I_P = \frac{I_l}{\sqrt{3}}$$

代入式(5-12)中,可见无论对称负载是星形连接还是三角形连接,总有

$$P = \sqrt{3} U_l I_l \cos\varphi \tag{5-13}$$

同理可得三相无功功率和视在功率:

$$Q = 3U_P I_P \sin\varphi = \sqrt{3} U_l I_l \sin\varphi \tag{5-14}$$

$$S = 3U_P I_P = \sqrt{3} U_l I_l \tag{5-15}$$

必须指出,上述公式对于星形连接和三角形连接的对称负载都适用,但不能认为对称负载接入同一电源时,负载接成星形和接成三角形所消耗的功率相等。

【例 5-5】 三相负载 $Z = (6 + j8)\Omega$,接于 380V 线电压上,试求分别用星形接法和三角形接法时三相电路的总功率。

解:每相阻抗 $Z = (6 + j8)\Omega = 10\angle 53.1°\Omega$

星形接法时线电流为

$$I_l = I_P = \frac{U_P}{|Z|} = \frac{380/\sqrt{3}}{10} \text{A} = 22\text{A}$$

故三相总功率为

$$P_Y = \sqrt{3} U_l I_l \cos\varphi = \sqrt{3} \times 380 \times 22 \cos 53.1° \text{ W} = 8.68\text{kW}$$

三角形连接时,相电流为

$$I_P = \frac{U_l}{|Z|} = \frac{380}{10}\text{A} = 38\text{A}$$

所以,线电流为

$$I_l = \sqrt{3} I_P = \sqrt{3} \times 38\text{A} = 65.8\text{A}$$

故三角形连接时,三相总功率为

$$P_\triangle = \sqrt{3} U_l I_l \cos\varphi = \sqrt{3} \times 380 \times 65.8 \cos 53.1° \text{ W} = 26.0\text{kW}$$

计算表明,在电源电压不变时,同一负载由星形改为三角形连接时,功率增加到原来的 3

倍。可见，负载消耗的功率与连接方式有关，因此，若要使负载正常工作，负载的接法必须正确。若正常工作是星形连接的负载，误接成三角形时，将因功率过大而烧毁；若正常工作是三角形连接的负载，误接成星形时，将因功率过小而不能正常工作。

思考与练习

5-3-1 有人说："对称三相负载的功率因数角，对于星形连接是指相电压与相电流的相位差，对于三角形连接则是指线电压与线电流的相位差。"这句话正确吗？

5-3-2 对称三相负载星形连接，每相阻抗为 $Z=(30+j40)\Omega$，将其接在 380V 的电源上，试求负载消耗的总功率。

操作训练 3　三相电路功率的测量

1. 训练目的

① 学会用三功率表法测量三相电路的有功功率。
② 学会用二功率表法测量三相电路的有功功率。

2. 原理说明

在实际工程和日常生活中，由于广泛采用的是三相交流系统，因此，三相功率测量成为了基本的测量方法。三相功率的测量仪表，大多采用单相功率表，其测量方法有一表法、二表法、三表法。下面分别叙述。

（1）一表法

一表法仅适用于三相四线制系统三相负载对称的三相功率测量，此时，表中读数为单相功率 P_1，由于三相功率相等，因此，三相功率为 $P=3P_1$。

（2）二表法

二表法适用于三相三线制系统中三相功率的测量。此时，不论负载是星形连接还是三角形连接，二表法都适用。其接线如图 5-25 所示。测量结果，三相功率 P 等于两表读数之和。即 $P=P_1+P_2$。

（3）三表法

三表法适用于三相四线制负载对称和不对称系统的三相功率测量。其接线方式如图 5-26 所示。测量结果，三相功率 P 等于各相功率表中读数之和，即 $P=P_1+P_2+P_3$。

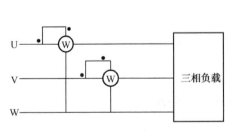

图 5-25　二功率表法测量

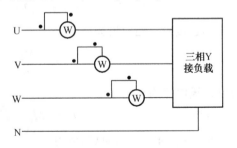

图 5-26　三功率表法测量

3. 仿真测量

（1）负载星形连接

① 负载星形连接时，采用三表法测量功率，仿真电路连接如图 5-27 所示。

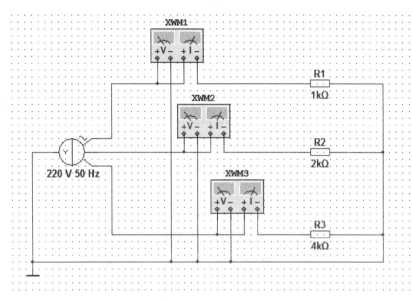

图 5-27　三表法测量功率电路

② 打开仿真开关，双击功率表图标，在弹出的面板上分别指示出各相电路的功率，如图 5-28 所示。

图 5-28　三功率表指示数

（2）负载三角形连接

② 负载三角形连接时，采用二表法测量功率，仿真电路连接如图 5-29 所示。

② 打开仿真开关，双击功率表图标，在弹出的面板上分别指示出各相电路的功率，如图 5-30 所示。

4. 实验操作

按图 5-27、图 5-29 连接电路，接通三相电源，调节调压器的输出线电压为 220V，观察功率表指示数，并与实际计算数值进行比较。

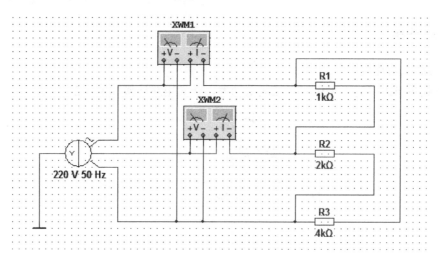

图 5-29 负载三角形连接二表法测量功率

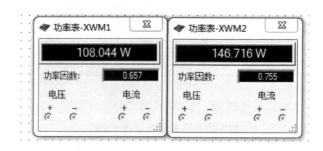

图 5-30 二功率表指示数

5. 问题思考

① 接有中性线的不对称负载采用三功率表测试的结果与二功率表测试的结果会有什么不同？为什么？

② 根据各个电路所给的数值，计算各电路的有功功率，并与仿真数值进行比较。

5.4 任务4 安全用电

安全用电主要包括供电系统的安全、用电设备的安全以及人身安全三个方面，这三者之间是紧密联系的。通常供电系统引起的故障可能会导致用电设备的损坏或人身伤亡事故的发生；而用电事故也可能会导致局部或大范围停电，甚至造成严重的社会灾难。因此，必须十分重视安全用电问题，防止电气事故的发生。

5.4.1 触电与安全用电

1. 触电

当人体接触带电体或人体与带电体之间产生闪击放电时，则有一定的电流通过人体，从而造成人体受伤甚至死亡的现象称为触电。

触电的情况通常相当复杂,有些是由于触电者本人不慎触及带电部分造成的;而大多数则由于设备漏电、人体触及设备外壳而造成触电。

触电对人体的伤害也是一个复杂问题,通常可分为电击和电伤两种。电击是指电流通过人体内部,使人体组织受到伤害。电伤主要是电流对人体外部造成的伤害,如电弧烧伤、电烙伤等。其中电击是经常碰到而且也是危险性最大的一种伤害。

电击伤害的严重程度,与通过人体电流的大小、频率、时间、途径及人体健康状况等因素有关。通过实验和研究发现,当人体中通过的工频交流电流超过 50mA,且通电时间超过 1s 时,就有可能造成生命危险。一般来说,10mA 以下的工频交流电流或 50mA 以下的直流电流,对人体来说可认为是安全电流。

2. 触电方式

人体触电方式一般有三种。

(1) 单相触电

人体的某个部位只接触到电源的某一相,称为单相触电,如图 5-31 所示为常见的单相触电情况。

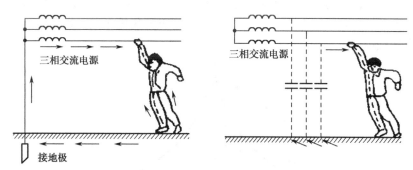

图 5-31 单相触电

单相触电时,一相电流通过人体及大地即构成闭合回路。由于人体电阻比中性点接地的电源电阻大得多,因此加在人体上的电压接近相电压 220V 时极为危险。设人体电阻为 R_r(按 1000Ω 计算),接地电阻为 R_d(4Ω),则通过人体的电流为

$$I = \frac{U_P}{R_r + R_d} \approx \frac{U_P}{R_r} \approx 200\text{mA}$$

很明显,这个电流大于安全电流。

如果电源中性点不接地,由于输电线与大地之间有电容存在,交流电可通过分布电容和绝缘电阻及人体构成闭合回路。虽然绝缘电阻较人体电阻大,可线路同时存在对地电容,而且线路对地绝缘电阻也因环境条件而异,触电电流仍可能达到危害生命的程度。

通常对于高压带电体,人体虽未直接接触;但如果超过了安全距离,带电体可能产生电弧,通过人体向大地放电,造成单相接地引起触电,这也属于单相触电。

(2) 两相触电

两相触电是指人体同时触及电源的两根相线,如图 5-32 所示。两相触电时,加在人体上

的电压是线电压,此时通过人体的电流是单相触电电流的$\sqrt{3}$倍,因此无论低压电网的中性点是否接地,也无论人是否站在绝缘物上,这种触电情况都是十分危险的。

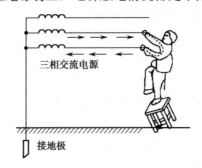

图 5-32 两相触电

(3)跨步电压触电

跨步电压触电是指当电线或电气设备发生接地事故时,接地电流通过接地体向大地流散,从而在接地点周围的土壤中产生电压降。当人在接地体附近行走时,两脚之间就产生一定的电位差,通称跨步电压。跨步电压较高时,人体就会触电,称为跨步电压触电。跨步电压的大小与接地线路电压的高低、人跨步的大小及人在地面的位置有关,如图 5-33 所示。距离接地点越远,跨步电压就越小,由此可见,$U_1 > U_2$。一般低压用电电路,离接地点 20m 以外就不会发生跨步电压触电。

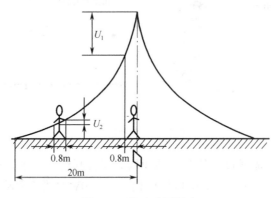

图 5-33 跨步电压触电

3. 防止触电的保护措施

除直接与带电体接触发生触电事故外,高压意外地传到低压部分及电压意外地从带电部分传到不应带电的部分(如金属结构部分),都可能发生触电事故。由于用电者经常会与电气装置的金属结构部分接触,因此对电气设备必须采取下列保护措施。

(1)保护接地

所谓保护接地,是指将电气设备的金属外壳与接地体(埋入地下并直接与大地接触的金属导体)可靠地与地连接。通常用埋入地下的钢管、角铁或铜条作为接地体,其电阻不得超过 4Ω。

在电源中性点不接地的低压供电系统中,电气设备均须采用接地保护。如图 5-34 所示,可以看出，当设备漏电时，人触及漏电设备相当于人体电阻 R_r 与接地电阻 R_d 并联，R_d 越小，流过人体的电流越小，保护作用就越大。根据规定，$R_d<4\Omega$（R_d 远小于 R_r）。换句话说，正是因为 R_d 很小，使人体承受的电压降低，从而使人避免触电。

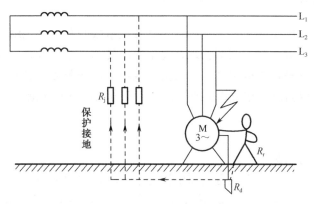

图 5-34 保护接地

（2）保护接零

对于低压供电系统，可采用三相四线制、中性点接地的运行方式。电源中性点接地为工作接地（为保证电气设备可靠地工作而采用的接地），而将电气设备的金属外壳与电源中性线相连接称为保护接零，习惯上又称保护接中性线，如图 5-35 所示。

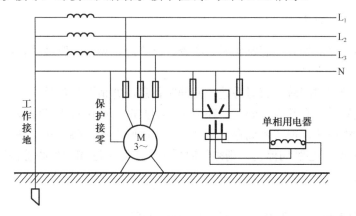

图 5-35 保护接零

在设备的金属外壳接电源中性线之后，如果设备发生外壳漏电故障，则会通过设备外壳形成相线对零线的单相短路；而由于相线和零线的阻抗远比接地电阻 R_d 小得多，此短路电流 I_c 通常较大，它能使用电设备的保护装置动作，从而迅速切断电源以确保安全。

在采用保护接零时，电源中性线绝不允许断开；否则保护失效，且会带来更严重的事故。

因此，除电源中性线上不允许安装开关、熔断器外，在实际使用中，用户端往往将电源中性线路再重复接地，以防止中性线断开。重复接地电阻通常小于 10Ω。

而对于单相用电设备，通常采用三孔插头和三眼插座。其中一个孔为接零保护线，对应插头上的插脚稍长于另外两个电源插脚，其接法可参看图 5-35。这里必须强调指出，在同一低压配电网（同一台变压器供电系统）中，不允许将有的设备接地，有的设备接零。

由于低压系统的电源中性点大多进行工作接地，故一般用电设备的金属外壳均采用保护接零来保证用电的安全。

5.4.2 触电急救知识

作为一个有经验的电工操作人员，倘若遇到触电事故的发生，头脑必须保持清醒，沉着稳重。触电急救必须争分夺秒，立即就地迅速用心脏复苏法进行抢救，并坚持不断地进行，同时及时与医疗部门联系，争取得到医务人员的救治。但在医务人员到来之前，不要放弃现场的抢救，更不能只根据没有呼吸或脉搏擅自判定伤员死亡而放弃抢救。

1. 触电的现场抢救

使触电者尽快脱离电源。

如果触电现场远离开关或不具备关断电源的条件，救护者可站在干燥木板上。用一只手抓住衣服将其拉离电源。也可用干燥木棒、竹竿等将电线从触电者身上挑开。

如触电发生在火线与大地间，可用干燥绳索将触电者身体拉离地面，或用干燥木板将人体与地面隔开，再设法关断电源。

如手边有绝缘导线，可先将一端良好接地，另一端与触电者所接触的带电体相接，将该相电源对地短路。

也可用手头的刀、斧、锄等带绝缘柄的工具，将电线砍断或撬断。

2. 对不同情况的救治

① 触电者神智尚清醒。但感觉头晕、心悸、出冷汗、恶心、呕吐等，应让其静卧休息，减轻心脏负担。

② 触电者神智有时清醒，有时昏迷，应静卧休息，并请医生救治。

③ 触电者无知觉，有呼吸、心跳。在请医生的同时，应施行人工呼吸。

④ 触电者呼吸停止，但心跳尚存，应施行人工呼吸；如心跳停止，呼吸尚存，应采取胸外心脏挤压法；呼吸、心跳均停止，则须同时采用人工呼吸法和胸外心脏挤压法进行抢救。

3. 人工呼吸法

人工呼吸法只对停止呼吸的触电者使用，操作步骤如下。

① 先使触电者仰卧。解开衣领、围巾、紧身衣服等，除去口腔中的黏液、血液、食物、假牙等杂物。

② 将触电者头部尽量后仰，鼻孔朝天，颈部伸直。救护人一只手捏紧触电者的鼻孔，另一只手掰开触电者的嘴巴。救护人深吸气后，紧贴着触电者的嘴巴大口吹气，使其胸部膨胀；之后救护人换气，放松触电者的嘴鼻，使其自动呼气。如此反复进行，吹气2s，放松3s，大约5秒一个循环。

③ 吹气时要捏紧鼻孔，紧贴嘴巴，不使其漏气，放松时应能使触电者自动呼气。其操作如图5-36所示。

④ 如触电者牙关紧闭，无法撬开，可采取口对鼻吹气的方法。

⑤ 对体弱者和儿童吹气时用力应稍轻，以免肺泡破裂。

项目5 三相交流电路分析

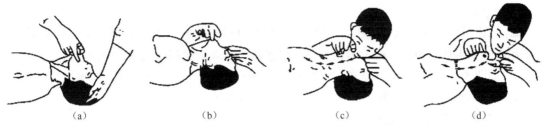

（a）　　　　　　　（b）　　　　　　　（c）　　　　　　　（d）

图 5-36　口对口人工呼吸

4．胸外心脏挤压法

确定正确按压位置的步骤：

① 右手的食指和中指沿触电伤员的右侧肋骨下缘向上，找到肋骨和胸骨结合处的中点。

② 两手指并齐，中指放在切迹中点，食指平放在胸骨下部。

③ 另一只手的掌根紧挨食指上缘，置于胸骨上，即为正确的按压位置（见图 5-37）。

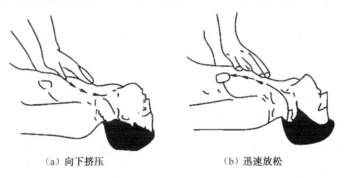

（a）向下挤压　　　　　　　（b）迅速放松

图 5-37　心脏胸外挤压法

使触电伤员仰面躺在平坦的地方，救护人员立或跪在伤员的一侧肩旁，救护人员的两肩位于伤员胸骨正上方，两臂伸直，肘关节固定不屈，两手掌根相叠，手指翘起，不接触伤员的胸壁。以筋关节为支点，利用上身的重力，垂直将正常人胸骨压陷 3～5cm（儿童和瘦弱者酌减）。压到要求的程度后，立即全部放松，但放松时救护人员的掌根不得离开胸壁。胸外按压要以均匀速度进行，每分钟 80 次左右，每次按压和放松的时间相等。

思考与练习

5-4-1　一些金属外壳的家电（如电冰箱、洗衣机等）使用三眼插头和插座，而一些非金属外壳的电器（电视机、收音机）却只使用两眼插头和插座，为什么？

5-4-2　什么是三相五线制供电系统？它有什么优点？

5-4-3　试说明保护接地与保护接零的原理与区别。

习题 5

1．已知三相电压 V 相电压 $u_V = 220\sqrt{2}\sin(\omega t - 100°)$ V，试求另外两相电压的正弦表达式，

并画出相量图。

2. 三相对称电路，其线电压为 380V，负载 $Z = (30 + j40)\Omega$，试求：(1) 负载作星形连接时的相电流和中性线电流；(2) 若改为三角形连接，再求负载相电流和线电流。

3. 如图 5-38 所示，电路是供白炽灯负载的照明电路，电源电压对称，线电压为 380V，每相负载的电阻 $R_U = 5\Omega$，$R_V = 10\Omega$，$R_W = 20\Omega$，试求：

(1) 各相电流及中性线电流；

(2) U 相断路，各相负载所承受的电压和通过的电流；

(3) U 相和中性线均断路，各相负载的电压和电流；

(4) U 相负载短路，中性线断开，各相负载的电压和电流。

4. 在如图 5-39 所示电路中，电流表在正常工作时读数是 26A，电压表读数是 380V，电源电压对称，在下列情况之一时，求各相的负载电流。

(1) 正常工作；

(2) UV 相负载断路；

(3) U 相线断路。

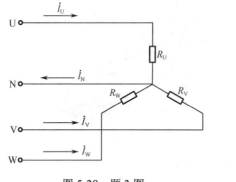

图 5-38　题 3 图

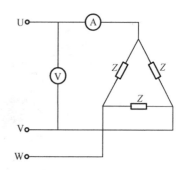

图 5-39　题 4 图

5. 已知三相对称负载作三角形连接时，线电压为 380V，线电流为 17.3A，三相总功率为 4.5kW，求每相负载的电阻和感抗。

6. 三相四线制电路中，线电压为 380V，U 相接 20 盏灯，V 相接 30 盏灯，W 相接 40 盏灯，灯泡的额定值均为 220V、100W，求电源供给总功率。如线电压降至 300V，再求电源供给的总功率。

项目 6

动态电路的分析

1. 知识目标

① 理解暂态、稳态及过渡过程产生的原因。
② 熟悉换路和换路定理的内容。
③ 掌握一阶电路过渡过程的三要素分析方法。
④ 理解微分电路和积分电路波形变换原理。

2. 技能目标

① 会应用三要素法分析一阶电路的过渡过程。
② 熟悉微分电路和积分电路的应用。

6.1 任务 1 一阶电路的暂态分析

6.1.1 换路定理和初始值的计算

1. 暂态与稳态

前面几章分析讨论的是直流或交流电路的稳定状态。所谓稳定状态，是指电路中的电压和电流值，在给定的条件下具有某一稳定的数值，稳定状态简称稳态。

当电源电压、电流或频率发生变化时，在含有电容、电感等储能元件的电路刚刚接通、断开或电路参数突然发生变化时，电路中的电流、电压等物理量也将随着变化，达到与新条件相适应的另一稳定值。

电路从一种稳定状态转换到另一种稳定状态的变化过程称为过渡过程。过渡过程经历的时间很短，故又称暂态过程，简称暂态。研究电路在暂态过程中电流和电压随时间变化的规律，称为电路的暂态分析。

以图 6-1 所示的 RC 串联电路为例，开关 S 原来打开，电容未被充电，即 $i_C = 0$，$u_C = 0$，这时电路处于一种稳态。当开关 S 闭合后经过一段时间，由于电容对直流相当于开路，因此电路中 $i_C = 0$，$u_C = U_s$，电容中存储了能量，这也是一种稳态。电容电压从 0 达到 U_s 的过程中，电流 i_C 的变化过程，就是所要研究的暂态问题。

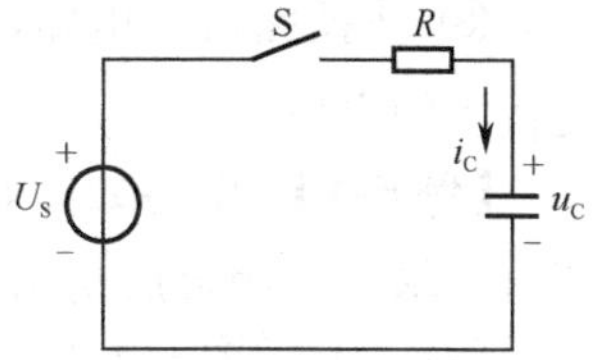

图 6-1 RC 串联电路

2. 换路的概念

电路的接通、切断、短路、电动势幅值、波形的突变、电路连接方式及电路参数的突然改变等统称换路。

电路中引起过渡过程的原因有两个：其一，由于电路中出现换路，会使电路工作状态发生变化，就有可能产生过渡过程。所以，换路是引起过渡过程必要的外部条件。其二，电路中含有储能元件是引起过渡过程必要的内部条件。因为具有储能元件的电路换路时，从换路前的稳定状态到换路后的稳定状态，必须经历一段时间的过渡过程。而纯电阻电路在换路瞬间，其电流、电压是可以跃变的，即电路工作可以瞬时完成，不存在过渡过程。

含有储能元件的电路在换路后要引起过渡过程的原因是：物质所具有的能量不能突变。自然界的任何物质在一定的稳定状态下，都具有一定的或一定形式的能量，当条件改变时，能量随着改变。但是，能量的积累或衰减需要一定的时间。

3. 换路定理

换路定理是指在一个具有储能元件的网络中，在电路换路瞬间，电感元件的电流不能突变，电容元件的端电压不能突变。

从能量观点来看，电感的磁场能量 $W_L = \frac{1}{2}Li_L^2$，电容的电场能量 $W_C = \frac{1}{2}Cu_C^2$，式中，电感量 L 和电容量 C 都是常量。假设电感中电流 i_L 突变，则电感元件存储的磁场能量 W_L 也要发生突变，磁场能量的突变意味着电源提供的功率 $P = \lim\limits_{\Delta t \to 0} \frac{\Delta W_L}{\Delta t} = \infty$。事实上，没有能在瞬间提供无限大功率的电源，这说明了电感元件中电流不能突变。同理，如果假设电容端电压 u_C 可以突变，则电容元件存储的电场能量 W_C 也要发生突变，用同样道理可以说明电容电压不能突变。

如果取时间 $t=0$ 为换路瞬间，以 $t=0_-$ 表示换路前的终了瞬间，$t=0_+$ 表示换路后的初始瞬间，则换路定理可叙述如下：

从 $t=0_-$ 到 $t=0_+$ 换路瞬间，电感元件中的电流和电容元件上的电压保持原值不变，即

$$i_L(0_+) = i_L(0_-) \tag{6-1}$$
$$u_C(0_+) = u_C(0_-) \tag{6-2}$$

4. 初始值的计算

根据换路定理求换路瞬时初始值的步骤如下。

① 根据换路前的电路，求出换路前瞬间（$t=0_-$）的电容电压 $u_C(0_-)$ 和电感电流 $i_L(0_-)$。

② 由换路定理确定换路后瞬间（$t=0_+$）的电容电压 $u_C(0_+)$ 和电感电流 $i_L(0_+)$。

③ 按换路后的电路，根据电路的基本定律求出换路后瞬间（$t=0_+$）的各支路电流和各元件上的电压。

【例 6-1】电路如图 6-2 所示，开关 S 原来打开，电容和电感都没有储能，$t=0$ 时，开关 S 闭合，求开关闭合后初始瞬间电容中电压和电感中电流的初始值。

解：① 求图 6-2（a）所示电路在开关闭合后电压和电流的初始值。

由于 $t=0_-$ 时开关 S 断开，且电容没有存储电荷，故

$$i_C(0_-) = 0\text{A}, \quad u_C(0_-) = 0\text{V}, \quad u_R(0_-) = 0\text{V}$$

根据换路定理：
$$u_C(0_+) = u_C(0_-) = 0\text{V}$$

因 $u_C(0_-) = 0\text{V}$，所以 $t = 0_+$ 瞬间，电容 C 相当于短路。

所以
$$i_C(0_+) = \frac{U}{R} = \frac{10}{20}\text{mA} = 0.5\text{mA}$$
$$u_R(0_+) = 20 \times 0.5\text{V} = 10\text{V}$$

这个计算结果表明，电容元件的电流和电阻元件端电压是可以跃变的。

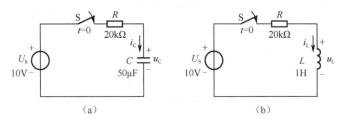

图 6-2　例 6-1 图

② 求图 6-2（b）所示电路在开关闭合后电压和电流的初始值。
由于 $t = 0_-$ 时开关 S 是断开的，且电感没有电流，故
$$i_L(0_-) = 0\text{A}, \quad u_L(0_-) = 0\text{V}, \quad u_R(0_-) = 0\text{V}$$

根据换路定理：
$$i_L(0_+) = i_L(0_-) = 0\text{A}$$

因 $i_L(0_+) = 0\text{V}$，所以 $t = 0_+$ 瞬间，电感 L 相当于开路。

所以
$$u_L(0_+) = U = 10\text{V}$$
$$u_R(0_+) = 0\text{V}$$

这个计算结果表明，表明电感元件端电压是可以跃变的。

6.1.2　分析一阶电路过渡过程的三要素法

分析过渡过程的基本方法是根据已知条件，利用欧姆定律和基尔霍夫定律列微分方程求解。只含有一个储能元件或可等效为一个储能元件的电路，其过渡过程可以用一阶微分方程描述，这种电路称为一阶电路。

图 6-3 所示是 RC 串联电路，$t=0$ 时开关 S 闭合，电路与直流电压源接通。开关 S 闭合后的过渡过程可根据基尔霍夫定律列出回路电压方程

$$u_R + u_C = U \quad (6-3)$$

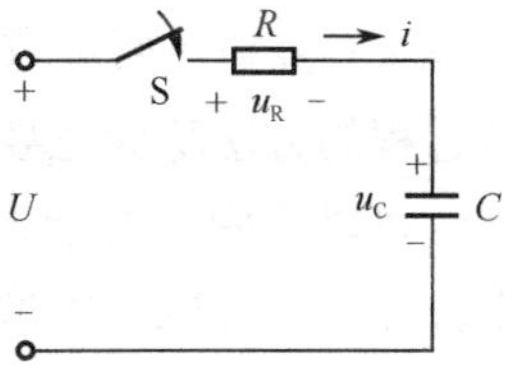

即
$$Ri + u_C = 0$$

图 6-3　RC 串联电路

将 $i = C\dfrac{\mathrm{d}u_C}{\mathrm{d}t}$ 代入得

$$RC\frac{\mathrm{d}u_C}{\mathrm{d}t} + u_C = U \tag{6-4}$$

式（6-4）是一阶常系数非齐次线性微分方程，它的通解 u_C 是它的一个特解 u_C' 和它对应的齐次线性微分方程的通解 u_C'' 之和。即

$$u_C = u_C' + u_C''$$

它的特解 u_C' 是开关闭合后经无限长时间，即 $t=\infty$ 时的电容电压值，即

$$u_C' = u_C(\infty)$$

齐次线性微分方程的通解 u_C'' 是一个时间的指数函数，可表示为

$$u_C'' = A\mathrm{e}^{pt}$$

现将其代入该齐次方程，可得出该齐次方程的特征方程是

$$RCp + 1 = 0$$

令

$$p = -\frac{1}{RC} = -\frac{1}{\tau}$$

$$\tau = RC \tag{6-5}$$

于是

$$u_C = u_C(\infty) + A\mathrm{e}^{-\frac{t}{RC}}$$
$$= u_C(\infty) + A\mathrm{e}^{-\frac{t}{\tau}}$$

式（6-5）中 $\tau = RC$ 称为时间常数，积分常数 A 可由电路的初始条件定出，如果已知 $t=0_-$ 时的 $u_C(0_-)$，则可根据换路定理求得 $u_C(0_+)$，将 $t=0$ 时 u_C 的初始值 $u_C(0_+)$ 代入得

$$u_C(0_+) = u_C(\infty) + A$$
$$A = u_C(0_+) - u_C(\infty) \tag{6-6}$$

将上式代入得

$$u_C = u_C(\infty) + [u_C(0_+) - u_C(\infty)]\mathrm{e}^{-\frac{t}{\tau}} \tag{6-7}$$

由式（6-7）可知，u_C 由两个分量叠加而成，其中 $u_C(\infty)$ 是电路换路后的稳态分量；$[u_C(0_+) - u_C(\infty)]\mathrm{e}^{-\frac{t}{\tau}}$ 是电路换路后的暂态分量，是时间的指数函数。所以，对于直流电源作用下的一阶 RC 电路，只要求得初始值 $u_C(0_+)$、稳态值 $u_C(\infty)$ 和时间常数 τ 这三个要素，就可以写出 u_C 的表达式，即完全确定了过渡过程中 u_C 随时间的变化规律。因此，初始值 $u_C(0_+)$、稳态值 $u_C(\infty)$ 和时间常数 τ 是分析一阶 RC 电路过渡过程的三个要素。这种利用三个要素分析过渡过程的方法称为三要素法。

可以证明，对于直流电源作用下的任何一阶电路中的电压和电流，均可以用三要素法来进行分析，写成一般形式为

$$f(t) = f(\infty) + [f(0_+) - f(\infty)]\mathrm{e}^{-\frac{t}{\tau}} \tag{6-8}$$

式（6-8）中 $f(t)$ 表示过渡过程中电路的电压或电流，$f(\infty)$ 表示该电压或电流的稳态值，$f(0_+)$ 表示换路后瞬间该电压或电流的初始值，τ 为时间常数。

【例 6-2】在如图 6-4 所示的电路中，已知 U_S=6V，R_1=10kΩ，R_2=20kΩ，C=30μF，开关 S 闭合前，电容两端电压为零，求 S 闭合后电容元件上的电压 u_C。

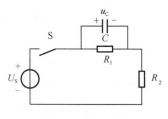

图 6-4 例 6-2 图

解： ① 确定初始值，开关 S 闭合前
$$u_C(0_-) = 0V$$
根据换路定律
$$u_C(0_+) = u_C(0_-) = 0V$$

② 确定稳态值，稳态时，电容元件相当于开路，所以
$$u_C(\infty) = \frac{R_1 U_S}{R_1 + R_2} = \frac{10 \times 6}{10 + 20} = 2V$$

③ 确定电路的时间常数，根据换路后的电路，从电容元件两端看进去的等效电阻为
$$R = \frac{R_1 R_2}{R_1 + R_2} = \frac{10 \times 20}{10 + 20} = \frac{20}{3} k\Omega$$

所以
$$\tau = RC = \frac{R_1 R_2}{R_1 + R_2} C = \frac{20}{3} \times 10^3 \times 30 \times 10^{-6} s = 0.2s$$

于是
$$u_C = u_C(\infty) + [u_C(0_+) - u_C(\infty)] e^{-\frac{t}{\tau}} = 2 + (0-2)e^{-\frac{t}{0.2}} = 2 - 2e^{-5t}$$

6.1.3 一阶 RC 电路过渡过程的分析

1. RC 电路的充电过程

在如图 6-3 所示电路中，若电容未充电，则 $u_C(0_+) = u_C(0_-) = 0V$，$u_C(\infty) = U$，代入式（6-7）可得
$$u_C = U(1 - e^{-\frac{t}{\tau}}) \tag{6-9}$$

由 $i(0_+) = \dfrac{U}{R}$，$i(\infty) = 0$ 可得
$$i = \frac{U}{R} e^{-\frac{t}{\tau}} \tag{6-10}$$

由 $u_R(0_+) = U$，$u_R(\infty) = 0$ 可得
$$u_R = U e^{-\frac{t}{\tau}} \tag{6-11}$$

由 u_C、i、u_R 的数学表达式，可以画出它们随时间变化的曲线，如图 6-5 所示。

$\tau = RC$ 为 RC 电路的时间常数，它表征着过渡过程的快慢，τ 越大，则 u_C 上升得越慢，过程越长，反之亦然。这是因为 τ 越大，RC 乘积越大。C 值大意味着电容所存储的最终能量大，R 值大意味着充电电流小，能量存储慢，这

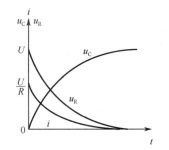

图 6-5 电容充电时电流、电压波形

都促使过渡过程变长。

u_C 随时间变化的过程如图 6-6 所示。

可以看出：

① 时间常数 τ 的数值等于电容电压由初始值上升到稳态值的 63.2% 所需的时间。

② 电压开始变化较快，而后逐渐缓慢。因此，虽然从理论上说，只有当 $t \rightarrow \infty$ 时，u_C 才能达到稳定值，充电过程才结束，但在工程上认为，经过 $t = (3 \sim 5)\tau$ 的时间，过渡过程基本结束。

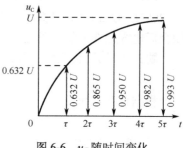

图 6-6 u_C 随时间变化

2. RC 电路的放电过程

如果在如图 6-7 所示的电路中，开关 S 先与 1 接通，给电容充电达到一定数值 U_0，在 $t=0$ 的瞬间，将开关 S 由 1 拨到 2，使 RC 电路与外加电压断开并短接。此时电容将所存储的能量放出。

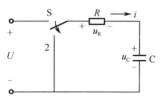

图 6-7 RC 电路的放电过程

由电路情况可写出

$$u_C(0_+) = u_C(0_-) = U_0, \quad u_C(\infty) = 0$$

代入式（6-7）可得

$$u_C = U_0 e^{-\frac{t}{\tau}} \tag{6-12}$$

同理，将 $i(0_+) = -\dfrac{U}{R}$，$i(\infty) = 0$ 和 $u_R(0_+) = -U_0$，$u_R(\infty) = 0$ 分别代入式（6-7）可得

$$i = -\frac{U_0}{R} e^{-\frac{t}{\tau}} \tag{6-13}$$

$$u_R = -U_0 e^{-\frac{t}{\tau}} \tag{6-14}$$

由 u_C、i、u_R 的数学表达式，可以画出它们随时间变化的曲线，如图 6-8 所示。

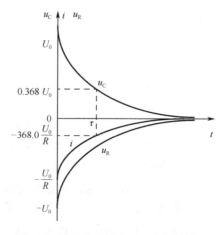

图 6-8 电容放电时电流、电压的波形

在放电过程中，时间常数 τ 的数值等于电容电压由初始值下降了总变化量的 63.2% 所需的时间，当 $t=(3\sim5)\tau$ 时，即可认为基本达到了稳态，放电过程结束。

如果电路中有多个电阻，计算时间为常数时，可在换路后的电路中将储能元件支路单独划出，其余部分成为一个有源二端网络，该有源二端网络的戴维南等效电路中的内阻 R_0，即为计算时间常数的 R，即 $\tau=R_0C$。

【例 6-3】 在如图 6-9 所示的电路中，电容未充电，在 $t=0$ 的瞬时将开关 S 闭合，试求电容电压的变化规律。

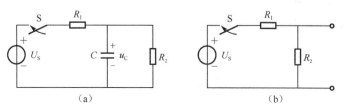

图 6-9 例 6-3 图

解： 除去电容支路后的戴维南等效电路如图 6-9（b）所示，其内阻为

$$R_0 = \frac{R_1 R_2}{R_1 + R_2}$$

时间常数为

$$\tau = R_0 C = \frac{R_1 R_2}{R_1 + R_2} C$$

初始值为

$$u_C(0_+) = u_C(0_-) = 0$$

稳定值为

$$u_C(\infty) = \frac{R_2}{R_1 + R_2} U_S$$

所以

$$u_C = u_C(\infty) + [u_C(0_+) - u_C(\infty)] e^{-\frac{t}{\tau}}$$

$$= \frac{R_2}{R_1 + R_2} U_S + \left[0 - \frac{R_2}{R_1 + R_2} U_S\right] e^{-\frac{t}{\tau}}$$

$$= \frac{R_2}{R_1 + R_2} U_S (1 - e^{-\frac{t}{\tau}})$$

u_C 的波形如图 6-10 所示。

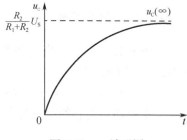

图 6-10 u_C 波形图

6.1.4 一阶 RL 电路过渡过程的分析

1. RL 电路与直流电压接通

图 6-11 所示为 RL 串联电路，在 $t=0$ 时，将开关 S 闭合，则电感 L 通过电阻 R 与直流电压 U 接通。

该电路也是一阶电路，可用三要素法求解，在 $t=0$ 时，$i(0_+) = i(0_-) = 0$，$i(\infty) = \dfrac{U}{R}$

故通过电感的电流为

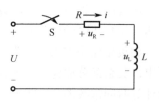

图 6-11　RL 电路与直流电压接通

$$i_{(t)} = i(\infty) + [i(0_+) - i(\infty)]e^{-\frac{t}{\tau}}$$
$$= \dfrac{U}{R}(1 - e^{-\frac{t}{\tau}}) \quad (6\text{-}15)$$

式中 $\tau = \dfrac{L}{R}$ 称为 RL 电路的时间常数。

同理可得电感的端电压为

$$u_L = u_L(\infty) + [u_L(0_+) - u_L(\infty)]e^{-\frac{t}{\tau}}$$
$$= u_L(0_+)e^{-\frac{t}{\tau}} \quad (6\text{-}16)$$
$$= Ue^{-\frac{t}{\tau}}$$

电阻的端电压为

$$u_R = Ri = U(1 - e^{-\frac{t}{\tau}}) \quad (6\text{-}17)$$

根据式（6-17）可画出 RL 电路与直流电压接通时的电流波形，如图 6-12 所示。

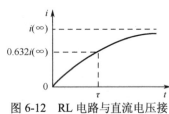

图 6-12　RL 电路与直流电压接通时电流的波形

RL 电路过渡过程的快慢由时间常数 $\tau = \dfrac{L}{R}$ 决定。L 值大，意味着电感所存储的最终能量大，R 值小，则电流大，也意味着电感所存储的最终能量大，故 τ 值越大过渡过程的时间越长。同样，时间常数 τ 的数值等于电感电流由初始值上升到稳态值的 63.2%所需的时间，一般工程上认为，经过 $t = (3 \sim 5)\tau$ 的时间，过渡过程基本结束。

2. RL 电路的短接

如图 6-13 所示，如果电路中的电流达到某一数值 I_0，在 $t = 0$ 时将 RL 电路短接，则

$i(0_+) = I_0$，$i(\infty) = 0$，$u_L(0_+) = -I_0 R$，$u_L(\infty) = 0$。

可求得通过电感的电流为

$$i = i(0_+)e^{-\frac{t}{\tau}} = I_0 e^{-\frac{t}{\tau}} \quad (6\text{-}18)$$

$$u_L = L\dfrac{di}{dt} = u_L(0_+)e^{-\frac{t}{\tau}} = -I_0 R e^{-\frac{t}{\tau}} \quad (6\text{-}19)$$

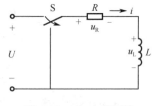

图 6-13　RL 电路短接

3. RL 电路的断开

在如图 6-14 所示的电路中，如果 $R_1 \rightarrow \infty$，那么，换路后 RL 电路相当于被断开，换路后瞬间电感线圈两端的电压为

$$u_L(0_+) = -\frac{R+R_1}{R}U \to \infty$$

这样在开关的触头之间产生很高的电压（过电压），开关之间的空气将发生电离而形成电弧，致使开关被烧坏。同时过电压也可能将电感线圈的绝缘层击穿。为避免过电压造成的损害，可在线圈两端并接一个低值电阻（泄放电阻），加速线圈放电的过程，也可用二极管（称为续流二极管）代替电阻提供放电回路，或在线圈两端并联电容，以吸收一部分电感释放的能量。

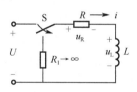

图 6-14 RL 电路断路

思考与练习

6-1-1 任何电路发生换路时是否都会产生过渡过程？

6-1-2 产生过渡过程的原因是什么？

6-1-3 换路定理的内容是什么？根据换路定理求换路瞬时值时，电感和电容有时视为开路，有时视为短路，试说明这样处理的条件。

6-1-4 一阶电路的三要素是什么？写出其计算公式。

6-1-5 某电路的电压为 $u_C = 10 - 5e^{-0.1t}$ V，试写出它的三要素。

6-1-6 已知电路如图 6-15 所示，U_S=5V，R_1=6Ω，R_2=4Ω，C=4 μF，且电路已处于稳态，t=0 时 S 开关由 1 拨到 2，试求电路 $u_C(0_+)$ 和 $i_C(0_+)$。

6-1-7 在图 6-16 中，有一个线圈，并联一个二极管 VD。设二极管的正向电阻为零，反向电阻为无穷大。二极管在此起何作用？

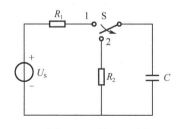

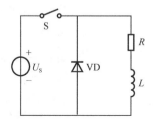

图 6-15 题 6-1-6 图　　　　图 6-16 题 6-1-7 图

6-1-8 有一台直流电动机，它的励磁线圈的电阻为 50Ω，当加上额定励磁电压经过 0.1s 后，励磁电流增长到稳态值的 36.8%，试求线圈的电感。

6-1-9 一个线圈的电感 L=0.1H，通有直流 I = 5A，现将此线圈短路，经过 t = 0.01s 后，线圈中的电流减小到初始值的 36.8%。试求线圈的电阻。

操作训练 1　RC 一阶动态电路的响应测试

1. 训练目的

① 测定 RC 一阶电路的零输入响应及零状态响应。
② 测定 RC 一阶电路全响应时电容两端电压的变化规律。
③ 测量 RC 电路的时间常数。

2. 仿真测试

（1）RC 电路的电容充电（零状态响应）仿真电路

① 搭建如图 6-17 所示的 RC 电路的电容充电仿真电路。

② 执行"仿真"→"分析"→"瞬变分析"命令，如图 6-18 所示。即可打开如图 6-19 所示的"瞬态分析"对话框。

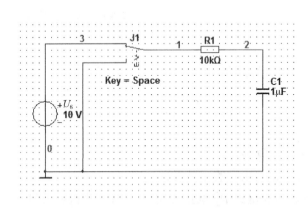

图 6-17 RC 电路的电容充电仿真电路

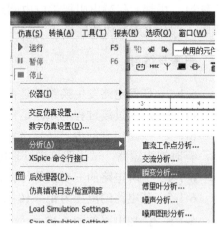

图 6-18 "瞬变分析"命令

图 6-19 "瞬态分析"对话框

③ 在"分析参数"选项卡中"Initial Conditions"选项区中，设置仿真开始的初始条件为"设置为 0"，"参数"选项区设置开始时间为 0s，终止时间为 0.05s，如图 6-19 所示。

在"输出"选项卡中，设置待分析的节点为 V(2)。

④ 单击"仿真"按钮，即可得到 RC 零状态响应曲线，如图 6-20 所示。

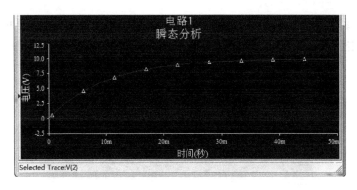

图 6-20　RC 零状态响应曲线

（2）RC 电路的电容放电（零输入响应）仿真电路

① 按一下图 6-17 所示开关 S1 的控制键，活动刀片与下端闭合，形成 RC 电路的电容放电仿真电路，如图 6-21 所示。

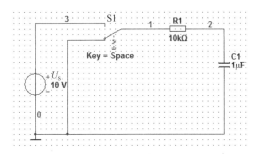

图 6-21　RC 电路的电容放电仿真电路

② 双击图 6-18 所示中电容符号，可打开如图 6-22 所示的电容参数设置对话框，单击"参数"选项卡，勾选"Initial Conditions"（初始条件）复选框，设置电容的初始电压为 10V。

图 6-22　电容参数设置对话框

③ 执行"仿真"→"分析"→"瞬变分析"命令,即可打开"瞬态分析"对话框。设置与前面相同,单击"仿真"按钮,即可得到 RC 电路零输入响应曲线,如图 6-23 所示。

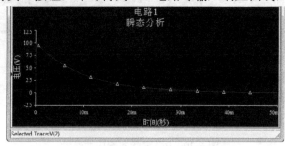

图 6-23　RC 电路零输入响应曲线

(3) 一阶 RC 电路的全响应

① 搭建一阶 RC 电路的全响应仿真电路,如图 6-24 所示。

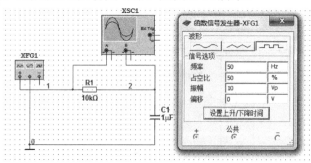

图 6-24　RC 电路的全响应仿真电路

② 双击 XSC1 函数发生器图标,在弹出的面板参数中,选择方波信号,设置频率为 50Hz,占空比为 50%,幅值为 10V。

③ 打开仿真开关,双击示波器图标,弹出其面板,即可看到输入的方波信号和一阶 RC 电路的全响应波形,如图 6-25 所示。

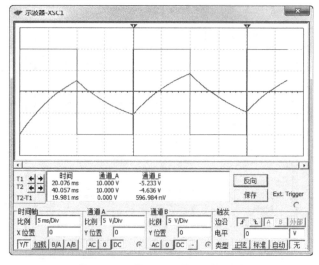

图 6-25　一阶 RC 电路的全响应波形

在图 6-24 所示的 RC 电路中，时间常数 $\tau = RC = 5\text{ms}$。

在电容充放电过程中，电压和电流都会发生变化，只要在充电和放电过程中确定产生总变化量的 63%所需的时间，就能测出时间常数。

3．实验测试

按照图 6-14 和图 6-24 连接电路，用示波器分别观察 RC 零状态响应、RC 电路零输入响应和一阶 RC 电路的全响应波形，并测出时间常数。

6.2 任务 2 微分电路与积分电路分析

6.2.1 微分电路

微分电路和积分电路都利用 RC 串联电路将矩形脉冲转换成尖脉冲波或三角波，在电子技术中被广泛应用。

图 6-26 所示的 RC 电路，其输入信号为一个矩形脉冲，u_1 的幅值为 U，脉冲持续时间（或称脉冲宽度）为 t_p，如图 6-27（a）所示，电路的输出电压 u_2 从电阻 R 两端取出。

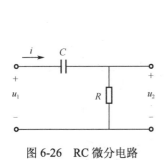

图 6-26 RC 微分电路

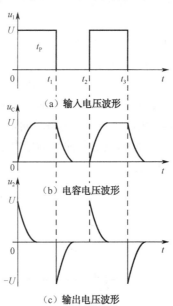

图 6-27 微分电路波形图

微分电路的时间常数 $\tau \ll t_p$，若在 $t=0$ 时，输入矩形脉冲信号 u_1，电压从 0 跃变到 U，这相当于 RC 串联电路在零状态下输入正向直流电压，如果电路的时间常数很小，例如 $\tau = 0.05 t_p$，则可认为 $t = 5\tau = 0.25 t_p$ 时，电路已进入稳态，u_C 已由 0 增长到 U，u_R 已由 U 衰减到 0。u_C 和 u_2 随时间的变化曲线如图 6-27（b）、（c）所示。

当 $t=t_1$ 时，u_1 由 U 突变到 0，此时相当于将 RC 电路输入端短接，电路换路后，电容电压同样只需要经历 $t = 5\tau = 0.25 t_p$ 时，u_C 由 U 衰减到 0。u_R 由 $-U$ 很快衰减到 0。如果输入电压 u_1

为一系列矩形脉冲，输出则是一系列上下对称的尖脉冲。

由图 6-26 可知 $u_1 = u_C + Ri$，如果电路满足 $\tau \ll t_p$ 时，由于 τ 很小，故可以认为 R 和 C 都很小，因此，$\dfrac{1}{\omega C} \gg R$，$Ri \ll u_C$，故有

$$u_1 \approx u_C$$

而输出电压

$$u_2 = Ri = RC\dfrac{du_C}{dt}$$

所以

$$u_2 = RC\dfrac{du_1}{dt} \tag{6-20}$$

必须指出的是，如果电路时间常数 τ 发生变化，致使 $\tau \gg t_p$，由于这时电容器充电和放电时间延长，u_C 和 u_2 将缓慢变化，使输出波形发生质的变化，电路将不再是微分电路了。

6.2.2 积分电路

如图 6-28 所示，其输入信号仍为一个矩形脉冲，u_1 的幅值为 U，脉冲宽度为 t_p，时间常数 $\tau \gg t_p$，电路的输出电压 u_2 从电容 C 两端取出。

积分电路可将矩形波信号变换成三角波（或锯齿波）信号。若 $t=0$ 时以矩形波信号输入，输入电压 u_1 将从零值跃变到 U，电容器 C 开始充电，由于电路的时间常数 $\tau \gg t_p$，所以在时间 t 从 0 到 t_1 这段时间内，即 t_p 这段时间内 u_2 的上升曲线只是指数曲线起始部分的一小段，该一小段曲线近似于一条直线，因此输出电压 u_2 近似线性增长。

在 $t=t_1$ 瞬间，输入电压 u_1 从 U 跃变到 0，输入端相当于短接。电路在该时刻换路后，电容 C 通过电阻放电，由于电路时间常数 τ 很大，电容放电缓慢，u_2 将近似线性地下降。如果输入电压是一系列矩形脉冲，输出电压则是一系列三角波（或锯齿波），输入和输出电压波形如图 6-29 所示。

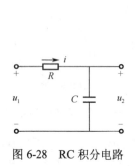

图 6-28　RC 积分电路

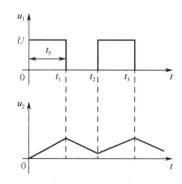

图 6-29　积分电路波形图

由图 6-28 可知

$$u_1 = Ri + u_2$$

如果电路满足 $\tau \gg t_p$ 时，由于 τ 很大，故可以认为 R 和 C 都很大，因此，$\dfrac{1}{\omega C} \ll R$，

$Ri \gg u_2$,故有

$$u_1 \approx Ri$$

$$u_2 = \frac{1}{C}\int i\,dt = \frac{1}{C}\int \frac{u_R}{R}\,dt \approx \frac{1}{RC}\int u_1\,dt \qquad (6\text{-}21)$$

上式表明,输出电压与输入电压的积分成正比,故称积分电路。但应注意,积分电路中输出电压、输入电压之间的近似积分关系,只是在时间常数足够大的条件下才成立。积分电路常用于将矩形脉冲信号变换成三角波或锯齿波。

思考与练习

6-2-1　RC 串联电路组成微分电路的条件是什么?

6-2-2　RC 串联电路组成积分电路的条件是什么?

6-2-3　微分电路和积分电路分别输入矩形脉冲信号,输出信号波形有什么特点?

操作训练 2　微分电路与积分电路分析

1. 训练目的

① 掌握微分电路和积分电路的特点及作用。

② 进一步学会用示波器测绘图形。

2. 仿真分析

(1) 微分电路仿真

① 按图 6-30 绘制仿真电路图。

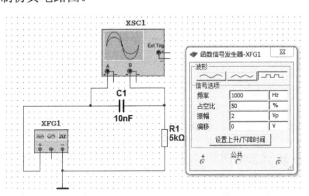

图 6-30　微分电路仿真

② 双击 XSC1 函数发生器图标,在弹出的面板参数中,选择方波信号,设置频率为 1000Hz,占空比为 50%,幅值为 2V。

③ 打开仿真开关,双击示波器图标,弹出其面板,即可看到输入的方波信号 u_R 的波形,如图 6-31 所示。

④ 继续增大 R 值或 C 值,或减小信号发生器的频率,定性地观察对响应 u_R 的影响。

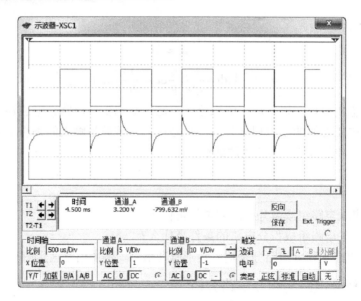

图 6-31　u_C 的波形

（2）积分电路的仿真

① 按图 6-32 绘制仿真电路图。

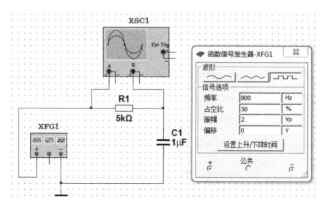

图 6-32　积分电路仿真

② 双击 XSC1 函数发生器图标，在弹出的面板参数中，选择方波信号，设置频率为 1000Hz，占空比为 50%，幅值为 2V。

③ 打开仿真开关，双击示波器图标，弹出其面板，即可看到输入的方波信号 u_C 的波形，如图 6-33 所示。

④ 继续增大 R 或 C 值，或减小信号发生器的频率，定性地观察对响应 u_C 的影响。

3. 实验测试

① 按照图 6-30 连接电路，用示波器观察电阻电压 u_R 的波形，继续增大 R 值或 C 值，或减小信号发生器的频率，定性地观察对响应 u_R 的影响。

② 按照图 6-32 连接电路，用示波器观察电阻电压 u_C 的波形，继续增大 R 值或 C 值，或

减小信号发生器的频率，定性地观察对响应 u_C 的影响。

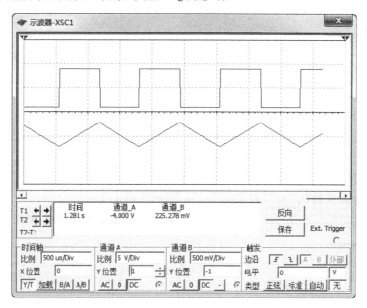

图 6-33　积分电路波形

4．实验注意事项

调节电子仪器各旋钮时，动作不要过猛。信号发生器的接地端与示波器的接地端要共地，以防外界干扰而影响测量的准确性。

习题 6

1．已知电路如图 6-34 所示，电路已达稳态。$t=0$ 时，S 开关断开。试求 $u_C(0_+)$ 和 $i_L(0_+)$。

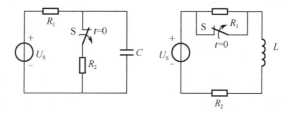

图 6-34　题 1 图

2．已知电路如图 6-35 所示，$R_1=10\Omega$，$R_2=20\Omega$，$U_S=10V$，且换路前电路已经达到稳态，$t=0$ 时 S 开关由 1 拨到 2，试求电路 $u_C(0_+)$ 和 $i_C(0_+)$。

3．题 2 所述电路中，假设开关 S 换路前合在位置 2，且换路前电路已经达到稳态。$t=0$ 时 S 开关由 2 拨到 1，试求电路 $u_C(0_+)$ 和 $i_C(0_+)$。

4．已知电路如图 6-36 所示，$R_1=10\Omega$，$R_2=20\Omega$，$U_S=10V$，且换路前电路已经达到稳态，$t=0$ 时 S 开关由 1 拨到 2，试求电路 $i_L(0_+)$ 和 $u_L(0_+)$。

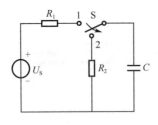
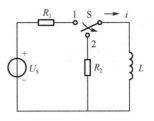

图 6-35 题 2 图　　　　　　　图 6-36 题 4 图

5. 题 4 所述电路中，假设开关 S 换路前合在位置 2，且换路前电路已经达到稳态。$t=0$ 时 S 开关由 2 拨到 1，试求电路 $i_L(0_+)$ 和 $u_L(0_+)$。

6. 已知电路如图 6-37 所示，$R=100\text{k}\Omega$，$C=100\mu\text{F}$，$U_{S1}=5\text{V}$，电路已达稳态。$t=0$ 时 S 开关由 1 拨到 2，试求当 U_{S2} 分别为 10V 和 -5V 时的电路 u_C。

7. 已知电路如图 6-38 所示，$R_1=3\Omega$，$R_2=6\Omega$，$C=3\text{F}$，$I_S=1\text{A}$，电路已达稳态。$t=0$ 时 S 开关闭合，试求 u_C。

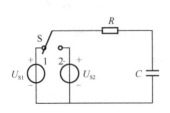
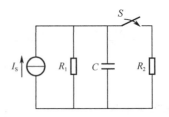

图 6-37 题 6 图　　　　　　　图 6-38 题 7 图

8. 已知电路如图 6-39 所示，$R_1=R_3=10\Omega$，$R_2=5\Omega$，$U_S=20\text{V}$，$C=10\mu\text{F}$，电路已达稳态。$t=0$ 时 S 开关闭合，试求 u_C。

9. 已知电路如图 6-40 所示，$R_1=15\Omega$，$R_2=R_3=10\Omega$，$U_S=10\text{V}$，$L=16\text{mH}$，电路已达稳态。$t=0$ 时 S 开关闭合，试求 i_L。

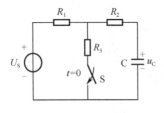
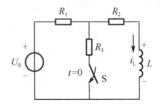

图 6-39 题 8 图　　　　　　　图 6-40 题 9 图

10. 已知微分电路输入电压波形脉宽 $\tau_a=10\text{ms}$，试判断下列情况下，R、C 参数是否满足微分电路条件？

（1）$R=5\text{k}\Omega$，$C=1\mu\text{F}$；（2）$R=1\text{k}\Omega$，$C=1\mu\text{F}$；（3）$R=100\Omega$，$C=1\mu\text{F}$。

项目 7

磁路与变压器的分析

1. **知识目标**

① 理解磁路的概念，掌握磁路的主要物理量。
② 理解磁通势、磁阻的概念，掌握磁路欧姆定律。
③ 熟悉互感电路及交流铁芯线圈电路的特点。
④ 掌握变压器的基本结构，理解变压器的工作原理。

2. **技能目标**

① 会应用磁路的规律分析互感电路及交流铁芯电路。
② 熟练进行变压器的运行分析。
③ 熟悉几种常用变压器。

7.1 任务 1 认识磁路

在电气工程中大量用到的电动机、变压器、电磁铁及某些电工测量仪表等电气设备，都是利用电磁相互作用进行工作的，其内部都有铁芯线圈，这些铁芯线圈中不仅有电路问题，而且还有磁路问题。

7.1.1 磁路的基本概念

1. 磁现象和磁体

古代人们就发现了天然磁石吸引铁器的现象，我国春秋战国时期的一些著作已有关于磁石的记载和描述，而东汉学者王充在《论衡》一书中描述的"司南"，被公认是最早的磁性定向工具，12 世纪初，我国已有指南针用于航海的明确记载。

人们最早发现的天然磁石的主要成分是 Fe_3O_4，现在使用的磁铁，大多是用铁、钴、镍等金属或用某些氧化物制成的。天然磁石和人造磁铁都叫做永磁体，它们都能对周围的铁磁性材料产生吸引作用，我们把这种性质叫做磁性。磁体的各部分磁性强弱不同，磁性最强的区域叫做磁极，能够自由转动的磁体，如悬挂着的小磁针，静止时指向南方的磁极叫做南极，又称 S 极；指向北方的磁极叫做北极，又称 N 极。使原来没有磁性的物体获得磁性的过程叫做磁化；反之，磁化后的物体失去磁性的过程叫做退磁或去磁。

发现磁针能够指向南北,这实际上就是发现了地球的磁场,指南针的广泛使用,又促进了人们对地球磁场的认识。

2. 电流的磁效应

自然界中的磁体存在两个磁极,自然界中同样也存在着两种电荷,并且磁极间的相互作用与电荷间的相互作用具有相似的特征,同名磁极或同种电荷相互排斥,异名磁极或异种电荷相互吸引,由此猜想两者之间可能存在着某种联系。

1820年4月,有一次奥斯特演示电流磁效应的实验时,当电池与铂丝相连时,靠近铂丝的小磁针摆动了,这一不显眼的现象使奥斯特非常兴奋,他经过3个月的深入研究,并于1820年7月宣布了实验结果,从而首次揭示了电与磁的关系。

自奥斯特实验之后,安培等人又做了很多实验研究,发现不仅通电导线对磁场有作用力,磁体对通电导线也有作用力,例如,把一段直导线悬挂在U形磁铁的两极间,通以电流,导线就会移动。他们还发现,任意两条通电导线之间也有作用力。

这些相互作用是如何发生的呢?正像电荷之间的相互作用是通过电场发生的一样,磁体与磁体之间、磁体与通电导体之间,以及通电导体与通电导体之间的相互作用,是通过磁场发生的。

3. 磁场

在磁铁或电流(运动电荷)周围的空间里存在着磁场,磁场会对任何置于其中的其他磁体或电流施加作用力。也就是说,运动着的电荷(电流)周围的空间存在磁场,并且这个磁场又会对处于其中的运动电荷(电流)产生力的作用。

人们规定,在磁场中的任一点,小磁针静止时北极所指的方向,就是该点的磁场方向。

电流周围存在着磁场。当直导线有电流通过时,在其周围就存在着磁场,如图7-1所示。磁场的方向与电流方向之间的关系用右手螺旋定则判定。用右手握着通电直导线,伸直的拇指表示电流方向,弯曲的四指所指的方向则是磁场方向,如图7-2(a)所示,通电螺旋管可用右手握着线圈,弯曲的四指表示电流方向,伸直的拇指所指的方向则是磁场方向,如图7-2(b)所示。

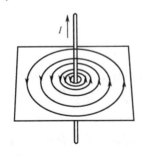

图7-1 电流周围存在磁场

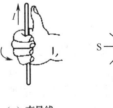

(a) 直导线

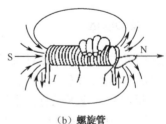

(b) 螺旋管

图7-2 右手螺旋定则

4. 磁路

为了充分有效地利用磁场能量,以较小励磁电流产生较强的磁场,通常用高导磁性能的铁磁材料做成一定形状的铁芯,把线圈绕在铁芯上面,如变压器、电动机、接触器、继电器等电磁器件。当线圈通以电流时,磁通大部分经过铁芯而形成闭合回路,这种磁通集中通过的路径就称为磁路。

图 7-3 所示的电磁铁由励磁绕组（线圈）、静铁芯和动铁芯（衔铁）三个基本部分组成。当励磁绕组通以电流时,磁场的磁通绝大部分通过铁芯、衔铁及其间的空气隙而形成闭合的磁路,这部分磁通称为主磁通。但也有极小部分磁通在铁芯以外通过大气形成闭合回路,这部分磁通称为漏磁通。

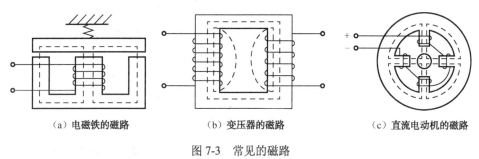

(a) 电磁铁的磁路　　　(b) 变压器的磁路　　　(c) 直流电动机的磁路

图 7-3　常见的磁路

7.1.2　磁路的主要物理量

1. 磁感应强度 B

磁感应强度 B 是表示磁场内某点的磁场强弱及方向的物理量。它是一个矢量,其方向与该点磁力线方向一致,与产生该磁场的电流之间关系符合右手螺旋法则。在国际单位制中的单位是特斯拉（T）,简称特。

在磁场中,垂直于磁场方向的通电直导线、受到的磁场力 F 与通过的电流 I 和导线的长度 L 的乘积的比值,叫做通电导线所在处的磁感应强度,用 B 表示,即

$$B = \frac{F}{IL} \tag{7-1}$$

式中,F 为通电导体受到的磁场力,单位为牛（N）；I 为导体中的电流强度,单位为安（A）；L 为导体在磁场中的有效长度,单位为米（m）；B 为磁感应强度,单位为特斯拉（T）。

2. 磁通 Φ

穿过磁场中某一面积的磁感应线的条数,叫做穿过这个面积的磁通量。磁通量简称磁通,用 Φ 表示,单位是 Wb（韦伯）。

显然,磁通量的大小与磁场的强弱程度、面积的大小以及磁场方向的夹角有关,如图 7-4 所示。穿过磁场中面积为 S 的磁通量为

$$\Phi = BS\cos\theta \tag{7-2}$$

式中,B 为磁感应强度,单位为特斯拉（T）；S 为面积,单位为平方米（m²）；θ 为面积 S 与垂直磁场的面积之间的夹角。

当面积 S 与磁场方向垂直时（$\theta=0$）,磁通量为

$$\Phi = BS \tag{7-3}$$

上式变形为

$$B = \frac{\Phi}{S} \tag{7-4}$$

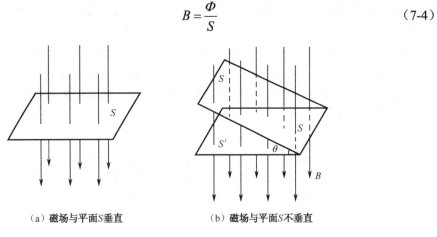

(a) 磁场与平面S垂直　　　　(b) 磁场与平面S不垂直

图 7-4　磁通量

由此可见，磁感应强度 B 在数值上等于垂直于磁场方向的单位面积通过的磁通，又称磁通密度。

在国际单位制中，磁通的单位是韦伯（Wb），简称韦。

3. 磁导率 μ

磁导率是表示物质磁性能的物理量，它的单位是亨/米（H/m）。真空的磁导率 $\mu_0 = 4\pi \times 10^{-7}\,\text{H/m}$。

任意一种物质的磁导率与真空的磁导率之比称为相对磁导率，用 μ_r 表示，即

$$\mu_r = \frac{\mu}{\mu_0} \tag{7-5}$$

4. 磁场强度 H

磁场强度是进行磁场分析时引用的一个辅助物理量，为了从磁感应强度 B 中除去磁介质的因素，定义为

$$H = \frac{B}{\mu} \text{ 或 } B = \mu H \tag{7-6}$$

磁场强度也是矢量，只与产生磁场的电流以及这些电流的分布情况有关，而与磁介质的磁导率无关，它的单位是安/米（A/m）。

7.1.3　铁磁材料

根据导磁性能的好坏，自然界的物质可分为两大类。一类物质称为铁磁材料，如铁、钢、镍、钴等，这类材料的导磁性能好，磁导率 μ 值大；另一类为非铁磁材料，如铜、铝、纸、空气等，这类材料的导磁性能差，μ 值小。

铁磁材料是制造变压器、电动机、电器等各种电工设备的主要材料，铁磁材料的磁性能对电磁器件的性能和工作状态有很大影响。铁磁材料的磁性能主要表现为高导磁性、磁饱和

性和磁滞性。

1. 高导磁性

铁磁材料有极高的磁导率 μ，其值可达几百、几千甚至几万，即磁性物质具有被磁化的特性。因磁性物质不同于其他物质，在物质的分子中由于电子环绕原子核运动和本身的自转运动而形成分子电流，分子电流要产生磁场，每个分子相当于一个基本小磁铁。在磁性物质内部分成许多小区域，由于磁性物质的分子间有一种特殊的作用力而使每一区域内的分子都整齐排列，显示磁性，这些小区域称为磁畴。在无外磁场作用时，磁畴排列混乱，磁场相互抵消，对外不显磁性。当在外磁场的作用下铁磁物质的磁畴就顺着外磁场的方向转向，显示出磁性。随着外磁场的增强，磁畴就逐渐转到外磁场相同的方向上，这样便产生了很强的与外磁场同方向的磁化磁场，使磁性物质内的磁感应强度大大增强，这种现象称为磁化。磁性物质的磁化如图7-5所示。

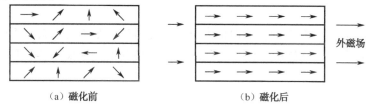

图 7-5　铁磁材料的磁化

非铁磁材料没有磁畴结构，所以不具有磁化特性。

通电线圈中放入铁芯后，磁场会大大增强，这时的磁场是线圈产生的磁场和铁芯被磁化后产生的附加磁场的叠加。变压器、电动机和各种电器的线圈中都放有铁芯，在这种具有铁芯的线圈中通入不大的励磁电流，便可产生足够大的磁感应强度和磁通。

2. 磁饱和性

在铁磁材料的磁化过程中，随着励磁电流的增大，外磁场和附加磁场都将增大，但当励磁电流增大到一定值时几乎所有的磁畴与外磁场的方向一致，附加磁场就不再随励磁电流的增大而继续增强，这种现象称为磁饱和现象。

材料的磁化特性可用磁化曲线表示，铁磁材料的磁化曲线如图7-6所示。

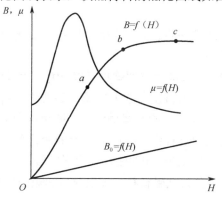

图 7-6　铁磁物质的磁化曲线

从图 7-6 中可看出，曲线分成三段。

① oa 段：B 与 H 差不多呈正比例增长。

② ab 段：随着 H 的增长，B 增长缓慢，此段为曲线的膝部。

③ bc 段：随着 H 的进一步增长，B 几乎不增长，达到饱和状态。

由于铁磁材料的 B 与 H 的关系是非线性的，故由 $B = \mu H$ 的关系可知，其磁导率 μ 的值将随磁场强度 H 的变化而变化，如图 7-6 中 $\mu = f(H)$ 曲线所示，磁导率 μ 的值在膝部 b 点附近达到最大。所以电气工程通常要求铁磁材料工作在膝点附近。$B_0 = f(H)$ 是真空或非铁磁材料的磁化曲线。

图 7-7 所示是用实验的方法测得的铸铁、铸钢和硅钢片三条常用磁化曲线，这三条曲线分别从 a、b、c 三点分为两段，下段的 H 从 0 至 1.0×10^3（A/m），横坐标在曲线的下方，上段的 H 从 1 至 10×10^3（A/m），横坐标在曲线上方。

3. 磁滞性

如果励磁电流是大小和方向都随时间变化的交变电流，则铁磁材料将受到交变磁化。在电流交变的一个周期中，磁感应强度 B 随磁场强度 H 变化的关系如图 7-8 所示。

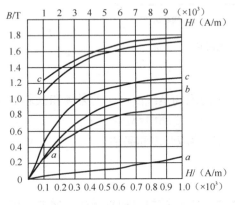

图 7-7 不同材料的磁化曲线

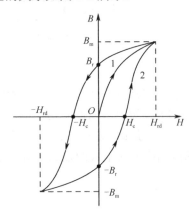

图 7-8 磁滞回线

由图 7-8 可见，当磁场强度 H 减小时，磁感应强度 B 并不沿原来的路线降低，而是沿一条比它高的曲线缓慢下降。当磁场强度 H 减到 0 时，磁感应强度 B 并不等于 0 而仍保留一定磁性。

这说明铁磁材料内部已经排齐的磁畴不会完全回复到磁化前杂乱无章的状态，这部分剩下的磁性称为剩磁，用 B_r 表示。

如果去掉剩磁，使 B=0，应施加一反向磁场强度 $-H_c$，H_c 的大小称为矫顽磁力，它表示铁磁材料反抗退磁材料的能力。若再反向增大磁场，则铁磁材料将反向磁化；当反向磁场减小时，同样会产生反向剩磁（$-B_r$）。随着磁场强度不断正反向变化，得到的磁化曲线为一封闭曲线。在铁磁材料反复磁化的过程中，磁感应强度的变化总是落后于磁场强度的变化，这种现象称为磁滞现象，图 7-8 所示的封闭曲线称为磁滞回线。

铁磁材料按其磁性能又可分为软磁材料、硬磁材料和矩磁材料三种类型，如图 7-9 所示。

项目7 磁路与变压器的分析

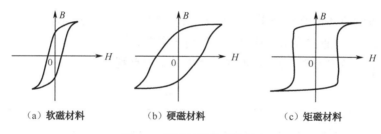

(a) 软磁材料　　　　(b) 硬磁材料　　　　(c) 矩磁材料

图 7-9　不同材料的磁滞回线

软磁材料的剩磁和矫顽力较小，磁滞回线形状较窄，即磁导率较高，所包围的面积较小。它既容易磁化，又容易退磁，一般用于有交变磁场的场合，如制造变压器、电动机及各种中频、高频电磁元件的铁芯等。常见的软磁材料有纯铁、硅钢及非金属软磁铁氧体等。

硬磁材料的剩磁和矫顽力较大，磁滞回线形状较宽，所包围的面积较大，适合制作永久磁铁，如扬声器、耳机及各种磁电仪表中的永久磁铁都是硬磁材料制成的。常见的硬磁材料有碳钢、钴钢及铁镍铝钴合金等。

矩磁材料的磁滞回线近似矩形，剩磁很大，接近饱和磁感应强度，但矫顽力较小，易于翻转，常在计算机和控制系统中做记忆元件和开关元件，矩磁材料有镁锰铁氧体及某些铁镍合金等。

7.1.4 磁路的欧姆定律

磁路的欧姆定律是磁路最基本的定律，现以铁芯线圈（见图 7-10）来说明。

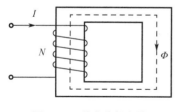

图 7-10　磁路欧姆定律

假设铁芯横截面积各处相等，线圈是密绕的，且绕得很均匀，则电流沿铁芯中心线产生的磁场各处大小相等，设磁路的横截面积为 S，磁路的平均长度为 l，根据磁场强度 B 和励磁电流 I 的关系，即

$$B = \mu \frac{NI}{l} = \mu H$$

由此式可得

$$NI = Hl = \frac{B}{\mu}l = \frac{\Phi}{\mu S}l$$

$$\Phi = \frac{NI}{l/\mu S} = \frac{F}{R_m} \tag{7-7}$$

式中，$F = NI$ 为磁通势，由此产生磁通。$R_m = \dfrac{l}{\mu S}$ 称为磁阻，表示磁路对磁通具有阻碍作用。

可见，铁芯中的磁通 Φ 与通过线圈的电流 I、线圈的匝数 N 以及磁路的截面积 S 成正比，与磁路的长度 l 成反比，还与组成磁路的材料磁导率 μ 成正比。由于式（7-7）在形式上与电路的欧姆定律相似，故称为磁路的欧姆定律。

说明：磁路和电路有很多相似之处，见表 7-1，但分析与处理磁路比电路难得多，主要原因如下。

① 在处理电路时不涉及电场问题，在处理磁路时离不开磁场的概念。

② 在处理电路时一般可以不考虑漏电流，在处理磁路时一般都要考虑漏磁通。

③ 磁路欧姆定律和电路欧姆定律只是在形式上相似。由于 μ 不是常数，其随励磁电流而变，磁路欧姆定律不能直接用来计算，只能用于定性分析。

④ 在电路中，当 $E=0$ 时，$I=0$；但在磁路中，由于有剩磁，当 $F=0$ 时，Φ 不为零。

表 7-1 磁路和电路的对照

电　路		磁　路	
电流	I	磁通	Φ
电阻	$R=\rho\dfrac{l}{S}$	磁阻	$R_{\mathrm{m}}=\dfrac{l}{\mu S}$
电阻率	ρ	磁导率	μ
电动势	E	磁通势	$F=NI$
电路欧姆定律	$I=\dfrac{E}{R}$	磁路欧姆定律	$\Phi=\dfrac{F}{R_{\mathrm{m}}}$

思考与练习

7-1-1 什么是磁路、磁感应强度？

7-1-2 什么是磁阻、磁通势？分别写出磁阻、磁通势的计算公式？

7-1-3 写出磁路欧姆定律的表达式，说明磁通与磁导体的面积、长度及磁导率的关系。

7-1-4 铁磁材料反复磁化形成的闭合曲线有何特征？

7.2 任务 2 认识互感电路与铁芯线圈电路

7.2.1 互感电路

1. 自感现象与互感现象

当电感线圈中的电流发生变化时，使线圈的磁链也发生变化，从而在其自身两端产生感应电压的现象称为自感现象。

当两个线圈在位置上靠近时，其中任何一个线圈产生的磁通，不仅穿过线圈本身，同时还会有一部分穿过另一线圈，两个线圈发生了磁通交链，这样，当一个线圈中电流发生变化，在另一线圈中产生感应电压的现象称为互感现象，如图 7-11 所示。

如图 7-11 所示为两个耦合的载流线圈，其中线圈 I 的匝数为 N_1。线圈 II 的匝数为 N_2，两线圈中分别有变化的电流 i_1 和 i_2。

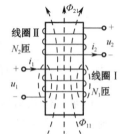

图 7-11 互感现象

线圈 I 中通过电流 i_1 时，线圈 I 中产生变化的磁通 Φ_{11} 和变化的磁链 $\Psi_{11}=N_1\Phi_{11}$。此磁通链称为自感磁通链，变化的磁通在线圈 I 两端产生自感电压 u_{L1}；由于线圈 I、线圈 II 靠得很近，使 Φ_{11} 中的一部分或全部交链线圈 II 时，便产生互感磁通 Φ_{21} 和互感磁链 $\Psi_{21}=N_2\Phi_{21}$，变化的互感磁通在线圈 II 两端产生互感电压 u_{M2}。同样，线圈 II 中通过电流 i_2 时也产生变化的磁通 Φ_{22} 和变化的自感

链 $\Psi_{22}= N_2 \Phi_{22}$，在线圈Ⅱ两端产生自感电压 u_{L2}，并且 Φ_{22} 中的一部分或全部交链线圈Ⅰ产生互感磁通 Φ_{12} 和互感磁链 $\Psi_{12}= N_1 \Phi_{12}$，在线圈Ⅰ两端产生互感电压 u_{M1}。

2. 互感系数

互感磁链与产生它的电流之间存在着一定的函数关系，当线圈周围媒介为非铁磁性物质时，它们之间的关系是线性的。

电感线圈的自感系数为 L，它的定义式为

$$L=\Psi/i, \quad L_1=\Psi_1/i_1=\Psi_{11}/i_1$$

类似自感系数的定义，把与线圈1交链的磁链 Ψ_{12} 与产生它的电流 i_2 的比值定义为互感系数，简称互感。用符号 M_{12} 表示，即

$$M_{12} = \frac{\Psi_{12}}{i_2} \tag{7-8}$$

同理

$$M_{21} = \frac{\Psi_{21}}{i_1} \tag{7-9}$$

实验证明，$M_{12}=M_{21}=M$，M 称为两个耦合线圈间的互感系数（简称互感），其单位是亨利（H），有时也用毫亨（mH）或微亨（μH）表示。

$$1H = 10^3 mH = 10^6 \mu H$$

线圈间的互感与电流的大小无关，只与线圈的匝数、尺寸、几何形状、线圈之间的相对位置有关。

3. 互感电压

u_{L1} 为线圈1中电流 i_1 引起的自感电压，u_{L2} 为线圈2中电流 i_2 引起的自感电压。

$$\Psi_{12} = L_1 i_1, \quad u_{L1} = L_1 \frac{di_1}{dt}$$

$$\Psi_{22} = L_2 i_2, \quad u_{L2} = L_2 \frac{di_2}{dt}$$

由此，可得互感的情况为

$$\Psi_{12} = M i_2, \quad u_{M1} = M \frac{di_2}{dt} \tag{7-10}$$

$$\Psi_{21} = M i_1, \quad u_{M2} = M \frac{di_1}{dt} \tag{7-11}$$

u_{M1} 为线圈2中电流 i_2 产生的磁通在线圈1中引起的互感电压，u_{M2} 为线圈1中的电流 i_1 产生的磁通在线圈2中引起的互感电压。由此可见，耦合电感的电压是自感电压和互感电压叠加的结果。如两个耦合电感 L_1 和 L_2 中有变动的电流，设 L_1 和 L_2 中的电压和电流分别为 u_1、i_1 和 u_2、i_2，则有

$$u_1 - u_{L1} \pm u_{M1} = L_1 \frac{di_1}{dt} \pm M \frac{di_2}{dt} \tag{7-12}$$

$$u_2 - u_{L2} \pm u_{M2} = L_1 \frac{di_2}{dt} \pm M \frac{di_1}{dt} \tag{7-13}$$

当 i_1 和 i_2 为同频正弦量时，在正弦稳态情况下。式（7-12）和式（7-13）可用相量形式表示为

$$\dot{U}_1 = j\omega L_1 \dot{I}_1 \pm j\omega M \dot{I}_2 \qquad (7\text{-}14)$$

$$\dot{U}_2 = j\omega L_2 \dot{I}_2 \pm j\omega M \dot{I}_1 \qquad (7\text{-}15)$$

式中，由于电压、电流取关联参考方向，故自感电压取正；而对于互感电压的正负号确定是这样的：若互感磁通与自感磁通方向一致，即互感起"加强"作用，此时互感电压取"+"号，否则取"–"号。

4. 互感耦合系数

在工程上为了表征两耦合线圈耦合的紧密程度，通常用耦合系数 K 表示，耦合系数 K 定义为

$$K = \frac{M}{\sqrt{L_1 L_2}} \qquad (7\text{-}16)$$

由于互感磁通是自感磁通的一部分，即有漏磁通存在，故 $K \leqslant 1$。耦合线圈 K 的大小取决于线圈的匝数、尺寸、几何形状、骨架材料、线圈之间的相对位置。如果两线圈靠得很紧密或紧密地绕在一起，则 K 值接近于 1，此时互感最大。$K=1$ 时，称为全耦合，此时无漏磁通存在。如果两线圈很远，或者相互垂直，相互间几乎不发生交链，K 值就很小，甚至可能接近于零。

5. 互感电压的同名端

由上面的分析知道，互感电压须根据互感磁链的参考方向与另一线圈绕向的关系选择参考方向，因此必须知道两线圈之间的实际绕向，而在实际电路中，磁链的方向是不表现出来的，线圈绕制后被密封，其绕向也不知道，因此，必须用一种特殊的标记表示出两线圈之间的绕向关系，称为同名端标记法。

（1）定义

两个互感线圈中，实际极性始终一致的两个端点称为同名端。其特点是电流若同时从两个互感线圈同名端流入，则两个电流所产生的磁通相互增强。

在图 7-12（a）中，线圈 L_1 的电流 i_1 从 1 端流入，产生磁通 Φ_1，线圈 L_2 的电流 i_2 从 4 端流入，产生磁通 Φ_2，若 Φ_1、Φ_2 方向一致，则线圈 L_1 的 1 端与 L_2 的 4 端为同名端。同名端用小黑点"•"标记（也可以用*标记），M 及左右两箭头表示 L_1、L_2 是互感线圈，如图 7-12 所示。

同理，在图 7-12（c）中，L_1 的 2 端和 L_2 的 4 端符合同名端的要求，标记如图 7-12（d）所示。需要说明的是，图 7-12（b）中，1、4 端为同名端，2、3 端也为同名端，因此，标记同名端时既可以把"•"标在 1、4 端，也可以将"•"标在 2、3 端。同理，图 7-12（d）中，也可以将 1、3 端标记为同名端。

（2）判别方法

两个互感线圈同名端的判别可用右手螺旋法则判断。如图 7-12（a）所示，线圈 L_1 电流 i_1 从 1 流进，按右手螺旋法则，右手抓握线圈，大拇指伸直，四指方向与电流 i_1 流向相同，大拇指方向为电流 i_1 产生的磁通 Φ_1 方向。而线圈 L_2 电流 i_2 从 4 流进，按右手螺旋法则，四指方向与电流 i_2 流向相同，大拇指方向为电流 i_2 产生的磁通 Φ_2 方向。Φ_1、Φ_2 方向一致，相互增强。因此，1、4 端为同名端。同理，可以判定图 7-12（c）中 2、4 为同名端。

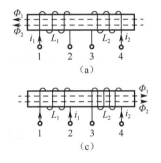
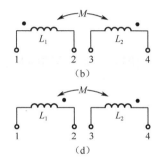

图 7-12 线圈同名端

【例 7-1】 已知互感线圈如图 7-13 所示,试分别判断并标记同名端。

解:在图 7-13(a)中,设线圈 L_1 电流 i_1 从 1 流进,按右手螺旋法则,电流 i_1 产生的磁通 Φ_1 方向在 L_1 中是向上的,在 L_2 中方向是向下的。而在 L_2 中,欲产生与 Φ_1 方向相同的磁通,按右手螺旋法则,电流必须从 3 端流入,因此 1、3 端为同名端,用黑点表示。

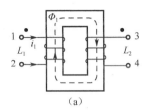
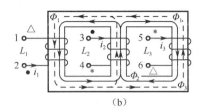

图 7-13 例 7-1 图

在图 7-13(b)中,设线圈 L_1 的电流 i_1 从 2 流进,按右手螺旋法则,电流 i_1 产生的磁通 Φ_1 方向在 L_1 中是向下的,在铁芯中的另外两个分支中方向是向上的。现假设 L_2 中的电流 i_2 从 3 端流进,产生的磁通 Φ_2 与 Φ_1 方向相同,则 2、3 端为同名端。再假设 L_3 中的电流 i_3 从 5 端流进,产生的磁通 Φ_3 与 Φ_1 方向相同,则 2、5 端为同名端。图中实际 1、6 端用△表示。

L_2 与 L_3 之间是否因 2、3 端,2、5 端分别为同名端而认定 3、5 端也为同名端呢?答案是否定的。L_2 与 L_3 之间的同名端应按右手螺旋法则,重新判定。设 L_2 中电流 i_2 从 3 流进,产生 Φ_2,用实线表示,构成磁路时,在 L_3 中方向向下;则 L_3 中的电流 i_3 必须从 6 端流进,才能产生与 Φ_2 方向相同的磁通,因此 3、6 为同名端(实际标为 4、5 端)用*表示。

从上例可以得出,具有分支的磁路,若绕有 3 个或 3 个以上的互感线圈时,应在每两个互感线圈间分别判断。

(3) 同名端的测试方法

根据互感线圈的绕向可以判别互感线圈的同名端,但有的互感线圈是密封的,无法看清楚其内部线圈绕向,这时可按同名端是互感电压同极性端的原理测试,测试的方法有两种:直流法和交流法。

① 直流法。

直流法测试如图 7-14 所示,线圈 L_1 通过开关 K 接到直流电压源,直流电压表接到线圈 L_2 的两端。在开关 K 闭合瞬间,线圈 L_2 的两端会产生一个互感电压,电压表上就会有电压显示。若电压表显示为正值,则与直流电压源正极相连的端钮 a 和与电压表正极相连的端钮 c 为同名端;反之,则 a、c 为异名端。实际上,当开关 K 断开或闭合瞬间,电位同时升高或降低的端钮即为同名端。

② 交流电压法。

在图 7-15 所示电路中，将两线圈的 b 端和 d 端短接，在 a、b 端加交流电源 u_s，用交流电压表分别测量有效值 U_{ab}、U_{cd}、U_{ac}。若 $U_{ac}=U_{ab}-U_{cd}$，则 a 端和 c 端为同名端；若 $U_{ac}=U_{ab}+U_{cd}$，则 a 端与 d 端为同名端。

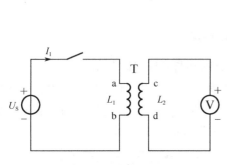

图 7-14　直流通断法

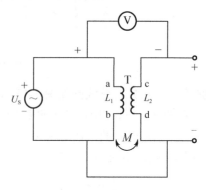

图 7-15　交流电压法

7.2.2　交流铁芯线圈电路

1. 电磁关系

绕在铁芯上的线圈通以交流电后就是交流铁芯线圈。下面以图 7-16 所示的交流铁芯线圈电路为例讨论其中的电磁关系。

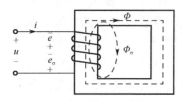

图 7-16　交流铁芯线圈磁路

当线圈施加交流电压 u 时，线圈中电流 i 也是交变的，并产生交变的磁通势 iN（N 为线圈匝数）。交变的磁通势 iN 产生两部分磁通，即穿过全部铁芯闭合的主磁通 Φ 和主要经过空气或其他非铁磁物质而形成闭合回路的漏磁通 Φ_σ。交变的 Φ 和 Φ_σ 分别在线圈中产生感应电动势 e 和漏磁电动势 e_σ。此外，Φ 的交变引起涡流和磁滞损耗使铁芯发热，电流流经线圈时还将产生电阻压降 iR 等。上述发生的电磁关系表示如下：

$$u = iR - e - e_\sigma \tag{7-17}$$

由于线圈电阻上的电压降 iR 和漏磁通电动势 e_σ 都很小，与主磁通电动势 e 比较，均可忽略不计，故上式写成

$$u \approx -e$$

设主磁通 $\Phi = \Phi_m \sin \omega t$，则

$$\begin{aligned} e &= -N\frac{d\Phi}{dt} = -N\frac{d(\Phi_m \sin \omega t)}{dt} \\ &= -\omega N\Phi_m \cos \omega t \\ &= 2\pi f N\Phi_m \sin(\omega t - 90°) \\ &= E_m \sin(\omega t - 90°) \end{aligned}$$

式中，$E_m = 2\pi f N \Phi_m$ 是主磁通电动势的最大值，而有效值则为

$$E = \frac{E_m}{\sqrt{2}} = \frac{2\pi f N \Phi_m}{\sqrt{2}} = 4.44 f N \Phi_m$$

故

$$U \approx -e = E_m \sin(\omega t + 90°)$$

可见，外加电压的相位超前于铁芯中磁通90°，而外加电压的有效值

$$U \approx E = 4.44 f N \Phi_m$$

$$\Phi_m \approx \frac{U}{4.44 f N} \tag{7-18}$$

式中，Φ_m 单位是韦伯（Wb），f 的单位是赫兹（Hz），U 的单位是伏特（V）。

由式（7-18）可知，对正弦激励的交流铁芯线圈，当电源的电压和频率不变，其主磁通基本上恒定不变。磁通仅与电源有关，而与磁路无关。

2. 功率损耗

在交流铁芯线圈中，除了在线圈电阻上有功率损耗（这部分损耗叫铜损，ΔP_{Cu} 表示），由于铁芯在交变磁化的情况下也引起功率损耗（这部分损耗叫铁损，用 ΔP_{Fe} 表示），铁损是由铁磁物质的涡流和磁滞现象所产生的。因此，铁损包括磁滞损耗和涡流损耗两部分。

（1）磁滞损耗 ΔP_h

铁芯在交变磁通的作用下被反复磁化，在这一过程中，磁感应强度 B 的变化落后于 H，这种现象称为磁滞，由于磁滞现象造成的能量损耗称为磁滞损耗，用 ΔP_h 表示。它是由铁磁材料内部磁畴反复转向，磁畴间相互摩擦引起铁芯发热而造成的损耗。铁芯单位面积内的每周期产生的磁滞损耗与磁滞回线所包围的面积成正比。为了减少磁滞损耗，交流铁芯均由软磁材料制成。

（2）涡流损耗 ΔP_e

交变磁通穿过铁芯时，铁芯中在垂直于磁通方向的平面内要产生感应电动势和感应电流，这种感应电流称为涡流。由于铁芯本身具有电阻，涡流在铁芯中也要产生能量损耗，称为涡流损耗。涡流损耗也使铁芯发热，铁芯温度过高将影响电气设备正常工作。

为了减少涡流损耗，在低频时（几十赫到几百赫），可用涂以绝缘漆的硅钢片（厚度有0.5mm和0.35mm两种）叠成的铁芯，这样可限制涡流在较小的截面内流通，增长涡流通过的路径，相应加大了铁芯的电阻，使涡流减小。对于高频铁芯线圈，可采用铁氧体磁芯，这种磁芯近似绝缘体，因而涡流可以大大减小。

涡流在变压器、电动机、电器等电磁元件中消耗能量，引起发热，因而是有害的。但有些场合，例如感应加热装置、涡流探伤仪等仪器设备，却是以涡流效应为基础的。

综上所述，交流铁芯线圈电路的功率损耗为

$$\Delta P = \Delta P_{Cu} + \Delta P_{Fe} = \Delta P_{Cu} + \Delta P_e + \Delta P_h \tag{7-19}$$

思考与练习

7-2-1 将一个空心线圈先后接到直流电源和交流电源上；然后在这个线圈中插入铁芯，再接到上述两个电源上，如果交流电压的有效值和直流电压相等，试比较在上述四种情况下通过线圈的电流和功率的大小，并说明理由。

7-2-2　将铁芯线圈接在直流电源上，当发生下列情况时，铁芯中的电流和磁通有何变化？
（1）铁芯截面积增大，其他条件不变；
（2）线圈匝数增加，导线电阻及其他条件不变；
（3）电源电压降低，其他条件不变。

7-2-3　将铁芯线圈接在交流电源上，当发生以上情况时，铁芯中的电流和磁通有何变化？

操作训练 1　互感电路同名端测试

1. 训练目的

① 掌握直流通断法测量互感线圈同名端的方法。
② 掌握交流电压法测试互感线圈同名端的方法。

2. 仿真测试

（1）直流通断法

① 按照图 7-17 所示绘制仿真电路图，线圈 a、b 端接 +5V 的直流电压源。

② 打开仿真开关，在闭合开关 S 后，如果电压表的示数为正值，说明与直流电源正极相连的 a 端和与万用表正极相连的 c 端为同名端；如果电压表的示数为负值，说明 a 和 c 是异名端。将仿真数据记入表 7-2 中。

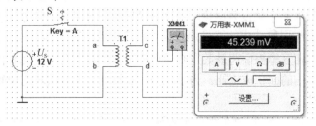

图 7-17　用直流通断法测定同名端的仿真电路

（2）用交流电压法

① 按图 7-18 所示绘制仿真电路，电压源 U_S 是电压为 5V、频率为 50Hz 的正弦电压。

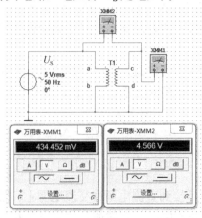

图 7-18　交流电压法测试同名端

② 打开仿真开关，测出 U_{ac} 和 U_{cd}，将仿真数据记入表 7-2 中，并按前面所述的方法来判断同名端。

表 7-2 判断同名端的测试数据

内容	数据/V	U_{ab}	U_{ac}	U_{cd}	同名端
仿真数据	直流法				
	交流法				
实测数据	直流法				
	交流法				

3. 实验测试

测定两互感耦合线圈的同名端时，在两线圈内插入一个公共 U 形铁芯以增强耦合的程度，分别用图 7-17 和图 7-18 所示的直流通断法（直流电源 u_s=5V）和交流电压法（交流电源 5V，f=50Hz），测定耦合线圈的同名端，并记下两线圈的同名端标号。注意两种方法测定的同名端是否相同。

4. 注意事项

① 整个实验过程中，注意流过两个线圈的电流不得超过规定值，所加电压不要超过耦合线圈的额定电压。

② 测定同名端实验中，都应将小线圈套在大线圈中，并插入铁芯。

7.3 任务 3 认知变压器

变压器是利用电磁感应原理传输电能或信号的器件，具有变压、变流和隔离作用。它是一种常见的电气设备，在电力系统和电子线路中应用广泛。尽管它种类繁多、大小悬殊、用途各异，但基本结构和工作原理是相同的。

7.3.1 变压器的结构与原理

1. 变压器的结构

变压器是由铁芯和绕组两个基本部分组成的。大型变压器除铁芯和绕组外还有一些其他部件，例如油箱、冷却装置、保护装置和出线装置。

如图 7-19 所示，是一个简单的双绕组变压器，在一个闭合铁芯上套有两个绕组，绕组和绕组之间及绕组与铁芯之间都是绝缘的。

绕组通常用绝缘的铜线或铝线绕成，一个绕组与电源相连，称为一次绕组；另一个绕组与负载相连，称为二次绕组。

为了减少铁芯中的磁滞损耗和涡流损耗，变压器的铁芯大多用 0.35～0.5mm 厚的硅钢片叠成，为了降低磁路的磁阻，一般采用交错叠装方式，即将每层硅钢片的接缝错开。

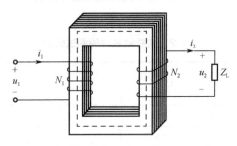

图 7-19 变压器结构示意图

变压器按铁芯和绕组的组合方式，可分为芯式和壳式两种，如图 7-20 所示。芯式变压器的铁芯被绕组所包围，而壳式变压器的铁芯则包围绕组。芯式变压器用铁量比较少，多用于大容量的变压器，如电力变压器都采用芯式结构；壳式变压器用铁量比较多，常用于小容量的变压器，如电子设备和仪器中的变压器多采用壳式结构。

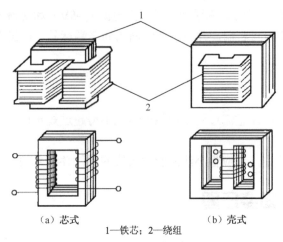

（a）芯式　　　　　　（b）壳式

1—铁芯；2—绕组

图 7-20 变压器铁芯结构

2. 变压器的工作原理

变压器的基本工作原理就是以电磁感应现象为基础，通过一个共同的磁场，实现两个或两个以上绕组的耦合，从而进行交流电能的传递与转换。

1）空载运行

变压器一次绕组接交流电压 u_1，二次侧开路，这种运行状态为空载运行。这时二次绕组中的电流 $i_2=0$，电压为开路电压 u_{20}，一次绕组通过的电流为空载电流 i_{10}，如图 7-21 所示。由于二次侧开路，这时变压器的一次侧电路相当于一个交流铁芯线圈电路，通过的空载电流 i_{10} 就是励磁电流。主磁通 Φ 通过闭合铁芯，在一、二次绕组中分别感应出电动势 e_1、e_2。由法拉第电磁感应定律可得

$$e_1 = -N_1 \frac{\mathrm{d}\Phi}{\mathrm{d}t}$$

$$e_2 = -N_2 \frac{d\Phi}{dt}$$

e_1、e_2 的有效值分别为

$$E_1 = 4.44 f\Phi_m N_1 \quad (7-20)$$

$$E_2 = 4.44 f\Phi_m N_2 \quad (7-21)$$

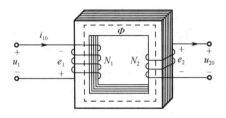

图 7-21　变压器空载运行

式中　E_1——一次绕组的感应电动势（V）；

　　　E_2——二次绕组的感应电动势；

　　　f——交流电的频率（Hz）；

　　　Φ_m——铁芯中主磁通的最大值（Wb）；

　　　N_1、N_2——一、二次绕组的匝数。

如果忽略漏磁通的影响，不考虑绕组上电阻的压降，则可认为一、二次绕组上电动势的有效值近似等于一、二次绕组上电压的有效值，即

$$U_1 \approx E_1$$
$$U_2 \approx E_2$$

变压器在空载时的电压变换关系为

$$\frac{U_1}{U_{20}} \approx \frac{E_1}{E_2} = \frac{N_1}{N_2} = K \quad (7-22)$$

可见，一、二次绕组上电压的比值等于两者的匝数比，K 称为变压器的电压比。

当 $K>1$ 时，称为降压变压器；

当 $K<1$ 时，称为升压变压器；

当 $K=1$ 时，称为隔离变压器。

2）负载运行

变压器的一次绕组接在具有额定电压的交流电源上，二次绕组接上负载的运行，称为负载运行，如图 7-22 所示。

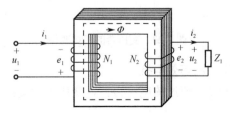

图 7-22　变压器负载运行

(1) 负载运行时的磁通势平衡方程

二次绕组接上负载后,感应电动势 e_2 将在二次绕组中产生感应电流,同时一次绕组的电流从空载电流 i_{10} 相应地增大为 i_1,负载电流 i_2 越大,i_1 也越大。

为什么一次绕组中的电流会变大呢?

从能量转换的角度来看,二次绕组接上负载后,产生 i_2,二次绕组向负载输出电能。这些电能是由一次绕组从电源吸取通过主磁通 Φ 传递给二次绕组的。二次绕组输出的电能越多,一次绕组吸取的电能也就越多。因此,二次侧电流变化时,一次侧电流也会做相应的变化。

从电磁关系的角度来看,i_2 产生交变磁通势 $N_2 i_2$,也要在铁芯中产生磁通,这个磁通力图改变原来铁芯中的主磁通。根据 $U_1 \approx E_1 = 4.44 f \Phi_m N_1$ 的关系式可以看出,在一次绕组的外加电压 U_1 及频率 f 不变的情况下,主磁通基本上保持不变。这表明,变压器有载运行时的磁通,是由一次绕组磁通势 $N_1 i_1$ 和二次绕组磁通势 $N_2 i_2$ 共同作用产生的合成磁通,它应与变压器空载时的磁通势 $N_1 i_{10}$ 所产生的磁通相等,各磁势的相量关系式如下:

$$N_1 \dot{I}_1 + N_2 \dot{I}_2 = N_1 \dot{I}_{10} \tag{7-23}$$

这一关系式为磁通势平衡方程。

(2) 电流变换作用

由于空载电流很小,在额定情况下 $N_1 \dot{I}_{10}$ 相对于 $N_1 \dot{I}_1$ 或 $N_2 \dot{I}_2$ 可以忽略不计,由式(7-23)可得

$$N_1 \dot{I}_1 \approx -N_2 \dot{I}_2 \tag{7-24}$$

用有效值表示,则有

$$\frac{I_1}{I_2} \approx \frac{N_2}{N_1} = \frac{1}{K} \tag{7-25}$$

式(7-25)说明,变压器一、二次绕组的电流在数值上近似地与它们的匝数成反比。必须注意,变压器一次绕组电流 I_1 的大小是由二次绕组电流 I_2 的大小来决定的。

(3) 变压器的阻抗变换

在电子设备中,为了获得较大的功率输出,往往对负载的阻抗有一定要求。然而负载阻抗是给定的,不能随便改变,为了使它们之间配合得更好,常采用变压器来获得所需要的等效阻抗,变压器的这种作用称为阻抗变换。其原理电路如图 7-23 所示。

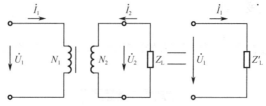

图 7-23 变压器的阻抗变换

Z'_L 为负载阻抗 Z_L 在一次侧的等效阻抗。

负载阻抗 Z_L 的端电压为 U_2,流过的电流为 I_2,变压器的变比为 K,则

$$Z_L = \frac{U_2}{I_2}$$

变压器一次绕组中的电压和电流分别为

$$U_1 = KU_2, \quad I_1 = \frac{I_2}{K}$$

从变压器输入端看，等效的输入阻抗 Z'_L 为

$$Z'_L = \frac{U_1}{I_1} = \frac{KU_2}{I_2/K} = K^2 \frac{U_2}{I_2} = K^2 Z_L \qquad (7\text{-}26)$$

式（7-26）表明负载阻抗 Z_L 反映到电源侧的输入等效阻抗 Z'_L，其值扩大了 K^2 倍。因此只需要改变变压器的变比，就可把负载阻抗变换为所需数值。

变压器阻抗变换在电子技术中经常用到。例如，在扩音机设备中，如果把喇叭直接接到扩音机上，由于喇叭的阻抗很小导致扩音机电源发出的功率大部分消耗在本身的内阻抗上，喇叭获得的功率很小，声音微弱。理论推导和实验测试可以证明：负载阻抗等于扩音机电源内阻抗时，可在负载上得到最大的输出功率，称为阻抗匹配。因此，在大多数的扩音机设备与喇叭之间都接有一个变阻抗的变压器，通常称为线间变压器。

【例 7-2】 交流信号源的电动势 $E=120\text{V}$，内阻 $r_0=800\Omega$，负载电阻 $R_L=8\Omega$。试求：①将负载直接与信号源相连时，求信号源输出功率；②将交流信号源接在变压器一次侧，R_L 接在二次侧，通过变压器实现阻抗匹配，则变压器的匝数比和信号源的输出功率各为多少？

解： ① 负载直接与信号源相连

$$I = \frac{E}{r_0 + R_L} = \frac{120}{800+8}\text{A} \approx 0.15\text{A}$$

输出功率为

$$P = I^2 R_L = 0.18\text{W}$$

② 变压器的匝数比为

$$K = \sqrt{\frac{R'_L}{R_L}} = \sqrt{\frac{800}{8}} = 10$$

$$I = \frac{E}{r_0 + R'_L} = \frac{120}{800+800}\text{A} \approx 0.075\text{A}$$

输出功率为

$$P = I^2 R'_L = 4.5\text{W}$$

以上计算说明，同一负载经变压器阻抗匹配后，信号源输出功率大于与信号源直接相连时的输出功率。

7.3.2 变压器的外特性和额定值

1. 变压器的外特性

变压器在负载运行时，变压器二次侧接入负载的变化，必然导致一、二次侧电流的变化，使得一、二次侧的阻抗压降发生变化，从而使二次电压随负载的增减而变化。二次电压 U_2 随二次电流 I_2 变化的特性曲线 $U_2 = f(I_2)$ 称为变压器的外特性。一般情况下，外特性曲线近似一条略向下倾斜的直线，且倾斜的程度与负载的功率因数有关，对于感性负载，功率因数越低，下倾越多。从空载到满载（二次电流达到其额定值 I_{2N} 时），二次电压变化的数值与空载电压

的比值称为电压调整率，即

$$\Delta U = \frac{U_{20} - U_2}{U_{20}} \times 100\% \qquad (7\text{-}27)$$

电力变压器的电压调整率一般为2%～3%。

2. 额定值

为了正确、合理地使用变压器，除了应当知道其外特性外，还要知道其额定值，并根据其额定值正确使用。电力变压器的额定值通常在其铭牌上给出。变压器额定值如下：

① 一次额定电压 U_{1N}：指正常情况下一次绕组应当施加的电压。
② 一次额定电流 I_{1N}：指在 U_{1N} 作用下一次绕组允许长期通过的最大电流。
③ 二次额定电压 U_{2N}：指在一次额定电压 U_{1N} 时的二次空载电压。
④ 二次额定电流 I_{2N}：指在一次额定电压 U_{1N} 时的二次绕组允许长期通过的最大电流。
⑤ 额定容量 S_N：指输出的额定视在功率。

$$S_N = U_{2N} I_{2N} \qquad (7\text{-}28)$$

⑥ 额定频率 f_N：指电源的工作频率。我国的工业标准频率是50Hz。

使用变压器时必须使一次侧额定电压符合电源电压，二次侧电压满足负载的要求，额定容量等于或略大于负载所需的视在功率，额定频率符合电源的频率和负载的要求。

3. 变压器的损耗

变压器的损耗有铜损和铁损两种。铜损是一、二次绕组中流过电流时，在绕组电阻上产生的损耗，其值为

$$\Delta P_{Cu} = R_1 I_1^2 + R_2 I_2^2 \qquad (7\text{-}29)$$

由于负载变化时一、二次电流也变化，铜损也要发生相应变化，因此铜损又称可变损耗。铁损由铁芯中涡流损耗和磁滞损耗两部分构成，即

$$\Delta P_{Fe} = \Delta P_h + \Delta P_e \qquad (7\text{-}30)$$

对某一固定变压器，当电源电压及频率不变时，变压器主磁通及交变的速率在空载和负载时也基本不变，从而铁损也基本不变，所以铁损又称不变损耗。

4. 变压器的效率

变压器在运行时有损耗，因此变压器的输出功率总小于输入功率。变压器的效率是指输出功率 P_2 与输入功率 P_1 比值的百分数，即

$$\eta = \frac{P_2}{P_1} \times 100\% = \frac{P_2}{P_2 + \Delta P_{Cu} + \Delta P_{Fe}} \times 100\% \qquad (7\text{-}31)$$

一般在满载的80%左右时，变压器的效率最高，大型电力变压器的效率可高达98%～99%。

7.3.3 几种常用的变压器

1. 三相变压器

三相变压器有三个一次绕组和三个二次绕组，可分别连接成星形或三角形。三相变压器

的铁芯多采用三铁芯柱式结构，如图 7-24（a）所示。它的三根铁芯柱上分别套装有完全一样的高、低压绕组，相当于三台单相变压器。三相高压绕组的首端和末端分别用 U_1、V_1、W_1 和 U_2、V_2、W_2 标记，三相低压绕组的首端和末端分别用 u_1、v_1、w_1 和 u_2、v_2、w_2 标记。三相高、低压绕组都是对称的，因此电压的变换也是对称的。

电力变压器三相绕组常用的连接方式有 Yyn（一、二次绕组均采用星形连接）和 Yd（一次绕组采用星形连接，二次绕组采用三角形连接）两种，如图 7-24（b）、（c）所示。

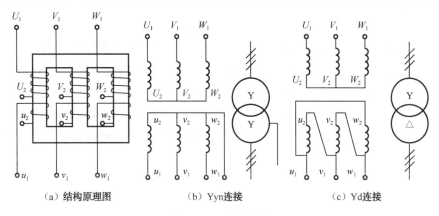

（a）结构原理图　　　（b）Yyn 连接　　　（c）Yd 连接

图 7-24　三相变压器

2. 自耦变压器

自耦变压器分为可调式和固定抽头两种形式。图 7-25 所示是可调式自耦变压器的电路原理图。这种变压器只有一个绕组，二次绕组是一次绕组 N_1 的一部分。因此，它的工作特点是一、二次绕组不仅有磁的联系，而且还有电的联系。

尽管自耦变压器只有一个绕组，但它的工作原理与双绕组变压器相同，如图 7-25 所示的原理电路上，分接头 a 可做成用手柄操作自由滑动的触头，从而可以平滑地调节二次电压，所以这种变压器又称自耦调压器。如果一次侧加上电压 U_1，则可得二次电压 U_2，且一、二次侧的电压和它们的匝数成正比，即

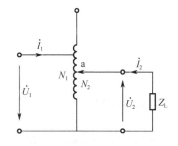

图 7-25　可调式自耦变压器原理图

$$\frac{U_1}{U_2} = \frac{N_1}{N_2} = K$$

有载时，一、二次电流和它们的匝数成反比，即

$$\frac{I_1}{I_2} = \frac{N_2}{N_1} = \frac{1}{K}$$

3. 电流互感器

电流互感器的作用是将电路中的交流大电流转换成小电流，用于测量或保护。它的结构与普通变压器相似，如图 7-26（a）所示。它的特点是：一次绕组的导线较粗、匝数少（只有

一匝或几匝），使用时一次绕组与被测电路串联，由于阻抗很小，对被测电路的电流几乎不发生影响；二次绕组的导线较细、匝数多，使用中规定与专用的 5A 或 1A 电流表相接。

电流互感器是根据变压器的变流原理制成的，即

$$\frac{I_1}{I_2} = \frac{N_2}{N_1} = \frac{1}{K}$$

如令 $K_i = \dfrac{1}{K}$，则

$$I_1 = K_i I_2$$

式中，K_i 为变流比。这样，由测得的电流 I_2 值乘以变比就可算出被测电流 I_1。只要配以专用互感器（变流比已知），就可以把二次侧的电流表刻度按一次侧电流标出，从电流表上便可以直接读出一次侧所在线路中的电流数值。

图 7-26 所示是电流互感器的接线图和符号。使用电流互感器需要注意二次绕组不得开路，否则二次绕组将产生过高的危险电压。为了保证安全，电流互感器的铁芯和二次绕组应牢靠地接地。

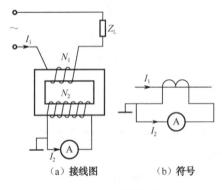

图 7-26 电流互感器

思考与练习

7-3-1 变压器能否用来变换直流电压？如果将变压器接到与它的额定电压相同的直流电源上，会产生什么后果？

7-3-2 一台变压器的额定电压为 220V/110V，若不慎将低压边接到 220V 的交流电源上，能否得到 440V 的电压？如果将高压边接到 440V 的交流电源上，能否得到 220V 的电压？为什么？

7-3-3 如果把自耦调压器具有滑动触头的二次侧错接到电源上，会有什么后果？为什么？

操作训练 2　变压器的特性测试

1. 训练目的

① 理解变压器的工作原理。
② 理解变压器的运行分析。

③ 掌握变压器的空载特性和负载特性。

2. 仿真操作

① 按图 7-27 绘制电路，设置电压表为 AC，交流电源电压为 60V，50Hz。
② 按下仿真开关，观察电压表指示。
③ 改变交流电源的电压值，观察电压表的指示数值。
④ 记录测试结果。

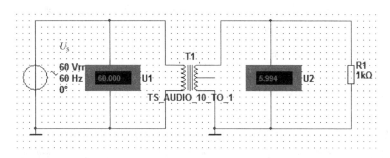

图 7-27 仿真电路

3. 实验操作

实验室操作时，交流电源可采用单相自耦调压器来改变交流电压，变压器一、二次侧接交流电压表，电阻用灯泡代替。改变交流电源电压，观察电压表的指示数值。

4. 注意事项

① 本实验是将变压器作为升压变压器使用，调节调压器，提供一次侧电压 U_1，使用调压器时，应首先将其调至零位，然后才可合上电源。此外，必须用电压表监视调压器的输出电压，防止被测变压器输出过高电压而损坏实验设备，且要注意安全。
② 如遇异常情况，应立即断开电源，待处理完故障后继续实验。

习题 7

1. 有一交流铁芯线圈接在 220V、50Hz 的正弦交流电源上，线圈的匝数为 733 匝，铁芯截面积为 13cm^2。求：
（1）铁芯中的磁通最大值和磁感应强度最大值是多少？
（2）若在此铁芯上再套一个匝数为 60 的线圈，则此线圈的开路电压是多少？

2. 已知某单相变压器的一次绕组电压为 3000V，二次绕组电压为 220V，负载是一台 220V、25kW 的电阻炉，一、二次绕组的电流各为多少？

3. 在收音机的变压器输出电路中，其最佳负载为 1024Ω，而扬声器的电阻 R_L=16Ω，若要使电路匹配，则该变压器的变比应为多大？

4. 单相变压器一次绕组匝数 N_1=1000 匝，二次绕组匝数 N_2=500 匝，现一次侧加电压

U_1=220V，二次侧接电阻性负载，测得二次电流 I_2=4A，忽略变压器内阻及损耗，试求：

（1）一次侧等效阻抗；

（2）负载消耗的功率。

5．某修理车间的单相行灯变压器，一次侧的额定电压为 220V，额定电流为 4.55A，二次侧的额定电压为 36V，试求二次侧可接 36V、60W 的白炽灯多少盏？

6．有一台容量为 50kVA 单相自耦变压器，已知 U_1=220V，N_1=500 匝，如果要得到 U_2=200V，二次绕组应在多少匝处抽出线头？

7．交流信号源的电动势 E=120V，内阻 r_0=800Ω，负载 R_L=8Ω，试求：

（1）将负载直接与信号源相连时，信号源的输出功率是多少？

（2）将交流信号源接在变压器一次侧，R_L 接在二次侧，通过变压器实现阻抗匹配，求变压器的匝数比和信号源的输出功率。

8．某变压器的电压为 220V/36V，二次绕组接有一盏 36V、100W 灯泡，试求：

（1）若变压器一次绕组的匝数是 825 匝时，二次绕组的匝数是多少？

（2）二次侧灯泡点亮时，变压器一、二次绕组中的电流各为多少？

9．某晶体管收音机的输出变压器，其一次绕组匝数 N_1=240 匝，二次绕组匝数 N_2=60 匝，原配接有音圈阻抗为 4Ω 的电动式扬声器，现要改接 16Ω 的扬声器，二次绕组匝数如何变动？

10．有一额定容量为 2kVA，一、二次额定电压为 380V/110V 的单相变压器。试求：

（1）一、二次额定电流；

（2）若接负载为 110V、15W 的灯泡，须接多少盏灯泡才能达到满载运行？

项目 8

综合训练——室内照明电路安装

8.1 训练 1 导线的剥削和连接

1. 训练目的

① 熟悉常用导线的识别与选用知识。
② 掌握导线绝缘层的剥离方法。
③ 掌握铜导线的各种连接方法。
④ 掌握导线绝缘层的恢复方法。

2. 导线识别与选用

导线是传输电能、传递信息的电工线材，一般由线芯、绝缘层、保护层三部分组成。其线芯绝大部分都是用铜或铝拉制而成的。电工所用导线分为两大类：电磁线及电力线。电磁线用来制作各种电感线圈，常见的有漆包线、丝包线、纱包线等。电力线则用于各种电路连接。

电力线分为绝缘线和裸导线两类。裸导线无绝缘包层，主要有裸铝绞线、钢芯铝绞线及各种型材，如母线、铝排等。绝缘导线根据外包不同绝缘材料又分为塑料线、塑料护套线、橡皮线、棉纱编织橡皮软线（花线）等。常用的绝缘导线如图 8-1 所示。常用的绝缘导线的结构、型号及应用范围见表 8-1。

导线的选用要从电路、环境的条件和机械强度等多方面去综合考虑。

（1）导线的种类选用

导线的种类选用可根据使用环境、敷设方式及敷设部位来确定。对住宅和办公室等较干燥的环境做固定敷设时，暗线敷设可采用 BV 型塑料绝缘铜芯线，明线敷设可采用 BVV 型塑料绝缘护套铜芯线。环境较潮湿的水泵房用的导线，则一定要选用 BX 型橡胶绝缘铜芯线或 BVV 型塑料绝缘护套铜芯线；要求移动的户外电气设备，则选择 YZ 系列橡套电缆。

（2）导线截面积的选择

首先，要根据导线的工作电流和安全载流量来确定，所选择导线的安全载流量应不小于导线的工作电流。

安全电流是电线电缆的一个重要参数，它是指在不超过最高温度的条件下，允许长期通过的最大电流值，所以又称允许载流量，常见的单根电线在空气中敷设时的载流量（环境温度 25℃）见表 8-2。

(a)塑料绝缘导线

(b)塑料绝缘护套线

(c)橡胶绝缘铜芯线

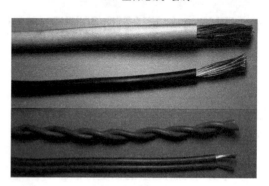

(d)塑料绝缘铜芯软线

图 8-1 常用绝缘导线

表 8-1 几种常用橡皮、塑料绝缘导线的结构、型号及应用范围

名　称	型　号		长期最高工作温度(℃)	用　途
	铜　芯	铝　芯		
塑料绝缘导线	BX	BLX	65	固定敷设于室内,可用于室外及设备内部安装用线
氯丁橡皮绝缘电线	BXF	BLXF	65	同 BX 型,耐气候性好,适用于室外
橡皮绝缘软线	BXR	—	65	同 BX 型,仅用于安装时要求柔软的场合
聚氯乙烯绝缘导线	BV	BLV	65	同 BX 型,且耐湿性和耐气候性较好
聚氯乙烯绝缘护套圆形导线	BVV	—	65	同 BX 型,用于潮湿的机械防护要求较高的场合,可明敷、暗敷或直接埋入土中
聚氯乙烯绝缘护套圆形软线	RVV	—	65	同 BV 型,用于潮湿的机械防护要求较高以及经常移动、弯曲的场合
棉纱编织橡皮绝缘软线	RXS	—	—	室内家用电器、照明电源线
	RX			
中型橡套电缆	YZ	—	—	各种移动电气设备和机械电源线
	YZW	—	—	各种移动电气设备和机械电源线,且具有耐气候性和一定的耐油性能

项目8 综合训练——室内照明电路安装

表 8-2 长期允许载流量（环境温度 25℃）

标称截面积（mm²）	长期连续负荷允许载流量（A）			
	一股		二股	
	铜芯	铝芯	铜芯	铝芯
0.75	16	—	12.5	—
1.0	19	—	15	—
1.5	24	—	19	—
2.5	32	25	26	20
4	42	34	36	26
6	55	43	47	33
10	75	59	65	51

其次，考虑导线的机械强度。所选导线的截面积不能小于根据导线用途、敷设环境规定的最小截面积。在供电系统中，最常用的是铝绞线、铜绞线、钢绞线和钢芯铝绞线等。

导线的设计制造有它的规律，截面 6mm² 以下导线为 1 股，如 15mm²（1/1.38）、2.5mm²（1/1.78）、4mm²（1/2.25）、6mm²（1/2.76）；10～35mm² 的导线为 7 股，如 10mm²（7/1.35）、16mm²、25mm²、35mm²、50mm²；95mm² 以上为 19 股（95mm² 导线也有 7 股的），如 95mm²（19/2.50）、120mm²（19/2.80）、150mm²（19/3.15）、185mm²（19/3.50）、240mm²（19/3.98）；120mm² 以下为 37 股，如 300mm²（37/3.20）、400mm²（37/3.70）、500mm²（37/4.14）；600mm² 为 67 股，而绝缘线 35 mm² 就有 19 股。

最后，选择导线要与导线的保护方式配合，要保护装置有效地保护导线的安全。

（3）导线颜色的选用

为了整机装配及维修方便，导线和绝缘套管的颜色选用，要符合习惯，便于识别，通常电路 U、V、W 三相用黄色、绿色、红色导线，中性线用黑色导线，保护线用黄绿双色导线。

3. 导线绝缘层的剥削技术

导线在连接前必须先将导线端部的保护层和绝缘层剥去。不同的保护层和绝缘层的剥离方法和步骤也不相同。

（1）芯线截面 4mm² 及以下的塑料硬线

芯线截面 4mm² 及以下的塑料硬线，其绝缘层用钢丝钳剥削，具体操作方法如下。

① 左手捏住电线，根据所需线头长度，用钢丝钳钳头刀口环绕轻切绝缘层，注意勿切伤芯线。

② 用右手握住钳头用力勒去绝缘层，同时左手握紧导线反向用力配合动作，如图 8-2 所示。

（2）芯线截面大于 4mm² 的塑料硬线

芯线截面大于 4mm² 的塑料硬线，其绝缘层用电工刀剥削，具体操作方法如图 8-3 所示。

① 根据所需的长度用电工刀以 45°角斜切入塑料

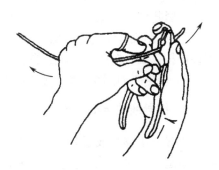

图 8-2 用钢丝钳剥削塑料硬线绝缘层

绝缘层，如图 8-3（a）所示。

② 刀面以 15°～25°角向前端推削，如图 8-3（b）所示。

③ 切去一部分塑料绝缘层，将剩下的塑料绝缘层向后扳翻，最后用电工刀齐根切去，如图 8-3（c）所示。

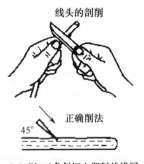  

（a）以 45°角斜切入塑料绝缘层　　　（b）以 15°～25°角向前端推削　　　（c）用电工刀齐根切去

图 8-3　电工刀剥削塑料硬线

（3）塑料护套线线头绝缘层的剥削

塑料护套线线头绝缘层的剥削步骤如下。

① 按所需长度，用电工刀尖对准芯线缝隙划开护套层，如图 8-4（a）所示。

② 将护套层向后扳翻，用电工刀齐根切去，如图 8-4（b）所示。

③ 用电工刀按照剥削塑料硬线绝缘层的方法，分别将每根芯线的绝缘层剥除。

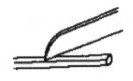 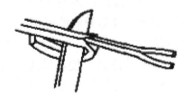

（a）刀尖对准芯线缝隙划开护套层　　　（b）用电工刀齐根切去

图 8-4　塑料护套线线头绝缘层的剥削

（4）花线线头绝缘层的剥削方法

① 从端头处松散编织的棉纱 15mm 以上，如图 8-5（a）所示。

② 把松散的棉纱分组并捻成线状，然后推缩至线头连接所需长度。将推缩的棉纱线进行扣结，紧扎住橡皮绝缘层，如图 8-5（b）所示。

③ 在距棉纱织物保护层末端 10mm 处，用钢丝钳刀口剥削橡胶绝缘层，露出棉纱层。把棉纱层按包缠方向散开，散到橡套切口根部，如图 8-5（c）所示。

④ 用电工刀割断棉纱，露出芯线，如图 8-5（d）所示。

4. 铜导线的连接技术

当导线不够长或要分接支路时，就要将导线与导线连接。导线连接的质量直接影响线路和设备运行的可靠性、安全性。常用导线连接时，应根据导线的材料、规格、种类等采用不同的连接方法。

项目8 综合训练——室内照明电路安装

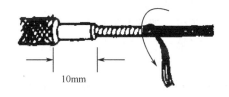

（a）从端头处松散编织的棉纱15mm以上　　　　（b）将推缩的棉纱线进行扣结，紧扎住橡皮绝缘层

（c）剥削橡胶绝缘层，把露出的棉纱层按包缠方向散开　　　　（d）用电工刀割断棉纱，露出芯线

图 8-5　花线线头绝缘层的剥削方法

对导线连接的基本要求：电接触良好，机械强度良好，绝缘性、耐腐蚀性好，接线紧密，工艺美观。

（1）单股铜芯导线的直线连接

单股铜芯导线的直线连接方法，如图 8-6 所示。

① 将两个导线头部剥去一定长度的芯线，并去掉氧化层。

② 在距根部 1/3 处将两根导线线头呈 X 形相交，互相绞绕 2～3 圈，如图 8-6（a）所示，再扳直线头，如图 8-6（b）所示。

③ 将扳直的两线头向两边各紧密绕 6 圈，如图 8-6（c）所示，用钢丝钳切去余下的芯线，并钳平芯线末端。

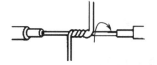

（a）互相绞绕2~3圈　　　　（c）扳直线头　　　　（c）两线头向两边各紧密绕6圈

图 8-6　单股铜芯导线的直线连接

（2）单股铜芯导线的 T 形分支连接

① 在干线芯线连接处剥削约 20mm，清洁表面氧化层。

② 将支路芯线的线头与干线芯线十字相交，在支路芯线根部留出 5mm，如图 8-7（a）所示，然后顺时针方向缠绕支路芯线，缠绕 6～8 圈后，用钢丝钳切去余下的芯线，并钳平芯线末端，如图 8-7（b）所示。

（3）7 股铜芯导线的直线连接方法

7 股铜芯导线的直线连接方法，如图 8-8 所示。

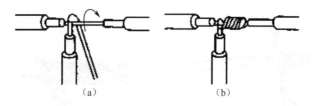

图 8-7　单股铜芯导线的 T 形分支连接

① 将剖去绝缘层的芯线头散开并拉直，接着把近绝缘层 1/3 线段的芯线绞紧，然后把余下的 2/3 芯线头分散成伞状，并将每根芯线拉直，如图 8-8（a）所示。

② 把两个伞状芯线线头隔根对叉，并捏平两端芯线，如图 8-8（b）所示。

③ 把一端的 7 根芯线按 2、2、3 根分成三组，将第一组 2 根芯线扳起，垂直于芯线并按顺时针方向缠绕，如图 8-8（c）所示。

④ 缠绕两圈后，将余下的芯线向右扳直，再把下面的第二组的两根芯线扳直，按顺时针方向紧紧压着 4 根扳直的芯线缠绕，如图 8-8（d）所示。

⑤ 缠绕两圈后，将余下的芯线向右扳直，再把下边第三组的 3 根芯线扳直，按顺时针方向紧紧压着 4 根扳直的芯线缠绕，如图 8-8（e）所示。

⑥ 缠绕 3 圈后，切去每组多余的芯线，钳平线端，如图 8-8（f）所示。

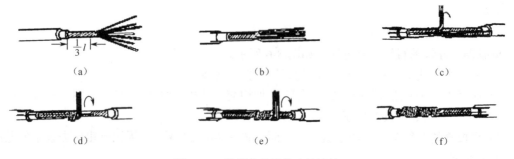

图 8-8　7 股铜芯导线的直线连接

⑦ 用同样的方法再缠绕另一边芯线。

（4）7 股铜芯导线的 T 形连接

7 股铜芯导线的 T 形连接如图 8-9 所示。

① 把分支芯线散开钳直，接着把近绝缘层 1/8 的芯线绞紧，把支路线头 7/8 的芯线分成两组，一组 4 根，另一组 3 根并排齐，然后用旋凿把干线的芯线撬分成两组，再把支线中 4 根芯线的一组插入干线两组芯线中间，而把 3 根芯线的一组支线放在干线芯线的前面，如图 8-9（a）所示。

② 把右边 3 根芯线的一组往干线一边按顺时计方向紧紧缠绕 3～4 圈，钳平线端，再把左边 4 根芯线的一组芯线按顺时针方向缠绕，如图 8-9（b）所示。

③ 逆时针缠绕 4～5 圈后，钳平线端，如图 8-9（c）所示。

5. 铝芯导线的连接

由于铝极易氧化，且铝氧化膜的电阻率很高，所以铝芯导线不宜采用铜芯导线的方法进行连接,铝芯导线常采用螺钉压接法和压接管压接法连接。

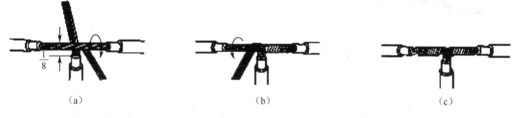

图 8-9　7 股铜芯导线的 T 形连接

（1）螺钉压接法连接

螺钉压接法适用于负荷较小的单股铝芯导线的连接,其步骤如下。

① 把削去绝缘层的铝芯线头用钢丝刷清除表面的铝氧化膜,并涂上中性凡士林。

② 作直线连接时,先把每根铝芯导线在接近线端处卷上 2~3 圈,以备线头断裂后再次连接用,然后把 4 个线头两两相对地插入两只瓷接头（又称接线桥）的 4 个接线桩上,然后旋紧接线桩上的螺钉,如图 8-10（a）所示。

③ 若要作分路连接时,要把支路导线的两个芯线头分别插入两个瓷接头的两个接线桩上,然后旋紧螺钉,如图 8-10（b）所示。

图 8-10　螺钉压接法连接

④ 在瓷接头上加罩铁皮盒盖或木盒盖。

如果连接处在插座或熔断器附近,则不必用瓷接头,可用插座或熔断器上的接线桩进行过渡连接。

（2）压接管压接法连接

压接管压接法适用于较大负荷的多根铝芯导线的直接连接。压接钳和压接管（又称钳接管）如图 8-11（a）、（b）所示。

① 根据多股铝芯线规格选择合适的铝压接管。

② 用钢丝刷清除铝芯线表面和压接管内壁的铝氧化层,并涂上中性凡士林。

③ 把两根铝芯导线线端相对穿入压接管,并使线端穿出压接管 25~30mm,如图 8-11（c）所示。

④ 进行压接,其方法如图 8-11（d）所示。压接时,第一道压坑应压在铝芯线线端一侧,不可压反。

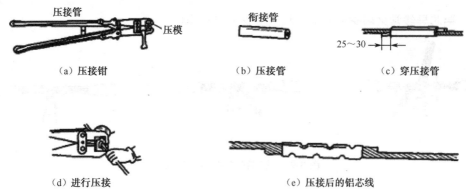

图 8-11　压接管压接法

6. 导线与接线端子（接线桩）的连接

（1）单股芯线与针孔接线桩连接

① 单股芯线与针孔接线桩连接时，按要求的长度将线头折成双股并排插入针孔，使压接螺钉顶紧在双股芯线的中间，如图 8-12（a）所示。如果线头较粗，双股芯线插不进针孔，也可将单股芯线直接插入，但芯线在插入针孔前，应朝着针孔上方稍微弯曲，以免压紧螺钉时稍有松动就会有线头脱出，如图 8-12（b）所示。

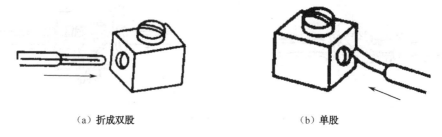

图 8-12　单股芯线与接线桩连接

② 线头插入针孔时必须插到底，导线绝缘层不得插入孔内，针孔外的裸线头长度不得超过 3mm。

③ 用螺丝刀旋紧压线螺钉。若有两个压紧螺钉，应先拧紧靠近孔口的螺钉，再拧紧靠近孔底的螺钉。

（2）多股芯线与针孔接线桩连接

多股芯线与针孔接线桩连接时，先用钢丝钳将多股芯线进一步绞紧，以保证压接螺钉顶压时不致松散。注意针孔和线头的大小应尽可能配合，如图 8-13（a）所示。如果针孔过大可选一根直径大小相宜的铝导线作为绑扎线，在已绞紧的线头上紧密缠绕一层，使线头大小与针孔合适后再进行压接，如图 8-13（b）所示。如线头过大，插不进针孔时，可将线头松散开，适量减去中间几股。通常 7 股可剪去 1~2 股，19 股可剪去 1~7 股。然后将线头绞紧，进行压接，如图 8-13（c）所示。

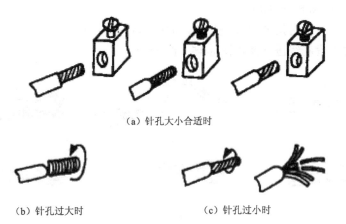

(a) 针孔大小合适时

(b) 针孔过大时　　　　　　(c) 针孔过小时

图 8-13　多股芯线与针孔接线桩连接

无论是单股或多股芯线的线头，在插入针孔时，都必须插到底，不得使绝缘层进入针孔，针孔外的根线头的长度不得超过 3mm。

（3）单股芯线与螺钉平压式接线桩的连接

先将单股芯线线头弯成压接圈（俗称"羊眼圈"），压接圈必须弯成圆形。然后利用螺钉加垫圈将线头压紧，完成连接。单股芯线压接圈弯法如图 8-14 所示。

① 离绝缘层根部 3mm 处向外侧折角，如图 8-14（a）所示。

② 按略大于螺钉直径弯曲圆弧，如图 8-14（b）所示。

③ 剪去多余芯线，如图 8-14（c）所示。

④ 修正圆圈成圆，如图 8-14（d）所示。

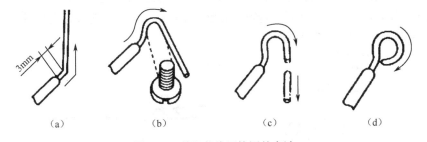

图 8-14　单股芯线压接圈的弯法

（4）7 股芯线与螺钉平压式接线桩的连接

先将 7 股芯线线头弯制成压接圈，然后，利用螺钉加垫圈将线头压紧，完成连接，如图 8-15 所示。

① 把离绝缘层根部约 1/2 长的芯线重新绞紧，越紧越好，如图 8-15（a）所示。

② 将绞紧部分的芯线在离绝缘层根部 1/3 处向左外折角，然后弯曲出圆弧，如图 8-15（b）所示。

③ 当圆弧弯曲得将近圆圈（剩下 1/4）时，应将余下的芯线向右外折角，然后使其成圆，捏平余下线端，使两端芯线平行，如图 8-15（c）所示。

④ 把散开的芯线按 2 根、2 根、3 根分成三组，将第一组 2 根芯线扳起，垂直于芯线，

要留出垫圈边宽，如图8-15（d）所示。

⑤ 按7股芯线直线对接的自缠法加工，如图8-15（e）所示。

⑥ 缠成后的7股芯线压接圈如图8-15（f）所示。

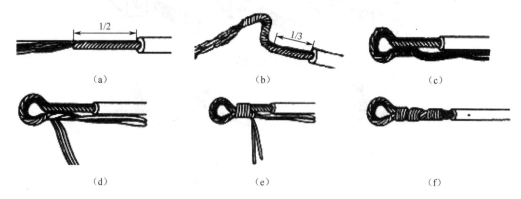

图8-15　7股芯线线头弯制压接圈的方法

7. 导线的绝缘层恢复

（1）一字形连接的导线接头

一字形连接的导线接头绝缘恢复，通常用黄蜡带、涤纶薄膜带和黑胶带作为恢复绝缘层的材料。绝缘带的包缠方法如下。

① 将黄蜡带从导线左边完整的绝缘层上开始包缠，包缠两根带宽后才可进入无绝缘层的芯线部分，如图8-16（a）所示。

② 包缠后，黄蜡带与导线保持约55°的倾斜角，每圈压叠带宽的1/2，如图8-16（b）所示。

③ 包缠一层黄蜡带后，将黑胶带接在黄蜡带的尾端，按另一斜叠方向包缠一层黑胶布，也要每圈压叠带宽的1/2，如图8-16（c）、（d）所示。

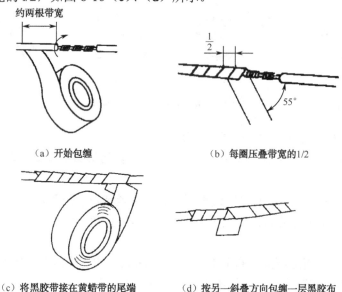

图8-16　导线的绝缘层恢复

包缠处理中应用力拉紧胶带，注意不可稀疏，更不能露出芯线，以确保绝缘质量和用电安全。对于 220V 线路，也可不用黄蜡带，只用黑胶布带或塑料胶带包缠两层。在潮湿场所应使用聚氯乙烯绝缘胶带或涤纶绝缘胶带。

（2）T 字分支接头的绝缘处理

导线分支接头的绝缘处理基本方法同上，T 字分支接头的包缠方向如图 8-17 所示，走一个 T 字形的来回，使每根导线上都包缠两层绝缘胶带，每根导线都应包缠到完好绝缘层的 2 倍胶带宽度处。

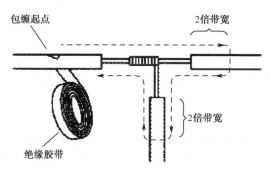

图 8-17　T 字分支接头的绝缘处理

（3）十字分支接头的绝缘处理

对导线的十字分支接头进行绝缘处理时，包缠方向如图 8-18 所示，走一个十字形的来回，使每根导线上都包缠两层绝缘胶带，每根导线也都应包缠到完好绝缘层的 2 倍胶带宽度处。

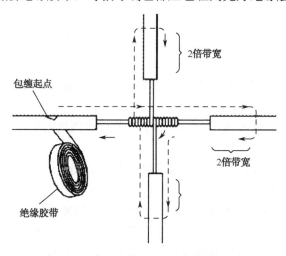

图 8-18　十字分支接头的绝缘处理

导线绝缘层恢复的注意事项：

① 用在 380V 线路上的导线恢复绝缘时，必须先包缠 1~2 层黄蜡带，然后再包缠一层黑胶带。

② 用在 220V 线路上的导线恢复绝缘时，先包缠一层黄蜡带，然后再包缠 1~2 层黑胶带。

③ 包缠绝缘带时，要疏密适宜，不能露出芯线，以免造成触电或短路事故。

④ 绝缘带不用时，不要放在温度很高的地方，以免粘胶热化。

8.2　训练 2　室内配线技术

1. 训练目的

① 了解室内配电线路的要求。
② 熟悉室内配线的布线、安装规程和室内配线工序。
③ 掌握护套线配线、线管配线及照明装置安装操作工艺。

2. 室内配线的要求

室内配线传输电能要安全可靠，线路布设规范合理，管线安装牢固整齐，并对室内装修无损害，具有一定的美化装饰作用。

（1）室内配线的类型

室内配线是为用电设备敷设供电和控制线路，有明敷和暗敷两种类型。明敷是将导线沿墙壁、天花板、横梁等表面敷设；暗敷是将导线穿管埋设于墙内、地下或顶棚内。一段线路可能包含两种敷设类型。

（2）对导线的要求

① 所选导线的型号规格应与设计要求相符。
② 导线的额定电压（导线的绝缘层抗电击穿能力）应不小于线路故障电压。
③ 导线的截面积要满足载流量的要求，同时要有足够的机械强度。

（3）室内配线的技术要求

① 室内配线要求布置合理，符合相关规程。明配线应水平和垂直安装，选用导线颜色要与室内装修协调。
② 配线线路中避免出现导线接头，穿管敷设不允许有接头，若必须有时，应采用压接或焊接，并把接头放在接线盒内。
③ 水平敷设导线距地面不低于2.5m，垂直敷设导线距地面不低于1.8m。
④ 严禁利用地线作为中性线使用。
⑤ 导线穿过楼板时应穿钢管，长度为楼板厚皮加上2m，穿墙或过墙应穿瓷管或塑料管，瓷管或塑料管在墙外部分应有向下的弯头防止雨水流入。
⑥ 导线交叉时，导线在交叉部位应套上塑料管，以免碰线。
⑦ 导线敷设时应按规定与其他管线离开一定的距离（0.1～3m）。
⑧ 在线路的分支处或导线截面减小的地方均应安装熔断器。

（4）室内配线工序

① 按设计图确定灯具、插座、开关、配电箱等的位置。
② 确定导线敷设的路径、穿过墙壁和楼板的位置。
③ 在室内装修抹灰前，将配线过程中所有的固定点打好孔眼，预埋绕有铁丝的木螺钉、螺钉或木砖。
④ 装设绝缘支持物、线夹或线管。
⑤ 敷设导线。

项目8 综合训练——室内照明电路安装

⑥ 导线分支连接并与用电设备连接。

3. 护套线配线技术

塑料护套线是有塑料外护层的双芯或多芯的绝缘导线,是室内照明常用导线,可敷设在建筑物表面,用铝片线卡或塑料线卡作为护套线的支撑物,在跨度较大的场所也可使用绝缘子支撑;也可穿管暗敷或槽板明敷。

护套线配线施工方法如下。

(1) 定位画线

按照施工图确定灯具、开关、插座等电器的安装位置,导线敷设的位置,导线穿墙和楼板的钻孔位置,导线转角的位置等,然后用粉笔或尺子画线,定出线卡的固定点,一般直线固定点间隔为 150~300 mm,转角两边或距开关、插座、灯具的 50~100 mm 处须设置固定点,如图 8-19、图 8-20 所示。

图 8-19 定位画线

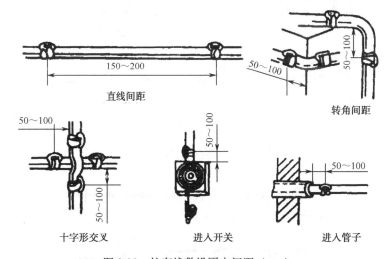

图 8-20 护套线敷设固定间距 (mm)

(2) 放线

将整圈护套线套入双手中,将线拉出或转动线圈放线,不能搞乱线圈,如图 8-21 所示。

(3) 线卡的固定

根据固定点建筑物结构,可分别采用钢钉直接钉牢、预埋木楔、冲击电钻打孔安装木楔、环氧树脂粘贴等方法,为方便施工,现均可使用水泥钢钉直接钉牢的方式固定铝线卡或塑料线卡。铝线卡(钢精扎头)或塑料线卡外形如图 8-22 所示。

图 8-21 放线方法

(4) 敷设导线

导线应敷设平直,一般采取勒直和收紧的方法校直导线,如图 8-23 和图 8-24 所示。

图 8-22 铝线卡、塑料线卡外形

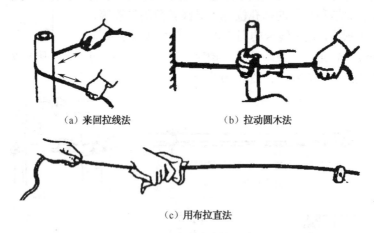

图 8-23 导线勒直的方法

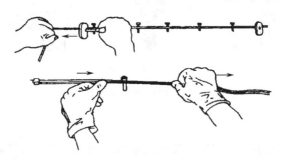

图 8-24 护套线的收紧方法

4. 铝线卡的夹持

按图 8-25 所示的步骤将铝线卡收紧并紧箍护套线。

护套线配线施工注意事项：

① 护套线配线时，铜芯线截面积应大于 $0.5mm^2$，铝芯线截面积应大于 $1.5mm^2$。

② 在线路上不可直接进行线与线的连接，应通过瓷接头或其他电器的接线端头完成连接。

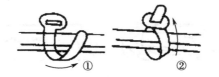

图 8-25 铝线卡收紧方法

③ 转角弯弧半径要大于导线外径的 6 倍,转角角度大于 90°,转弯前后应各用一个铝线卡夹住,如图 8-26 所示。

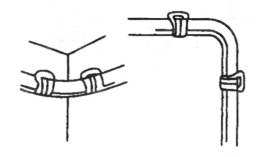

图 8-26 转弯处铝线卡的使用

5. 槽板配线技术

线槽配线便于施工、安装便捷,多用于明装电源线、网络线等线路的敷设,常用的塑料线槽材料为聚氯乙烯,槽板由底板和盖板组成,底板有线槽,供固定和放置导线用,盖板起掩盖和保护作用。槽板配线施工方法如下。

(1)固定底板

在进行定位和画线之后,在每块底板两端 40mm 处各设置一个固定点,其余固定点可间隔 500 mm 均匀固定,如图 8-27 所示。

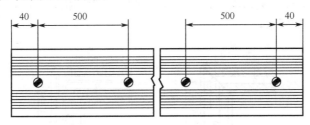

图 8-27 底板的固定方法

(2)凿孔与预埋

固定槽板时可直接采用钢钉钉牢,在墙壁特别坚硬的地方可用冲击电钻打孔安装木榫或胀栓进行固定,木榫和胀栓外形如图 8-28 所示。固定时,钢钉要钉在底板中间的槽脊上。

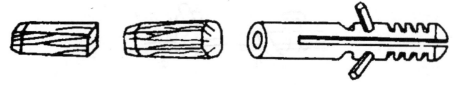

图 8-28 木榫和胀栓的外形

用电锤或手电钻在墙上已画出钉铁钉处钻出直径为 10mm 的小孔，深度应大于木塞的长度。把已削好的木塞头部塞入墙孔中，轻敲尾部使木塞与墙孔垂直，松紧合适后再用力将木塞敲入孔中，如图 8-29 所示。注意不要将木塞敲烂。

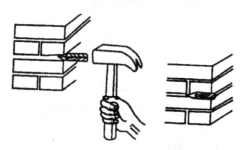

图 8-29 木塞与墙孔垂直敲入孔中

（3）安装槽板

① 对接。

将要对接的两块槽板的底板或盖板锯成 45°断口，交错紧密对接，底板上的线槽必须对正，但底板与槽板的接口不能重合，应互相错开 20mm 以上，如图 8-30 所示。

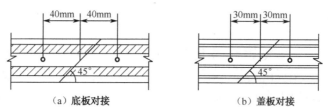

（a）底板对接　　　　　（b）盖板对接

图 8-30 对接方法

② 转角拼接。

把槽板的底板和盖板端头锯成 45°断口，并把转角处线槽之间的棱削成弧形，以免割伤导线绝缘层，如图 8-31 所示。

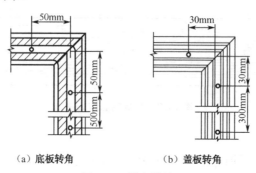

（a）底板转角　　　　　（b）盖板转角

图 8-31 转角拼接

③ T 形拼接。

在支路槽板的端头，两侧各锯掉腰长等于槽板宽度 1/2 的等腰直角三角形，留下夹角为 90°的接头，干线槽板则在宽度的 1/2 处锯一个与支路槽线板尖头配合的 90°凹角，拼接时，在拼接点上把干线底板正对支路线槽的棱锯掉、铲平，以便分支导线在槽内顺利通过，如图 8-32 所示。

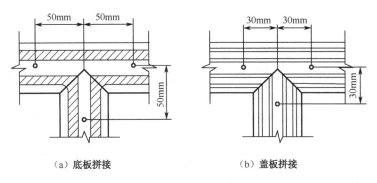

（a）底板拼接　　　　　　　（b）盖板拼接

图 8-32　拼接方法

④ 十字拼接。

其用于水平或垂直干线上有上下或左右分支线的情况，相当于上下或左右两个 T 形拼接，工艺要求与 T 形相同，如图 8-33 所示。

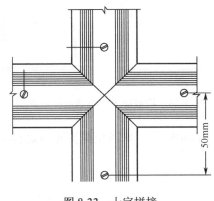

图 8-33　十字拼接

⑤ 底板、盖板在不同平面转角的接法如图 8-34 所示。

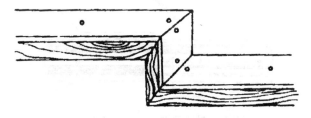

图 8-34　底板、盖板在不同平面转角的接法

⑥ 槽板 45°角锯割（使用靠模）方法如图 8-35 所示。

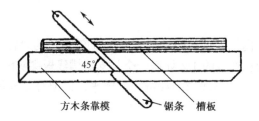

图 8-35　用靠模锯割槽板的方法

(4) 敷设导线

敷设导线时，应注意以下三个问题：

① 一条槽板内只能敷设同一回路的导线。

② 槽板内的导线，不能受到挤压，不应有接头。如果必须有接头和分支，则应在接头和分支处装接线盒。

③ 导线伸出槽板与灯具、开关、插座等使用木台或塑台时，槽板要伸入木台或塑台 5～10 mm，如图 8-36 所示。

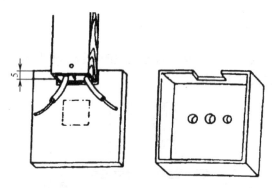

图 8-36　槽板伸入木台或塑台示意图

④ 如果线头位于开关板、配电箱内，则应根据实际需要的长度留出裕量，并在线端做好记号，以便接线时识别。

(5) 固定盖板

固定盖板与敷设导线应同时进行。边敷线边将盖板固定在底板上。固定塑料槽板的盖板时可直接扣在底板上，木槽板须用钢钉直接钉在底板上，如图 8-37 所示。

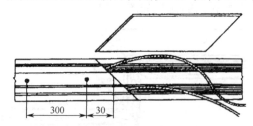

图 8-37　导线敷设及盖板固定（mm）

盖板做到终端，若没有电器和木台，应进行封端处理：先将底板端头锯成斜面，再将盖板封端处锯成斜口，然后将盖板按底板斜面坡度折覆固定，如图 8-38 所示。

项目8 综合训练——室内照明电路安装

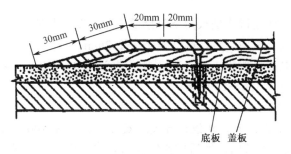

图 8-38 槽板的封端

配线注意事项：
① 导线应采用绝缘线。
② 槽板在不同平面转角时要将槽板锯成 V 形或倒 V 形。
③ 导线穿墙或过楼板时要穿管配线。

8.3 训练 3 照明装置的安装

1. 训练目的

① 掌握开关插座的安装技术。
② 掌握白炽灯的安装技术。
③ 掌握日光灯的安装技术。

2. 开关、插座的安装

（1）开关的种类及安装要求

开关是用来控制灯具等电器电源通断的器件，照明开关种类很多，常用的有拉线开关、防水开关、台灯开关、吊盒开关与墙壁开关等。照明开关一般按应用结构分为单联和双联两种，单联开关应用最为广泛，而双联开关主要用于两地控制一盏灯的线路中，以及其他特殊控制电气设备线路中。开关有明装和暗装之分，安装开关一般要配合土建施工过程预埋开关盒，待土建结束后，再安装开关，明装开关一般在土建完工后安装。常用照明开关外形如图 8-39 所示。

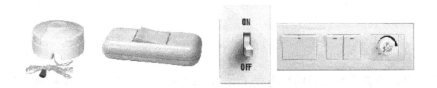

图 8-39 常用照明开关外形

开关的安装要求如下：
① 开关内的两个接线柱，一个与电源线路中的一根火线连接，另一个接至灯座的接线柱上。
② 安装拉线式开关时，拉线口必须与拉的方向保持一致，否则容易磨断拉线。

③ 安装平开关时，应使操作柄扳向下时接通电路，扳向上时分断电路。

④ 成排安装的开关高度应一致，高低差不大于2mm。

⑤ 拨动开关安装高度一般为1.2～1.4m，距门框为150～200mm，拉线开关距地面高度一般为2.2～2.8m，距门框为150～200mm。

（2）跷板式开关的安装

跷板式开关应与开关盒配套，跷板式开关的安装方法如图8-40所示。

首先应将开关盒预埋到墙内，然后按接线要求，盒内甩出的导线与开关面板上的标志，确定面板的安装方向，即安装完毕，按下跷板下部时，开关处在合闸的位置，按下跷板上部时，开关应处在断开的位置，如图8-40（b）所示，最后将开关面板推入盒内，对正盒眼，用螺丝刀固定牢，面板应紧贴建筑物表面。

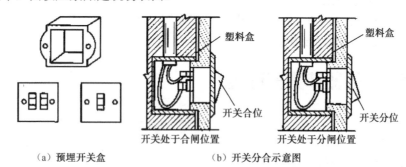

图8-40 跷板式开关的安装

安装跷板式开关的注意事项：

预埋开关盒一般在电线管敷设时同步进行，接线盒埋设位置应准确、整齐。按测定的位置进行安装。开关接线时，应使开关切断相线。

（3）插座的种类与安装要求

插座是家用电器的电源接取口，应用极为广泛，所有可移动的用电器具都须经插座、插头接通电源。电气插座种类很多，有单相两眼、单相三眼，也有三相四眼安全插座等。两眼、三眼及四眼插座的外形如图8-41所示。

图8-41 插座的外形

双孔插座用在外壳无须接地的用电器上，如活动台灯、手电钻、电视机等；三孔插座用于外壳需要接地的电器，如洗衣机、电冰箱等。单相双孔插座的最大额定电流，通常只有5A，三孔的有5A、10A、15A、20A等多种。应根据插入该插座的功率最大的电器的额定电流选取，插座的额定电流应大于电器的额定电流。

（4）插座的明装技术

明装插座一般安装在明敷线路上，在绝缘台上要用木螺钉固定，下面以两孔插座明装为例，安装步骤如图 8-42 所示。

① 确定木台安装位置，打孔，塞上木榫，如图 8-42（a）所示。
② 在方（或圆）木台上钻三个孔，如图 8-42（b）所示。
③ 穿进导线后，用一只木螺钉将木台固定，如图 8-42（c）所示。
④ 把两根导线头分别穿入插座底座的两个穿线孔内，如图 8-42（d）所示。
⑤ 把导线分别接到接线桩上，如图 8-42（e）所示。
⑥ 装上插座盖，如图 8-42（f）所示。

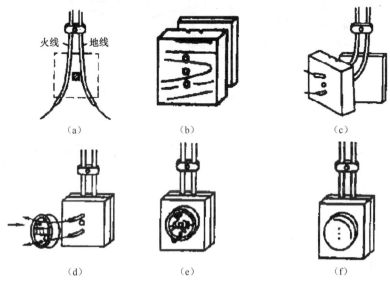

图 8-42 插座的明装

安装插座的注意事项：
① 插座始终是带电的，安装应牢固。
② 插座底座安装在绝缘台的中间位置。
③ 明装插座的安装高度距地面不低于 1.3m，一般为 1.5～1.8m。
④ 暗装插座允许低安装，但距地面高度不低于 0.3m。
⑤ 同一室内安装的插座高低差不应大于 5mm，成排安装的插座不应大于 2mm。
⑥ 插座应正确接线，单相两孔插座为"左零右火"，单相三孔及三相四孔插座的保护接地（接零）极均应接在上方，如图 8-43 所示。

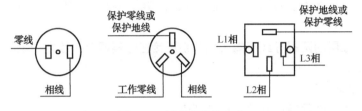

图 8-43 插座的接线方式

（5）插座的暗装技术
三孔插座的安装步骤为：在已预埋入墙中的导线端的安装位置上按暗盒的大小凿孔，并凿出埋入墙中的导线管走向位置。将管中导线穿过暗盒后，把暗盒及导线管同时放入槽中，用水泥砂浆填充固定。暗盒应安放平整，不能偏斜。将已埋入墙中的导线剥去 15mm 左右绝缘层后，接入插座接线桩中，拧紧螺钉，将插座用平头螺钉固定在开关暗盒上，压入装饰钮，如图 8-44 所示。

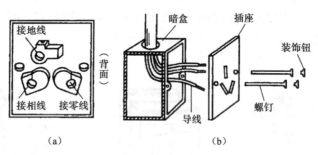

图 8-44 三孔插座的安装

安装注意事项：

① 插座在接线时一定要接触牢靠，相邻接线柱上的电线金属头要保持一定的距离，不允许有毛刺，以防短路。

② 在安装三孔插座时，必须把接地孔眼（大孔）装在上方，且接地接线柱必须与接地线连接．不可借用零线（中性线）线头作为接地线。

③ 火线（相线）要接在规定的接线柱（标有"L"字母）上。

3. 白炽灯的安装

白炽灯是常用的一种电光源，它是将钨丝作为灯丝封入抽成真空的玻璃泡中制成的，电流通过灯丝时将灯丝加热到白炽状态而发光。

白炽灯的安装方法如图 8-45 所示。

① 确定安装位置，打孔，塞上木榫，如图 8-45（a）所示。

② 在方（或圆）木台上钻三个孔，如图 8-45（b）所示。

③ 穿进导线后，用一只木螺钉将木台固定，如图 8-45（c）所示。

④ 将电源线从挂线盒底座中穿出，用螺钉将挂线盒紧固在圆木上，如图 8-45（d）所示。

⑤ 电源线在进入吊线盒盖后，在离接线端头 50mm 处打一个结，卡在挂线盒孔内，承受着部分悬吊灯具的重量，如图 8-45（e）所示。打结的方法如图 8-45（f）所示。

⑥ 将软吊灯线下端穿过灯座盖孔，在离导线下端约 30mm 处打一电工扣，如图 8-45（g）所示。

⑦ 把去除绝缘层的两根导线下端芯线分别压接在灯座两个接线端子上，旋上灯座盖，如图 8-45（h）所示。

白炽灯安装注意事项：

① 相线（火线）必须经过开关再接到灯座上。

② 螺口灯座。火线经开关后应接在灯座中心的弹片触点上，零线接在螺纹触点上。

③ 软导线兼承载灯具重力时，软线一端套入吊线盒内，另一端套入灯座罩盖，两端均应在线端打结扣，以使结扣承载拉力，而导线接线处不受力。

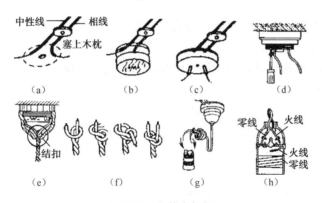

图 8-45　安装白炽灯

4. 日光灯的安装

（1）日光灯的组装

日光灯具有发光效率高、寿命长、光色柔和等优点，广泛应用于办公室和家庭。直管日光灯常见的电路如图 8-46 所示。

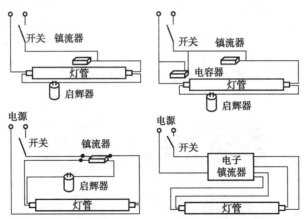

图 8-46　常见直管日光灯电路

安装前，先进行日光灯组成部件的组装，即将镇流器、启辉器、灯座和灯管安装在灯架上。日光灯组成部件如图 8-47 所示。

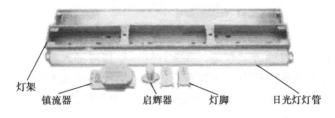

图 8-47　日光灯组成部件

日光灯组装注意事项：

① 镇流器应与电源电压、灯管功率相配套。

② 由于镇流器较重，又是发热体，应将其装在灯架中间或在镇流器上安装隔热装置。
③ 启辉器规格应根据灯管功率来确定。启辉器宜装在灯架上便于维修和更换的地点。
④ 灯座之间的距离应合适，防止因灯脚松动而造成灯管掉落。

（2）日光灯的安装

日光灯固定灯架的方式有吸顶式和悬吊式两种。悬吊式又分金属链条悬吊和钢管悬吊两种。安装前先在设计的固定点打孔预埋合适的固定件，然后将灯架固定在固定件上。下面以链条悬挂式日光灯为例，说明安装步骤：

① 测量日光灯尺寸，确定固定点，打孔、固定圆木。
② 正确连接日光灯吊盒线头，做好绝缘。
③ 把吊盒固定在圆木上，吊链接日光灯座，如图8-48（a）所示。
④ 装日光灯盖板和日光灯灯管，如图8-48（b）所示。
⑤ 检查无误后，通电测试，灯亮，如图8-48（c）所示。

（a）吊链接日光灯座

（b）装日光灯盖板和日光灯灯管

（c）通电测试，灯亮

图8-48 日光灯的安装

安装注意事项：

日光灯灯管安装时，对插入式灯座，先将灯管一端灯座插入带弹簧的一个灯座，稍用力使弹簧灯座活动部分向灯座内压出一小段距离，另一端趁势插入不带弹簧的灯座，对开启式灯座，先将灯管两端灯脚同时卡入灯座的开缝中，再用手握住灯管两端头旋转约1/4圈，灯管的两个引脚即被弹簧片卡紧，使电路接通。

8.4 训练4 电度表的安装与使用

1. 训练目的

① 掌握电度表的选择与使用知识。
② 掌握单相电度表的配电安装技术。

2. 电度表的选择与使用

（1）电度表种类及规格

电度表是用来计量电气设备所消耗电能的仪表。电度表可分为单相电度表和三相电度表，准确度一般为2.0级，也有1.0级的高精度电度表。单相电度表可以分为感应系单相电度表和电子式电度表两种。目前，家庭大多数用的是感应系单相电度表。单相电度表的外观如图8-49所示。

感应系单相电度表有十几种型号。虽然其外形和内部元件的位置可能不同，但使用的方法及工作原理基本相同。其常用额定电流有2.5A、5A、10A、15A、20A等规格。常见单相电度表的规格见表8-3。

图8-49　单相电度表外形

表8-3　单相电度表的规格

电度表安数（A）	2.5	5	10	15	20
负载瓦数（W）	550	1100	2200	3300	4400

（2）电度表的选用

电度表的选用要根据负载来确定。所选电度表的容量或电流是根据计算电路中负载的大小来确定的，容量或电流选择大了，电度表不能正常转动，会因本身存在的误差影响计算结果的准确性；容量或电流选择小了，会有烧毁电度表的可能。一般应使所选用的电度表负载总瓦数为实际用电总瓦数的1.25～4倍。

在选用电度表的容量或电流前，应先进行计算。例如，某家庭使用照明灯4个，约为120W，使用电视机、电冰箱等电器约为680W，电度表的容量为800×1.25=900（W），800×4=3200（W），因此选用电度表的负载瓦数为900～3200W。查表可知，选用电流容量为10～15A的较为适宜。

选用电度表时，除了考虑电流容量外，还要注意电度表的内在质量，特别要注意电度表表壳上的铅封是否损坏，一般电度表在出厂时，对电度表的准确度要进行校验，检查合格后，对电度表的可拆部位进行铅封，使用者不得私自将铅封打开。若铅封损坏，必须经有关部门重新校验后方可使用。

（3）单相电度表的安装和接线要求

① 电度表应安装在干燥、稳固的地方，避免阳光直射，忌湿、热、霉、烟、尘、沙及腐蚀性气体。
② 电度表应安装在没有振动的位置，因为振动会使电度表计量不准。

③ 电度表应垂直安装，不能歪斜，允许偏差不得超过2°。因为电度表倾斜5°，会引起10%的误差，倾斜太大，电度表铝盘甚至不转。

④ 电度表的安装高度一般为 1.4～1.8m，电度表并列安装时，两表的中心距离不得小于200mm。

⑤ 在雷雨较多的地方使用的电度表，应在安装处采取避雷措施，避免因雷击使电度表烧坏。

⑥ 电度表应安装在涂有防潮漆的木制底盘或塑料底盘上，用木螺钉或机制螺钉固定。电度表的电源引入线和引出线可通过盘的背面穿入盘的正面后进行接线，也可以在盘面上走明线，用塑料线卡固定整齐。

⑦ 在电压 220V、电流 10A 以下的单相交流电路中，电度表可以直接接在交流电路上，电度表必须按接线图接线（一般在电表接线盒盖的背面有接线图）。

⑧ 如果负载电流超过电度表电流线圈的额定值，则应通过电流互感器接入电度表，使电流互感器的初级与负载串联，次级与电度表电流线圈串联。

（4）电度表的接线方式

当选好单相电度表后，应进行检查安装和接线。根据电度表型号不同，有两种接线方式：如图 8-50 所示，①、③为进线，②、④接负载，接线柱①要接相线（火线）；这种电度表目前在我国最常见而且用得最多，接线时参照图 8-50（a）接线，初学者可参照 8-50（b）连接，而图 8-51 所示电度表的①、②为进线，③、④接负载，这种电度表不经常使用。

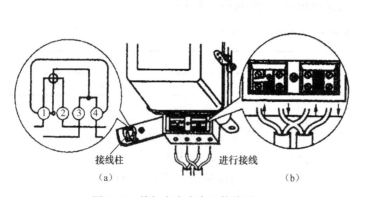

图 8-50 单相电度表交叉接线图

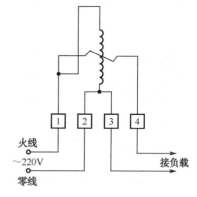

图 8-51 单相电度表顺入接线图

3. 单相电度表的配电安装

单相电度表安装接线图如图 8-52 所示。

安装步骤如下。

① 合理布置板面，确定电度表、刀闸、瓷夹板的位置，固定元件，电度表要正，刀闸要垂直，如图 8-53（a）所示。

② 配上线瓷夹板，连线时，首先将一端导线固定在夹板中，将导线拉直，装上导线转角夹板，进线接电度表的 1、3 端子，将线弯 90°，剥去绝缘皮，剪断线时要量好尺寸，以免过长或过短，如图 8-53（b）所示。

③ 连接表引出线，用夹板在转角处固定，连接刀闸上端，连接负荷侧导线，接电度表的 2、4 端并紧固，如图 8-53（c）所示。

项目8 综合训练——室内照明电路安装

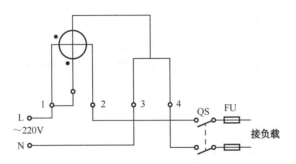

图 8-52 单相电度表安装接线图

④ 盖上电度表表盖，根据负荷电流选择熔断器，如图 8-53（d）所示。

⑤ 连接端头不宜过长，装上刀闸盖，装下刀闸盖，要对正，以免影响刀闸的正常开合，如图 8-53（e）所示。

⑥ 连接完成后，检查接线是否正确、牢固，安装完成后的效果如图 8-53（f）所示。

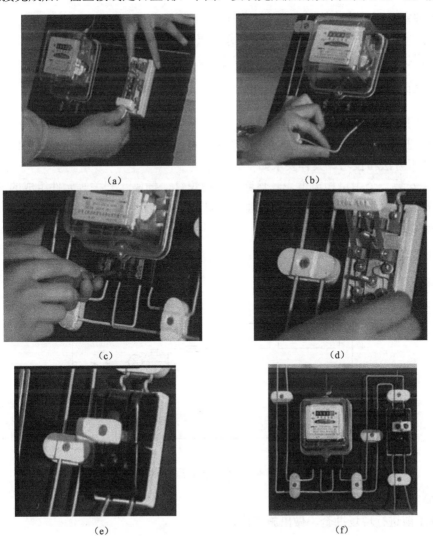

图 8-53 单相电度表安装

安装使用注意事项：
① 检查电度表表罩两个耳朵上所加封的铅印是否完整。
② 电度表应安装在干燥、稳固的地方，位置要装得正，如有明显倾斜，容易造成计量不准、停走或空走等毛病。电度表可挂得高些，但要便于抄表。
③ 电度表应安装在涂有防潮漆的木制底盘或塑料底盘上，用木螺钉或机制螺钉固定电度表，电度表的电源引入线和引出线可通过盘的背面（凹面）穿入盘的正面后进行接线，也可以在盘面上走明线，用塑料线卡固定整齐。
④ 必须按接线图接线，同时注意拧紧螺钉和紧固一下接线盒内的小钩子。

8.5 操作5 室内照明电路的设计安装

1. 训练目的

① 了解室内照明线路的要求和施工程序。
② 熟悉室内照明电路的布线、安装规程和照明装置安装规程。
③ 掌握护套线配线、线管配线及照明装置安装操作工艺。

2. 训练内容

（1）照明电路原理图设计

本项目通过对室内照明电路中导线的连接和室内配线施工的训练，掌握导线的连接及室内配线的施工方法和技巧。具体要求如下。

设计并安装一个由单相电度表、熔断器、白炽灯、插座、开关等元件组成的简单照明电路。要求安装的电路走线规范，布局合理、美观，可以正常工作，并能排除常见的电路故障。图8-54所示为室内照明电路原理图。

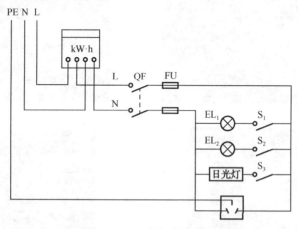

图8-54 照明电路原理图

（2）施工准备
① 施工前进行现场勘查，做出施工计划。
② 设计施工图纸。

③ 准备施工工具、材料。
④ 制定安全保障措施。

（3）施工实施

① 合理选择工具和材料。
② 按工程图纸加工制作线管和布置元器件。
③ 按图纸尺寸安装元器件，确定线路的敷设路径。
④ 按工艺要求固定线管和穿管。
⑤ 作业时安全文明施工。

注意：电路安装完毕，经指导教师检查无误后，方可通电测试。

3. 训练场所说明

要求有两面相互垂直的砖墙（或木板墙）的室内或室外实训场地，有一面 $10m^2$ 砖墙（或木板墙）的室内实训场地。

8.6 训练 6　照明电路的维修

1. 训练目的

① 白炽灯电路的常见故障及检修方法。
② 日光灯电路的常见故障及检修方法。

2. 白炽灯电路的检修技术

白炽灯的常见故障及检修方法见表 8-4。

表 8-4　白炽灯的常见故障及检修方法

故障现象	产生原因	检修方法
灯泡不亮	① 灯丝烧断 ② 电源熔断器烧断 ③ 开关接线松动或接触不良 ④ 线路中有断路故障 ⑤ 灯座内接触点与灯泡接触不良	① 更换灯泡 ② 检查熔断器烧断原因并更换熔断器 ③ 检查开关的接线处并修复 ④ 检查电路的断线处并修复 ⑤ 去掉灯泡，修理弹簧触点，恢复其弹性
开关合上后熔断器立即熔断	① 灯座内两线头短路 ② 螺口灯座内中心铜片与螺旋铜圈相碰短路 ③ 线路或其他电器短路 ④ 用电量超过熔断器容量	① 检查灯座内两接线头并修复 ② 检查灯座并扳准中心铜片 ③ 检查导线绝缘是否老化或损坏，检查同一电路中其他电器是否短路并修复 ④ 减小负载或更换大一级的熔断器
灯泡发强烈白光，瞬时烧坏	① 灯泡灯丝搭丝造成电流过大 ② 灯泡的额定电压低于电源电压 ③ 电源电压过高	① 更换新灯泡 ② 更换与线路电压一致的灯泡 ③ 查找电压过高的原因并修复

续表

故障现象	产生原因	检修方法
灯光暗淡	① 灯泡内钨丝蒸发后积聚在玻璃壳内表面使玻璃壳发乌，透光度减低；同时灯丝蒸发后变细，电阻增大，电流减小，光通量减小 ② 电源电压过低 ③ 线路绝缘不良有漏电现象，致使灯泡电压过低 ④ 灯泡外部积垢或积灰	① 正常现象，不必修理，必要时更换灯泡 ② 调整电源电压 ③ 检修线路，更换导线 ④ 擦去灰垢
灯泡忽明忽暗	① 电源电压忽高忽低 ② 附近有大电动机启动 ③ 灯泡灯丝已断，断口处相距很近，灯丝晃动后忽接忽离 ④ 灯座、开关松动	① 检查电源电压 ② 等待电动机启动后会好转 ③ 及时更换新灯泡 ④ 紧固熔断器

3. 日光灯电路常见故障的检修技术

日光灯的常见故障及检修方法见表8-5。

表8-5　日光灯的常见故障及检修方法

故障现象	产生原因	检修方法
日光灯灯管不能发光或发光困难	① 电源电压过低或电源线路较长造成电压降过大 ② 镇流器与灯管规格不配套或镇流器内断路 ③ 灯管灯丝断丝或灯管漏气 ④ 启辉器陈旧损坏或内部电容短路 ⑤ 新装日光灯接线错误 ⑥ 灯管与灯脚或启辉器与启辉器接触不良 ⑦ 气温太低，难以启辉	① 有条件时调整电源电压，线路较长时应加粗导线 ② 更换镇流器 ③ 更换日光灯管 ④ 用万用表检查启辉器内的电容器是否短路，或更换启辉器 ⑤ 断开电源及时更正线路 ⑥ 检查修复接触不良的故障 ⑦ 灯管加热、加罩或用低温灯管
日光灯灯光抖动及灯管两头发光	① 日光灯接线有误或灯脚与灯管接触不良 ② 电源电压太低或线路太长，导线太细，导致电压降太大 ③ 启辉器本身短路或启辉器座两接触点短路 ④ 镇流器与灯管不配套或内部接触不良 ⑤ 灯丝上电子发射物质耗尽，放电作用降低	① 更正错误接线或修理加固灯脚接触点 ② 检查线路及电源电压，有条件时调整电压或加粗导线截面积 ③ 更换启辉器，修复启辉器座的接触片位置或更换启辉器座 ④ 配换适当的镇流器，加固接线 ⑤ 更换新日光灯管或进行灯管加热或加罩处理

续表

故障现象	产生原因	检修方法
灯管闪烁或有光滚动	① 更换新灯管后出现的暂时现象 ② 单根灯管常见现象 ③ 日光灯启辉器质量不佳或损坏 ④ 镇流器与日光灯不配套或有接触不良处	① 一般使用一段时间后即可好转,有时调整或对调灯管两端引脚 ② 有条件的改双管灯管 ③ 更换启辉器 ④ 调换与日光灯灯管配套的镇流器,或检查接线有无松动,进行加固处理
日光灯在关闭开关后,夜晚有时会有微弱的亮光	① 线路潮湿,开关有漏电现象 ② 开关未接在火线上	① 进行烘干或绝缘处理,开关漏电时,更换开关 ② 将开关接在火线上
日光灯灯管两头发黑或产生黑斑	① 电源电压过高 ② 启辉器质量不好,接线不牢,引起长时间的闪烁 ③ 镇流器与日光灯灯管不配套 ④ 灯管内水银凝结 ⑤ 启辉器短路使新灯管阴极发射物质加速蒸发而老化 ⑥ 灯管使用时间过长,老化陈旧	① 处理电压升高的故障 ② 更换启辉器 ③ 更换与日光灯灯管配套的镇流器 ④ 启动后即能蒸发,也可将灯管旋转180°后使用 ⑤ 更换新的启辉器和新灯管 ⑥ 更换新灯管
日光灯亮度减低	① 温度太冷或冷风直吹灯管 ② 灯管老化陈旧 ③ 线路电压太低或压降太大 ④ 灯管积垢太多	① 加防护罩并回避冷风直吹 ② 严重时更换灯管 ③ 检查线路电压太低的原因,有条件时调整线路或加粗导线 ④ 断电后清洗灯管并做烘干处理
噪声太大或对无线电干扰	① 镇流器质量太差或铁芯硅钢片未夹紧 ② 电路电压过高引起镇流器发声 ③ 启辉器质量差引起启辉时出现杂声 ④ 镇流器过载或内部有短路处 ⑤ 启辉器电容失效开路或电路中有接触不良处 ⑥ 电视机或收音机与日光灯距离太近引起干扰	① 更换新的镇流器或紧固硅钢片铁芯 ② 如电压过高,要找出原因,降低电压 ③ 更换启辉器 ④ 检查镇流器过载原因并处理 ⑤ 更换启辉器或在电路上加电容 ⑥ 电视机或收音机与日光灯距离调远
日光灯灯管寿命太短或瞬间烧坏	① 镇流器与日光灯灯管不配套 ② 镇流器质量差或镇流器自身有短路致使加到灯管上电压过高 ③ 电源电压太高 ④ 开关次数太多或启辉器质量差引起灯管长时间闪烁 ⑤ 日光灯灯管受到振动致使灯丝振断或漏气 ⑥ 新装日光灯接线有误	① 换接与日光灯配套的新镇流器 ② 镇流器质量差或有短路处,及时更换镇流器 ③ 找出电压过高的原因,加以处理 ④ 尽可能地减少开关日光灯的次数或更换新的启辉器 ⑤ 改善安装位置,避免强烈振动,然后换新灯管 ⑥ 更正线路

续表

故 障 现 象	产 生 原 因	检 修 方 法
日光灯的镇流器过热	① 气温太高，灯架内温度过高 ② 电源电压过高 ③ 镇流器质量差，线圈内部匝间短路或接线不牢 ④ 灯管闪烁时间过长 ⑤ 新装日光灯接线有误 ⑥ 镇流器与日光灯灯管不配套	① 保持通风，改善日光灯环境温度 ② 检查电源 ③ 旋紧接线端子，必要时更换新镇流器 ④ 检查闪烁原因，灯管与灯脚接触不良时要加固处理，启辉器质量差时要更换，日光灯灯管质量差时也要更换 ⑤ 改正线路 ⑥ 更换与日光灯灯管配套的镇流器

参考文献

[1] 牛百齐，许斌. 电工技术[M]. 北京：机械工业出版社，2011.
[2] 席时达. 电工技术[M].2 版. 北京：高等教育出版社，2004.
[3] 张志良. 电工基础[M]. 北京：机械工业出版社，2010.
[4] 赵永杰，王国玉. Multisim10 电路仿真技术应用[M].北京：电子工业出版社，2012.
[5] 聂典. Multisim10 计算机仿真在电子电路设计中的应用[M].北京：电子工业出版社，2009.
[6] 牛百齐. 电工技能大讲堂[M]. 北京：中国电力出版社，2014.
[7] 沈国良. 电工基础[M]. 北京：电子工业出版社，2009.
[8] 王久和. 电工电子实验教程[M]. 北京：电子工业出版社，2008.
[9] 马克联. 电工基本技能实训指导[M]. 北京：化学工业出版社，2007.

反侵权盗版声明

电子工业出版社依法对本作品享有专有出版权。任何未经权利人书面许可,复制、销售或通过信息网络传播本作品的行为,歪曲、篡改、剽窃本作品的行为,均违反《中华人民共和国著作权法》,其行为人应承担相应的民事责任和行政责任,构成犯罪的,将被依法追究刑事责任。

为了维护市场秩序,保护权利人的合法权益,我社将依法查处和打击侵权盗版的单位和个人。欢迎社会各界人士积极举报侵权盗版行为,本社将奖励举报有功人员,并保证举报人的信息不被泄露。

举报电话:(010)88254396;(010)88258888
传　　真:(010)88254397
E-mail:　dbqq@phei.com.cn
通信地址:北京市海淀区万寿路 173 信箱
　　　　　电子工业出版社总编办公室
邮　　编:100036